Dietmar Spehr

Canon EOS 77D
DAS HANDBUCH ZUR KAMERA

Impressum

Wir hoffen, dass Sie Freude an diesem Buch haben und sich Ihre Erwartungen erfüllen. Bitte teilen Sie uns doch Ihre Meinung mit. Eine E-Mail mit Ihrem Lob oder Tadel senden Sie direkt an den Lektor des Buches: *frank.paschen@rheinwerk-verlag.de*. Im Falle einer Reklamation steht Ihnen gerne unser Leserservice zur Verfügung: *service@rheinwerk-verlag.de*. Informationen über Rezensions- und Schulungsexemplare erhalten Sie von: *ralf.kaulisch@rheinwerk-verlag.de*.

Informationen zum Verlag und weitere Kontaktmöglichkeiten finden Sie auf unserer Verlagswebsite *www.rheinwerk-verlag.de*. Dort können Sie sich auch umfassend und aus erster Hand über unser aktuelles Verlagsprogramm informieren und alle unsere Bücher versandkostenfrei bestellen.

An diesem Buch haben viele mitgewirkt, insbesondere:

Lektorat Alexandra Bachran, Frank Paschen
Korrektorat Katja Treu, München
Herstellung Denis Schaal, Kamelia Brendel
Einbandgestaltung Eva Schmücker
Coverfotos iStockphoto 182867566 © Nikada; Canon
Typografie und Layout Vera Brauner
Satz Hanno Elbert, rheinsatz, Köln; Denis Schaal
Druck Firmengruppe Appl, Wemding

Dieses Buch wurde gesetzt aus der The Sans (10 pt/15 pt) in Adobe InDesign CS6. Gedruckt wurde es auf matt gestrichenem Bilderdruckpapier (115 g/m²).

Bibliografische Information der Deutschen Nationalbibliothek:
Die Deutsche Nationalbibliothek verzeichnet diese Publikation in der Deutschen Nationalbibliografie; detaillierte bibliografische Daten sind im Internet über http://dnb.d-nb.de abrufbar.

ISBN 978-3-8362-5925-5
© Rheinwerk Verlag GmbH, Bonn 2017
1. Auflage 2017; 1., korrigierter Nachdruck 2019

Das vorliegende Werk ist in all seinen Teilen urheberrechtlich geschützt. Alle Rechte vorbehalten, insbesondere das Recht der Übersetzung, des Vortrags, der Reproduktion, der Vervielfältigung auf fotomechanischem oder anderen Wegen und der Speicherung in elektronischen Medien.

Ungeachtet der Sorgfalt, die auf die Erstellung von Text, Abbildungen und Programmen verwendet wurde, können weder Verlag noch Autor, Herausgeber oder Übersetzer für mögliche Fehler und deren Folgen eine juristische Verantwortung oder irgendeine Haftung übernehmen.

Die in diesem Werk wiedergegebenen Gebrauchsnamen, Handelsnamen, Warenbezeichnungen usw. können auch ohne besondere Kennzeichnung Marken sein und als solche den gesetzlichen Bestimmungen unterliegen.

Liebe Leserin, lieber Leser,

eine Landschaftsaufnahme richtig belichten, beeindruckende Porträts fotografieren oder bewegte Motive dynamisch im Bild festhalten: Das sind Herausforderungen, für die Sie mit Ihrer neuen Canon EOS 77D bestens gerüstet sind, die Ihnen aber auch viel Geschick im Umgang mit der Kamera abverlangen. Doch mit diesem Buch werden Sie den Dreh schnell raushaben! Tasten Sie sich mit den Motivprogrammen an die Technik heran, und probieren Sie sich anschließend an den Kreativprogrammen. Stimmen Sie Blende, Belichtungszeit und ISO-Wert optimal aufeinander ab, und nutzen Sie die Freiheiten der manuellen Belichtung. Denn so meistern Sie auch schwierige Aufnahmesituationen ganz mühelos.

Und hier ist noch lange nicht Schluss: Haben Sie die Kameratechnik einmal verinnerlicht, bietet Ihnen der Canon-Spezialist Dietmar Spehr viele hilfreiche Tipps aus der Fotopraxis, die er in jahrelanger Erfahrung gesammelt hat. Er zeigt Ihnen zum Beispiel, wie Sie die faszinierenden Farben eines Sonnenuntergangs realitätsgetreu darstellen, auf welche Details Sie beim Porträt-Shooting achten müssen oder wie Sie weitläufige Landschaftsbilder im Panoramaformat gestalten. Neben den richtigen technischen Einstellungen kennen Sie dann auch die Kniffe für das gewisse Etwas, das ein richtig gutes Foto auszeichnet.

Dieses Buch wurde mit großer Sorgfalt geschrieben und hergestellt. Sollten Sie dennoch Fehler oder Unstimmigkeiten entdecken, so freue ich mich, wenn Sie mir schreiben – ebenso, wenn Sie allgemeine Anregungen, Lob oder Kritik zum Buch loswerden möchten. Aber jetzt wünsche ich Ihnen erst einmal viel Erfolg und vor allem viel Spaß beim Fotografieren mit Ihrer EOS 77D!

Ihr Frank Paschen
Lektorat Rheinwerk Fotografie

frank.paschen@rheinwerk-verlag.de
www.rheinwerk-verlag.de
Rheinwerk Verlag · Rheinwerkallee 4 · 53227 Bonn

Inhaltsverzeichnis

Vorwort	13

1 Erste Schritte mit der EOS 77D — 15

Die EOS 77D stellt sich vor	16
Lernen Sie die Bedienelemente Ihrer Kamera kennen	17
SD-Karten: der kleine Unterschied	19
Ihre ersten Bilder mit der EOS 77D	20
Das Bedienkonzept: Viele Wege führen nach Rom	23
Groß und bequem: der Monitor im Livebild-Modus	28
EXKURS: Die digitale Kameratechnik	33

2 Das leisten die Motivprogramme — 37

Den Aufnahmemodus einstellen	38
Die automatische Motiverkennung der EOS 77D	39
Für Aufsteiger: Gestalten mit der Kreativautomatik	41
So nutzen Sie die Motivprogramme	45
Das Porträt-Programm gekonnt nutzen	45
Natur in Szene setzen mit dem Landschaftsprogramm	47
Großer Helfer für kleine Motive: das Nahaufnahme-Programm	47
Bewegte Motive mit dem Sport-Programm einfangen	48
Die fotografische Szene bittet zur Auswahl	50
Für schwierige Motive: das HDR/Gegenlicht-Programm	52
Die Grenzen der Motivprogramme	53
Bilder mit den Kreativfiltern aufpeppen	54
Die Kreativeffekte im Überblick	56
EXKURS: So wirken sich Brennweite und Aufnahmestandort auf den Bildausschnitt aus	60

3 So nutzen Sie die Kreativprogramme … 63

Die Halbautomatiken der EOS 77D … 64

Die Programmautomatik einsetzen … 64
Stellschraube 1: die Belichtungszeit … 65
Stellschraube 2: die Blende … 67
Stellschraube 3: der ISO-Wert … 69
Die drei Stellschrauben aufeinander abstimmen … 73

Das Tv-Programm: Bilder gestalten mit der Belichtungszeit … 76
Sicher belichten, ohne zu verwackeln … 76
Letzte Rettung Bildstabilisator … 78

Das Av-Programm: Steuern Sie die Schärfentiefe! … 79
Die Tücken der Schärfentiefe … 82
Woher kommen die krummen Blendenzahlen? … 85

Der manuelle Modus M: die maximale Freiheit … 85

Nutzen Sie den Spielraum des RAW-Formats … 88

EXKURS: Goldene Regeln für gut gestaltete Bilder … 89

4 Ihre Bilder richtig belichten mit der EOS 77D … 95

Die Belichtung korrigieren mit der EOS 77D … 96
Den Kontrastumfang bewältigen … 97
So korrigieren Sie gezielt die Belichtung … 97
So misst die EOS 77D die Belichtung … 100

Die Belichtungsreihenautomatik nutzen … 101

Umstrittener Helfer: die Tonwertpriorität … 104

Nützlicher Helfer: die Anti-Flacker-Funktion … 106

Die Belichtungsmessmethoden der EOS 77D … 108
Der Alleskönner: die Mehrfeldmessung ◉ … 109
Licht am Rand: Selektiv- ◉ und mittenbetonte Messung ▫ … 110

Der Spezialist: die Spotmessung ⦿	111
Die Belichtungswerte können Sie speichern	113
Das Histogramm verstehen und anwenden	114
EXKURS: Problemzonen der Belichtung meistern	116

5 Schöne Farben und reines Weiß erzielen — 119

Farbstichige Fotos vermeiden mit dem richtigen Weißabgleich	120
Farben mit Temperatur	120
So stellen Sie den Weißabgleich richtig ein	121
Den Bildlook verändern mit dem Weißabgleich	124
Farben nach Wunsch: Bildstile einsetzen	124
So passen Sie die Bildstile individuell an	125
Schnelles Schwarzweiß mit Bildstilen	131
EXKURS: Bildstile von Canon nutzen	132

6 Perfekt scharfstellen mit der EOS 77D — 135

Automatisches Scharfstellen: die Autofokusmodi	136
One Shot für unbewegte Motive	136
AI Servo für bewegte Motive	137
AI Focus: der Hybrid-Modus	138
Die Auswahl des Autofokusbereichs	139
Der Einzelfeld AF	139
Die Messfeldwahl in AF-Zonen: ⌗ und [ ]	141
Die automatische Messfeldwahl	142
Das Auslösen vom Fokussieren entkoppeln	144
Weitere Tasten neu belegen	145
Manuell fokussieren	147
So vermeiden Sie unscharfe Bilder	148
Falscher Fokuspunkt	148
Falsche Blende	149
Zu lange Belichtungszeit	151

Scharfstellen im Livebild-Modus	152
Mit Stativ und Fernauslöser zur maximalen Schärfe	153
Schärfe und Unschärfe mit Stil: Mitzieher aufnehmen	154
EXKURS: So funktioniert der Autofokus der EOS 77D	156

7 Besser blitzen mit der EOS 77D 159

Der bequeme Einstieg mit der Blitzautomatik	160
So ermittelt der Blitz seine Leistung	160
Die Blitzautomatik übertrumpfen: die Blitzbelichtungskorrektur	161
Den internen Blitz als Aufheller nutzen	163
So erzielen Sie eine harmonische Beleuchtung	164
Wichtig: die Blitzsynchronzeit	164
So speichern Sie die Blitzbelichtung	165
Blitzen in den Kreativprogrammen	166
Blitzstärke und Belichtung aufeinander abstimmen	166
Blitzen im P-Programm	168
Blitzen im Tv-Programm	169
Blitzen im Av-Programm	170
Blitzen im M-Modus	171
Die Grenzen des internen Blitzes der EOS 77D	172
Die Blitzalternative: der Aufsteckblitz	173
Der Profitipp für schönes Blitzlicht: indirekt blitzen	173
Wofür steht die Leitzahl?	174
Die Königsklasse: entfesselt blitzen	174
Einstellungen für das drahtlose Blitzen vornehmen	175
Manuell drahtlos blitzen	179
Die Zukunft des Blitzens: Blitzdatenübertragung per Funk	179
EXKURS: Blitzen auf den zweiten Verschlussvorhang	181

8 Das passende Zubehör finden — 183

Objektive für Ihre EOS 77D — 184
Objektivcodes entschlüsseln — 185
Bildstabilisierte Objektive — 188
Objektive mit STM- und Nano-USM-Antrieb — 189
Diffraktive Optik für geringes Gewicht — 190
Standardbrennweiten — 191
Teleobjektive — 191
Die Allrounder: Superzoomobjektive — 195
Weitwinkelobjektive — 195
Festbrennweiten — 196
Makroobjektive — 198

Filter für Ihre Objektive — 200
Intensivere Farben mit dem Polfilter — 200
Schöne Effekte mit dem Graufilter — 201
Kontraste im Griff mit dem Grauverlaufsfilter — 203
UV- und Schutzfilter — 204

Fester Halt für die EOS 77D: Stative & Co. — 204
Das passende Stativ auswählen — 205
Einbeinstativ und Bohnensack — 206

Licht und Schatten: Blitz, Reflektor oder Diffusor — 207
Blitze von Canon und Fremdherstellern — 207
Das Licht mit Reflektoren lenken — 208

Den Sensor und die Objektive reinigen — 209
Den Sensor reinigen — 209
Das Objektiv reinigen — 210

EXKURS: Testberichte von Objektiven verstehen — 211

9 Menschen porträtieren — 217

Die richtige Technik für gute Porträts — 218
Brennweitenbereiche für Porträts — 218
Das optimale Porträtobjektiv — 219

So gelingen scharfe Porträts	220
Schöne Farben für Porträts	222

So gestalten Sie Ihre Porträts 224
- Mit Licht und Schatten spielen 224
- Den Bildausschnitt gestalten 226
- Gruppenbilder richtig aufnehmen 228
- Natürliche Kinderbilder aufnehmen 229
- Mehr als schmückendes Beiwerk: die Umgebung einbeziehen 229

EXKURS: Der Fotograf und das Modell 233

10 Natur inszenieren mit der EOS 77D — 235

Die richtige Technik für die Naturfotografie 236
- Das A & O: scharfe Bilder erzielen 237
- Was ist die hyperfokale Distanz? 240
- So belichten Sie Landschaftsbilder richtig 241

Gute Begleiter für draußen: Filter 241
- Landschaftsbilder verbessern mit dem Grauverlaufsfilter 242
- Reflexionen im Griff mit dem Polfilter 244
- Weiches Wasser & Co. mit dem Graufilter 244
- Mit dem Intervallometer arbeiten 245

Naturbilder wirkungsvoll gestalten 247
- Den Blick des Betrachters führen 247
- Dem Betrachter Orientierung bieten 248
- Nicht immer alles drauf: Mut zum Detail 249
- Quer- oder Hochformat? 250
- Das Bild von vorn bis hinten bewusst gestalten 250
- Natur im richtigen Licht 252
- Landschaft und Himmel: Wetterkapriolen 253
- Sonnenuntergänge richtig fotografieren 255

Tiere vor der Kamera 258

EXKURS: Spaß mit der WLAN-Verbindung 261

11 Nah- und Makrofotos aufnehmen — 265

Diese Technik brauchen Sie — 266
Ihr Einstieg in den Nahbereich: Makrozubehör — 267
Makrofotos mit Tele- und Weitwinkelobjektiven — 269
Die schmale Schärfentiefe im Makrobereich meistern — 269
Auf den richtigen Fokus kommt es an — 272
So gelingen verwacklungsfreie Nahaufnahmen — 273
Greifen Sie ein: Beleuchten mit Blitz und Reflektor — 274
Kein Kinderspiel: Makromotive in Bewegung — 276

Das i-Tüpfelchen: Bildgestaltung im Makrobereich — 277
Das Motiv richtig positionieren — 277
Das A & O: den Hintergrund gestalten — 279
Das Licht entscheidet — 280

EXKURS: Überzeugende Produktfotos erstellen — 282

12 Die richtige Bearbeitung für bessere Bilder — 285

Die richtige Ausrüstung für die Bildbearbeitung — 286
Computer, Speicherplatz und Monitor — 286

Bildbearbeitungsprogramme von Canon — 288

Ordnung in die Bilderflut bringen — 290
Bilder in DPP anzeigen und bewerten — 290
Schnellüberprüfung für die Bildauswahl nutzen — 291

Erste Schritte in der Bildbearbeitung — 292
So schneiden Sie Ihre Bilder zu — 292
So korrigieren Sie die Belichtung Ihrer Bilder — 293
So ändern Sie die Farbgebung Ihrer Bilder — 297
So helfen Sie bei der Bildschärfe nach und reduzieren das Rauschen — 298
Typische Objektivfehler korrigieren — 300
Ergebnisse sichern und weitergeben — 300

EXKURS: Alternativen zur Canon-Software — 302

13 Filme drehen mit der EOS 77D ... 305

Die richtigen Einstellungen fürs Filmen ... 306
So fokussieren Sie beim Filmen ... 307
Verwacklungsfreie Bilder per Stabilisator ... 308
Beim Filmen die Belichtung korrigieren ... 309
Eine Frage des Formats ... 309
Der Weißabgleich ... 312
Der gute Ton ... 312
Blende und Belichtungszeit manuell kontrollieren ... 313
Mehr Pep mit den Kreativfiltern und HDR ... 314
Zeitrafferaufnahmen im Film-Modus ... 315

EXKURS: Filme vorbereiten und schneiden ... 316

Anhang: Die Menüeinstellungen im Überblick ... 319

Das Menü »Aufnahmeeinstellungen« ... 320

Das Menü »Wiedergabeeinstellungen« ... 326

Das Menü »Funktionseinstellungen« ... 328

Die Individualfunktionen C.Fn ... 332

Das Menü »Anzeigeprofil-Einstellungen« ... 337

EXKURS: Die Firmware aktualisieren ... 340

Glossar ... 342
Stichwortverzeichnis ... 350

Vorwort

Mit der EOS 77D hat Canon eine mehr als interessante Kamera vorgestellt. Sie bietet viele Funktionen, die bisher den wesentlich teureren Modellen von Canon vorbehalten waren, und ist dabei dennoch sehr robust, kompakt und leicht. Damit wird sie Ihnen bei unterschiedlichen Arten von Fotoprojekten gute Dienste leisten. Sicherlich möchten Sie nun möglichst schnell die engen Grenzen der Motivprogramme hinter sich lassen und die Möglichkeiten der Spiegelreflexfotografie voll auskosten. Mein Ziel war es daher, Ihr neues Werkzeug und die technischen Hintergründe möglichst leicht verständlich zu beschreiben – ausführlich, wo es darauf ankommt, aber knapp genug, um schnell loslegen zu können. Somit sind Sie schon bald selbst in der Lage, alle Arten von Motiven mit den optimalen Einstellungen abzulichten. Weil Technik dabei nur eine Seite der Medaille ist, gibt es außerdem viele praktische Anregungen und Tipps zu den wichtigsten fotografischen Genres.

An der Entstehung dieses Buches haben verschiedene Personen mitgewirkt, denen ich zu großem Dank verpflichtet bin. Sie lieferten mir wertvolle Hinweise und Anregungen und begleiteten mich zu einigen der schönsten Fotospots. Großer Dank gebührt auch meiner Lektorin Alexandra Bachran, die seit vielen Jahren meine Buchprojekte professionell betreut.

Schließlich würde ich mich freuen, von Ihnen zu hören. Falls Sie Fragen oder Anmerkungen haben, schreiben Sie mir doch einfach eine Mail unter *Dietmar.Spehr@gmail.com* oder besuchen Sie mich unter *facebook.com/DietmarSpehr*.

Ich wünsche Ihnen viel Vergnügen beim Lesen und Ausprobieren, eine sehenswerte Ausbeute und natürlich allzeit gutes Licht!

Ihr Dietmar Spehr

Kapitel 1
Erste Schritte mit der EOS 77D

Die EOS 77D stellt sich vor 16

Ihre ersten Bilder mit der EOS 77D 20

Das Bedienkonzept: Viele Wege führen nach Rom 23

Groß und bequem: der Monitor im Livebild-Modus 28

EXKURS: Die digitale Kameratechnik 33

Die EOS 77D stellt sich vor

Ob Sportaufnahmen, Porträts, Naturfotografien, Abbildungen großer Bauwerke oder kleiner Tiere: Die EOS 77D macht in allen Disziplinen eine gute Figur. Dabei wird Ihnen die Kamera nicht nur bei Ihren ersten Versuchen, sondern auch bei fortgeschrittenen fotografischen Arbeiten gute Dienste leisten. Hilfreiche Aufnahmeprogramme für den Einsteiger sowie ausgetüftelte Funktionen für den versierten Fotografen sind in der EOS 77D gleichermaßen vereint.

Vielleicht haben Sie bereits erste Fotos geschossen und ein wenig mit den unterschiedlichen Einstellungen experimentiert. Wie die verschiedenen Menüs und Programme funktionieren und idealerweise eingesetzt werden, erschließt sich dabei leider nicht unbedingt intuitiv. Hier setzt dieses Buch an: Es führt Sie Kapitel für Kapitel durch die verschiedenen Programme der EOS 77D. Dabei erfahren Sie mehr und mehr über die unterschiedlichen Funktionen der Kamera und lernen deren Logik zu verstehen und einzuschätzen. Zahlreiche Beispiele zeigen Ihnen, wann die Kamera an ihre Grenzen gerät und mit welchen Mitteln sie wieder auf Kurs gebracht werden kann.

Mit dem Wissen aus den ersten, eher technischen Kapiteln sind Sie für viele Motivsituationen bereits gut gerüstet und können sich verstärkt auf die gestalterischen Aspekte konzentrieren. Bereits auf den ersten Seiten lernen Sie dazu einige Tricks, mit denen Bilder ihre Wirkung besser entfalten. In den Motivkapiteln ab Seite 218 erfahren Sie dann mehr über das Anfertigen von Porträts und Naturaufnahmen sowie zum Fotografieren kleiner Dinge mit der Makrofotografie. Auch das Filmen mit der EOS 77D wird in einem eigenen Kapitel beleuchtet. Im Kapitel 12, »Die richtige Bearbeitung für bessere Bilder«, dreht sich alles um die Verarbeitung der Bilder mit *Digital Photo Professional* von Canon.

In Schritt-für-Schritt-Anleitungen erfahren Sie, wie Sie konkret bei der Bedienung der Kamera vorgehen müssen, um die im Buch dargestellten Inhalte in Ihrem Bild umzusetzen. Ergänzende Themen und Hintergrundinformationen werden in Exkursen jeweils am Ende eines Kapitels behandelt.

 Hier gibt es vertiefende Informationen
In diesen Kästen finden Sie ergänzende Hinweise zu den jeweiligen Themen. Sie helfen Ihnen, Technik und Gestaltungsmethoden noch genauer zu verstehen, oder liefern interessante Details am Rande zur EOS 77D oder zum Fotografieren an sich.

Die EOS 77D stellt sich vor

Lernen Sie die Bedienelemente Ihrer Kamera kennen

Einen ersten Überblick über die Tasten der Kamera bieten die folgenden Seiten. Doch keine Sorge: Sie müssen sich nicht alles auf Anhieb merken, sondern lernen in diesem Buch alle wichtigen Funktionen nach und nach kennen.

❶ **Fokussierschalter**: wechselt zwischen dem manuellen und dem automatischen Fokus (**AF/MF**)

❷ **Bildstabilisatorschalter**: aktiviert den im Objektiv eingebauten Bildstabilisator

❸ **Objektiventriegelungstaste**: muss zum Wechseln des Objektivs gedrückt werden

❹ **Blitztaste**: schaltet in den Kreativprogrammen den Blitz zu, führt auf schnellstem Wege in das Blitzmenü

❺ **Moduswahlrad**: schaltet zwischen verschiedenen Aufnahmeprogrammen um

❻ **Hauptschalter**: schaltet die Kamera ein beziehungsweise wechselt in den Film-Modus

❼ **Blitz**: der eingebaute Lichtlieferant

❽ **Blitzschuh**: ermöglicht das Aufsetzen eines externen Blitzes

❾ **Markierung der Sensorebene**

❿ **Oberes LCD-Display**: zeigt die wichtigsten Aufnahmeparameter an

⓫ **Taste für LCD-Beleuchtung**: schaltet die Beleuchtung des LCD-Displays an

⓬ **ISO-Taste**: ermöglicht den Wechsel in das ISO-Menü zur Einstellung der Lichtempfindlichkeit des Sensors

⓭ **Hauptwahlrad**: zum schnellen Verändern von Einstellungen

⓮ **Auslöser**: nimmt das Foto auf; den Auslöser halb drücken, um zu fokussieren und die Belichtung zu messen

↑ Abbildung 1.1
Die EOS 77D von oben (Bild: Canon)

⓯ **Auswahltaste für Autofokusbereich**: ermöglicht die Wahl eines zum Motiv passenden Autofokusmessbereichs

⓰ **Zoomring**: dient zum Einstellen der Brennweite

⓱ **Fokusring**: stellt manuell scharf; bei STM- und vielen USM-Objektiven greifen Sie mit dem Fokusring manuell in den Autofokus ein.

Kapitel 1 • Erste Schritte mit der EOS 77D

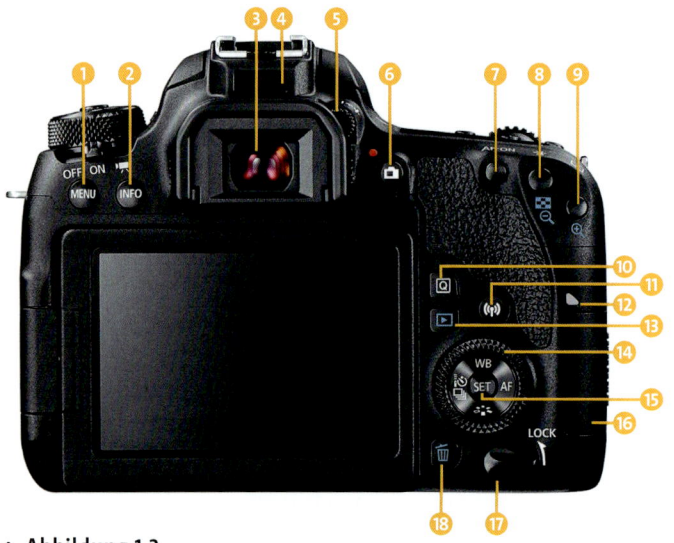

▲ Abbildung 1.2
Die EOS 77D von hinten (Bild: Canon)

❶ **MENU-Taste**: führt in das Einstellungsmenü
❷ **INFO-Taste**: blendet Bildinformationen ein und aus
❸ **Sucher**: bietet den direkten Blick durch das Objektiv auf das aufzunehmende Motiv
❹ **Näherungssensor**: schaltet den Monitor bei Annäherung aus
❺ **Rad zur Dioptrien-Einstellung**: Kurz- und Weitsichtige stellen hier ein, dass das Sucherbild auch ohne Brille scharf erscheint
❻ **Livebild-Taste**: zeigt das aufzunehmende Bild im Display an (Livebild-Modus); startet im Film-Modus die Aufnahme
❼ **Taste AF-ON**: kann unabhängig vom Auslöser das Scharfstellen starten
❽ **Sterntaste**: speichert die Belichtungseinstellungen bis zur nächsten Aufnahme; dient beim Betrachten von Bildern zum Auszoomen
❾ **AF-Messfeldwahl-Taste**: ermöglicht in den Kreativprogrammen die Wahl eines anderen Autofokusmessfeldes; dient beim Betrachten von Bildern zum Einzoomen
❿ **Q-Taste**: führt zum Displaymenü und schaltet dort zugleich die Bedienung per Touchscreen frei
⓫ **WLAN-Taste**: führt direkt in das Menü für die Kommunikation per WLAN, NFC und Bluetooth
⓬ **Zugriffsleuchte**: zeigt einen Lese- oder Schreibvorgang auf der Speicherkarte an
⓭ **Wiedergabetaste**: startet die Wiedergabe von Fotos
⓮ **Schnellwahlrad**: ermöglicht das unkomplizierte Verstellen einzelner Parameter, die Innenbereiche fungieren als Pfeiltasten zur Navigation und haben Sonderfunktionen
  – **WB-Taste**: ermöglicht in den Kreativprogrammen die Auswahl eines anderen Weißabgleichs (*White Balance*, WB)
  – **Betriebsart-Taste**: schaltet zwischen Einzelbild, Reihenaufnahme und Selbstauslöser um
  – **Bildstil-Taste**: ermöglicht in den Kreativprogrammen die Wahl eines Bildstils
  – **AF-Taste**: lässt sich in den Kreativprogrammen zur Verstellung des Autofokusmodus nutzen
⓯ **SET-Taste**: zur Bestätigung von Anweisungen und zur Auswahl von Menüeinträgen
⓰ **Speicherkartensteckplatz**: enthält die SD-Karte
⓱ **Multifunktionssperre**: verriegelt Schnellwahlrad, Hauptwahlrad und Touchscreen
⓲ **Löschtaste**: ermöglicht das Löschen einzelner Bilder und Filme

Wie Sie den Akku aufladen und einlegen, das Objektiv ansetzen sowie Datum, Uhrzeit, Zeitzone und Sprache an der Kamera einstellen, haben Sie bestimmt schon herausgefunden. Die mitgelieferte Kurz-Bedienungsanleitung erklärt alle diese Schritte recht detailliert.

Wo ist die ausführliche Bedienungsanleitung?

Neben der gedruckten Kurzanleitung gibt es jeweils eine ausführliche Anleitung zur EOS 77D selbst und den WLAN-Funktionen als PDF-Dateien. Sie finden diese auf der Canon-Homepage (*www.canon.de/support*).

Möglicherweise haben Sie die EOS 77D zusammen mit dem Objektiv *EF-S 18–55 mm f/4–5,6 IS STM* oder dem *EF-S 18–135 mm f/3,5–5,6 IS USM* gekauft. Diese *Kit-Objektive* bestechen durch ihr ausgezeichnetes Preis-Leistungs-Verhältnis und leisten bei vielen Motiven gute Dienste. Die beim ersten Modell eingesetzte *Stepper Motor Technology* (STM) ist außerdem für das sanfte Zoomen bei Videodrehs optimal geeignet.

Objektive und Brennweiten

Die Millimeterangaben im Objektivnamen stehen für die Brennweite. Diese legt fest, wie groß der Bildausschnitt ist. Wenn Sie durch Ihr Objektiv blicken, sehen Sie sofort die Unterschiede zwischen den Brennweiten: Bei 18 mm wird ein breiter Ausschnitt abgebildet (Weitwinkelbrennweite). Bei einer längeren Brennweite, zum Beispiel 135 mm, wird ein kleinerer Motivausschnitt erfasst und dafür größer abgebildet (Telebrennweite).

SD-Karten: der kleine Unterschied

Ein wichtiges Zubehörteil findet sich allerdings leider nicht in der Verpackung: Ihre EOS 77D sichert die Bilder auf einer Speicherkarte im SD-Format. Die im Handel erhältlichen Modelle unterscheiden sich durch ihre Speicherkapazität und die Geschwindigkeit, mit der die Daten auf die Karte geschrieben und von ihr gelesen werden können. Falls Sie noch ältere Karten der Geschwindigkeitsklasse 6 (Class 6) besitzen, können Sie diese problemlos auch mit der EOS 77D verwenden. Beim Neukauf aber sind Karten, die das UHS-3-Logo ❶ tragen, die beste Wahl. Einen guten Preis pro Gigabyte (GB) Kapazität

∧ **Abbildung 1.3**
SD-Karte mit 32 GB Speicherkapazität. Hier handelt es sich um ein Modell der Geschwindigkeitsklasse 10 mit UHS-3 ❶.

bieten zurzeit Modelle mit 32 GB Speicher. Auf eine solche Karte passen immerhin 2600 Bilder der EOS 77D im JPEG-Format in bester Qualität. Videoaufnahmen benötigen zwischen 20 und 200 Megabyte (MB) pro Minute.

Ihre ersten Bilder mit der EOS 77D

Bei einer Spiegelreflexkamera blickt der Fotograf durch den Sucher und komponiert so die Aufnahme. Im Gegensatz zu anderen Kameraarten führt der Blick sogar direkt durch das Objektiv – eine Besonderheit der Spiegelreflextechnik (siehe den Exkurs »Die digitale Kameratechnik« ab Seite 33). Dieses Konstruktionsprinzip ermöglicht ein sehr schnelles Scharfstellen sowie eine hohe Geschwindigkeit bei Reihenaufnahmen. Bei der EOS 77D sind es bis zu sechs Bilder pro Sekunde.

Beim Blick durch den Sucher sehen Sie einen Rahmen um die Fläche, in der eine automatische Scharfstellung möglich ist ❶. Nach einem Antippen des Auslösers leuchten eines oder mehrere der 45 Autofokusmessfelder ❷ der EOS 77D auf, und ein Piepton quittiert den Vorgang. Weitere Informationen, die Sie dort finden, sind Belichtungszeit ❹, Blendenwert ❺ und ISO-Wert ❼. Diese Parameter werden in Kapitel 3, »So nutzen Sie die Kreativprogramme«, detailliert vorgestellt. Das Blitzsymbol ❸ informiert über einen ausgeklappten Blitz. Die Zahl am rechten Rand ❽ zeigt an, wie viele Reihenaufnahmen Sie hintereinander mit der maximalen Geschwindigkeit schießen können. Der Punkt ganz rechts ❾ leuchtet gelb, wenn das Scharfstellen geglückt ist. In den Kreativprogrammen **P**, **Tv**, **Av** und **M** gibt der Balken in der Mitte an, ob eine Über- oder Unterbelichtung erfolgt ❻.

▾ Abbildung 1.4
Der Blick durch den Sucher

Falsche Wahl getroffen?
Falls ein Autofokusmessfeld aktiv ist, auf das Sie gar nicht scharfstellen wollten, tippen Sie am besten einfach noch einmal den Auslöser an. Die EOS 77D startet dann einen neuen Versuch, scharfzustellen. In Kapitel 6, »Perfekt scharfstellen mit der EOS 77D«, lernen Sie manuelle Techniken kennen, mit denen der Autofokus auch in komplizierten Fällen sicher sitzt.

Wird der Auslöser ganz durchgedrückt, erfolgt die Aufnahme, und diese erscheint wenig später für einige Sekunden auf dem Monitor. Falls im Sucher einer der Werte blinkt, ist für eine korrekte Belichtung zu wenig Licht vorhanden. In einigen Belichtungsprogrammen klappt in solchen Situationen automatisch der Blitz aus. Ansonsten aktiviert ein Druck auf die Blitztaste den Generator für zusätzliches Licht.

 Ist der Autofokus aktiviert?
Wenn der Autofokus nicht funktioniert, steht vielleicht der Autofokusschalter am Objektiv auf **MF** für manuellen Fokus.

Mit dem Moduswahlrad teilen Sie der Kamera mit, in welchem Programm Sie fotografieren möchten. Als Einsteiger können Sie mit der Vollautomatik A+, der **Automatischen Motiverkennung**, alle Einstellungen der Kameraautomatik überlassen und sich ganz auf die Bildgestaltung konzentrieren.

▲ **Abbildung 1.5**
Das Moduswahlrad ist die Programmschaltzentrale der EOS 77D.

[39 mm | f5,6 | 1/1600 s | ISO 100]

◂ **Abbildung 1.6**
Naturaufnahme im Vollautomatik-Modus

Die mit einem Piktogramm versehenen Aufnahmemodi nennt Canon *Motivprogramme*. Ein Dreh darauf führt Sie zu einer Auswahl für Porträts, Landschafts- und Sportaufnahmen und die Fotografie kleiner Dinge, die Makrofotografie. Sieben weitere Programme teilen sich das Kürzel **SCN** für *Scene*. In Kapitel 2, »Das leisten die Motivprogramme«, erfahren Sie mehr dazu. Als weiteren Punkt auf dem Moduswahlrad finden Sie die Option für die **Kreativfilter**. Dabei handelt es sich um unterschiedliche Verfremdungsstile wie einen Miniatureffekt. Näheres dazu finden Sie im Abschnitt »Bilder mit den Kreativfiltern aufpeppen« auf Seite 54.

Tabelle 1.1 >
Die Motivprogramme der EOS 77D im Überblick

Motivprogramm		Beschreibung
	A+	Vollautomatik, auch **Automatische Motiverkennung** genannt: Die EOS 77D kümmert sich um alles.
	🚫⚡	**Blitz aus**, vollautomatisch ohne Blitz: Der Blitz bleibt auch bei Dunkelheit eingefahren.
	CA	**Kreativautomatik**: wie die Vollautomatik – mit weiteren Optionen für den Fotografen
	👤	**Porträt**-Programm: bringt Aufnahmen von Menschen zur Geltung
	🏔	**Landschaft**-Programm: sorgt für scharfe Bilder in der Natur
	🌷	**Nahaufnahme**-Programm: lässt kleine Dinge gut aussehen
	🏃	**Sport**-Programm: friert schnelle Bewegungen ein – und zwar nicht nur die von Sportlern
SCN	👥	**Gruppenfoto**-Programm: sorgt dafür, dass sämtliche Personen in einer Gruppe scharf abgebildet werden
	🧒	**Kinder**-Programm: setzt den Nachwuchs gut in Szene
	🍴	**Speisen**-Programm: macht Appetit auf mehr
	🕯	**Kerzenlicht**-Programm: liefert romantische Bilder
	🌃	**Nachtaufnahme**-Programm: ermöglicht Nachtaufnahmen ohne Stativ
	🌙	**Nachtporträt**-Programm: gut für Porträts, bei denen der Hintergrund nicht in der Dunkelheit verschwinden soll
	☀	**HDR/Gegenlicht**-Programm: erstellt aus drei unterschiedlich belichteten Fotos ein Bild mit hohem Dynamikumfang
	◉	**Kreativfilter**: ermöglicht das Fotografieren mit Verfremdungseffekten.

Die mit **P**, **Tv**, **Av** und **M** bezeichneten Modi heißen *Kreativprogramme*. Sie richten sich an den fortgeschrittenen Fotografen und ermöglichen die komplette Kontrolle über die Belichtung. Was sich dahinter verbirgt, wird in Kapitel 3, »So nutzen Sie die Kreativprogramme«, detailliert vorgestellt.

[55 mm | f2,8 | 1/160 s | ISO 400]

Kreativ-programm	Beschreibung
M	sämtliche Aufnahmeparameter manuell einstellbar
Av	ermöglicht die Vorgabe einer Blende
Tv	ermöglicht die Vorgabe einer Belichtungszeit
P	ähnelt der Vollautomatik, einzelne Parameter können verändert werden

^ Tabelle 1.2
Überblick über die Kreativprogramme

< Abbildung 1.7
*Dieses Foto wurde im Modus **Porträt** aufgenommen. Das Programm sorgt für gefällige Hauttöne und einen möglichst verschwommen abgebildeten Hintergrund.*

Das Bedienkonzept: Viele Wege führen nach Rom

Die EOS 77D lässt sich gleich auf mehreren Wegen sehr komfortabel bedienen. Die meisten Einstellungen können Sie mit einigen gut positionierten Bedienelementen verändern: Das Hauptwahlrad ❶ liegt direkt unter dem Zeigefinger. Dadurch können Sie viele Aufnahmeparameter verändern, ohne den Blick vom Sucher zu nehmen.

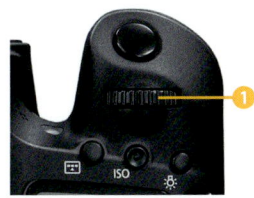

^ Abbildung 1.8
Das Hauptwahlrad

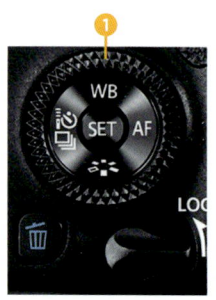

Abbildung 1.9
Die Tasten für häufig benutzte Funktionen dienen zugleich als Pfeiltasten.

Unter dem rechten Daumen liegt das Schnellwahlrad, das sich um die Pfeiltasten dreht. Diese Anordnung der Tasten ist besonders bei der Auswahl eines Autofokusfeldes hilfreich. Ansonsten dienen sie vor allem der Navigation durch die Menüs – sofern dazu nicht der Touchscreen zum Einsatz kommt. Die Pfeiltasten sind zugleich mit besonders häufig benötigten Funktionen belegt. So dient die Pfeiltaste nach oben ❶ auch zum Verstellen des Weißabgleichs (die Abkürzung **WB** steht für *White Balance*, englisch für »Weißabgleich«). Selbst mit kleinen Fingern ist es nicht einfach, die Pfeiltasten zu treffen. Alternativ können Sie auch das Schnellwahlrad oben, unten, links und rechts drücken und kommen zum gleichen Ergebnis. Wenn in diesem Buch von Pfeiltasten die Rede ist, ist damit immer auch diese Bedienart gemeint.

Ob der Monitor auf der Kamerarückseite die Einstellungen oder eine Wasserwaage zeigt, können Sie über die **INFO**-Taste bestimmen. Im Grundzustand sind die Aufnahmefunktionseinstellungen zu sehen. Auf diesem Bildschirm erscheinen die wichtigsten Parameter im Überblick (Abbildung 1.10). Sie können sie dort direkt verstellen, nachdem Sie auf das Feld [Q] getippt oder die **Q**-Taste gedrückt haben. Insbesondere bei den Kreativprogrammen (**P**, **Tv**, **Av** und **M**) erscheinen noch einige weitere Parameter, die verändert werden können. Dazu haben Sie mehrere Möglichkeiten:

- Sie tippen das ausgewählte Feld mit dem Finger an und gelangen in das entsprechende Menü.
- Sie drücken die **SET**-Taste und erreichen das gleiche Menü.
- Sie drehen am Haupt- oder Schnellwahlrad, ohne erst in das Menü zu springen. Stattdessen erscheinen sämtliche Optionen direkt auf dem Display.

Abbildung 1.10
*Links: Der Monitor in einem der Motivprogramme, der **Automatischen Motiverkennung**. Rechts: Nach der Freigabe mit [Q] können in einem Kreativprogramm wie der Programmautomatik **P** einzelne Parameter verstellt werden, sobald Sie am Haupt- oder Schnellwahlrad drehen.*

Das Bedienkonzept: Viele Wege führen nach Rom

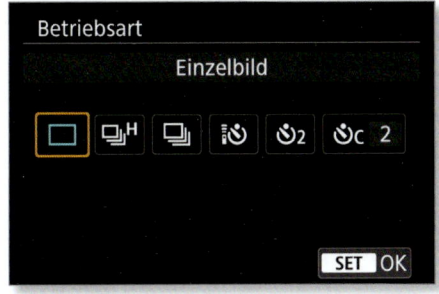 

△ Abbildung 1.11
Die Betriebsart-Taste ⌘ führt direkt in das entsprechende Menü. In der alternativen ausführlichen Darstellung gibt es für diese Funktion ein eigenes Piktogramm.

Sehr hilfreich ist auch das LCD-Display auf der Oberseite der Kamera. Es zeigt die wichtigsten Aufnahmeparameter und lässt sich beleuchten. Einige Fotografen arbeiten nur mit dem LCD-Display und nutzen den Monitor auf der Rückseite vorrangig für die Bildbetrachtung.

△ Abbildung 1.12
Das obere Display der EOS 77D

Einstellungen grundsätzlicher Natur sind im Kameramenü (Abbildung 1.13) verborgen, das Sie über die **MENU**-Taste erreichen. Je nachdem, ob Sie sich in einem der Kreativprogramme, einem Motivprogramm, im Livebild- oder im Film-Modus befinden, unterscheiden sich Umfang und Aufbau des Menüs. Auch dort kommen Sie über den Touchscreen oder mit den Pfeiltasten zum Ziel. Alternativ können Sie sich mit dem Haupt- und dem Schnellwahlrad durch die Reiter und Optionen bewegen. Per Fingertipp oder mit der **SET**-Taste springen Sie in einen einzelnen Menüpunkt. Am besten, Sie probieren die verschiedenen Varianten eine Weile aus. Im Laufe der Zeit finden Sie so die für Sie optimale Bedienweise. Möglicherweise können Sie nach einiger Zeit auch auf die sehr ausführliche, auf Einsteiger zugeschnittene Menüdarstellung verzichten. In der Schritt-für-Schritt-Anleitung »Einstellungen für einen guten Start« auf Seite 30 erfahren Sie, wie sich die Alternative aus Abbildung 1.11 aktivieren lässt.

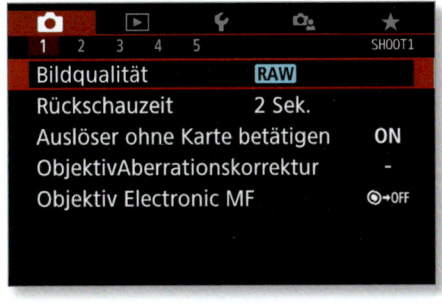

△ Abbildung 1.13
Im Kameramenü verändern Sie die Grundeinstellungen der Kamera.

Keine Angst vorm Verstellen!
Sie können die Kamera jederzeit wieder in den Auslieferungszustand versetzen, ohne dass wichtige Einstellungen verloren gehen. Mehr dazu im Anhang auf Seite 332.

Bilder betrachten und löschen
SCHRITT FÜR SCHRITT

1 Die Bildwiedergabe starten
Drücken Sie die Wiedergabetaste ▶. Das zuletzt geschossene Foto erscheint auf dem Monitor der EOS 77D. Indem Sie mit einem Finger auf dem Touchscreen eine Wischbewegung nach links oder rechts durchführen, kommen Sie zum nächsten oder vorangegangenen Bild auf der Speicherkarte. Alternative Wege führen über einen Dreh am Schnellwahlrad oder die Pfeiltasten. Das Hauptwahlrad an der Vorderseite der EOS 77D wiederum bringt Sie in der Standardeinstellung gleich um zehn Bilder vor oder zurück. Ein mehrmaliges Drücken der **INFO**-Taste blendet während der Bildwiedergabe Informationen über die Einstellungen bei der Aufnahme ein. Mit einer Wischbewegung oder den Pfeiltasten nach oben und unten wechseln Sie zwischen verschiedenen weiteren Anzeigen zu den Aufnahmeparametern.

2 Einen Film abspielen
Um einen Film abzuspielen, tippen Sie einfach mit dem Finger auf das Abspielsymbol ❶ in der Mitte des Monitors. Ein weiteres Antippen hält den Film an und führt in die Steueroptionen, die Sie so oder ähnlich von Ihrem DVD-Player kennen. Mit dem Hauptwahlrad verändern Sie die Lautstärke. Auch über die Tasten können Sie die Filmwiedergabe starten: Drücken Sie dazu **SET**, und starten Sie die Wiedergabe mit einem erneuten Druck auf diese Taste.

3 Bildgröße mit dem Finger verändern
Die Fingergesten für das Betrachten einzelner oder mehrerer Bilder gleichen denen eines Smartphones: Indem Sie mit zwei Fingern auf den Bildschirm tippen und die Finger gleichzeitig auseinanderziehen, vergrößern Sie den Bildschirmausschnitt um das bis zu Zehnfache. Die Geste in Gegenrichtung verkleinert die Darstellung wieder. Um den gezeigten Ausschnitt zu verschieben, benutzen Sie nur einen Finger und ziehen diesen in die gewünschte Richtung. Ein Fingertipp auf das Symbol [↰] auf dem Moni-

Das Bedienkonzept: Viele Wege führen nach Rom

tor oder ein Druck auf die Wiedergabetaste ▶ führen aus der Bilddarstellung zurück zur Standard-Monitoranzeige.

4   Die Tasten nutzen
Falls Sie die Tasten der Kamera der Fingerbedienung vorziehen, führen die AF-Messfeldwahl-Taste ⊞ oder die Sterntaste ✱ gemeinsam mit den Pfeiltasten zum gleichen Ergebnis wie in Schritt 3.

5   Bilder sichten
Verkleinern Sie die Bilddarstellung mit der entsprechenden Fingergeste oder einem Druck auf die Sterntaste ✱ noch stärker, gelangen Sie zu einer Übersicht mit mehreren kleinen Bildern. Diese Darstellungsart heißt *Indexanzeige*. Mit dem Finger von oben nach unten wischend oder mit Hilfe des Schnellwahlrads oder der Pfeiltasten bewegen Sie sich von Bild zu Bild. Das jeweils aktivierte Foto bekommt dabei einen orangefarbenen Rahmen ❷. Durch Drehen am Hauptwahlrad ist es möglich, jeweils blockweise von Übersicht zu Übersicht zu springen. Um wieder zur Einzelbilddarstellung zurückzugelangen, nutzen Sie einen Fingertipp auf das aktuell umrahmte Bild oder die **SET**-Taste.

6   Ein einzelnes Bild löschen
Mit einem Druck auf die Löschtaste 🗑 können Sie ein einzeln dargestelltes Bild entfernen. Allerdings müssen Sie zur Sicherheit das Löschen bestätigen. Auch das geht mit dem Finger – oder indem Sie mit dem Schnellwahlrad oder der Pfeiltaste die Option **Löschen** auswählen und mit **SET** bestätigen.

Bilder gezielt beurteilen
Wenn Sie weit in das Bild hineingezoomt haben und am Hauptwahlrad drehen, erscheint das nächste Bild mit dem gleichen Ausschnitt in der gleichen Vergrößerungsstufe. Dadurch lässt sich bei einer Bildserie sehr gut beurteilen, welches Foto am schärfsten ist.

Groß und bequem: der Monitor im Livebild-Modus

Trotz aller Vorteile des Spiegelreflexsystems: Es gibt viele Situationen, in denen es sehr unbequem ist, durch den Sucher zu blicken, etwa wenn es darum geht, eine Blume im nassen Gras aufzunehmen. Anstatt sich flach auf den Boden legen zu müssen, können Sie bei der EOS 77D den Klappmonitor in Kombination mit dem Livebild-Modus nutzen. Dabei erscheint das Bild direkt auf dem Monitor der Kamera.

Abbildung 1.14
Im Livebild-Modus können Sie gezielt auf einen Punkt scharfstellen.

Abbildung 1.15
Die Livebild-Taste (Bild: Canon)

Sie schalten den Livebild-Modus über die Livebild-Taste ❶ ein. Mit dem Finger auf dem Touchscreen können Sie bestimmen, welcher Bereich des Bildes scharfgestellt werden soll.

Im Livebild-Modus können Sie alternativ die Pfeiltasten zum Verschieben des Messbereichs einsetzen. Mit dem Antippen des Auslösers justiert die Kamera die Schärfe nach und bestätigt dies mit einem Piepton. Durch das Durchdrücken des Auslösers erfolgt dann die Aufnahme. Bei aktiviertem **Touch-Auslöser** laufen diese beiden Vorgänge automatisch und schnell hintereinander ab. Ein einziger Fingertipp auf den scharfzustellenden Bereich genügt in diesem Fall, um den Aufnahmeprozess in Gang zu setzen. Mit der AF-Messfeldwahl-Taste können Sie eine fünf- oder zehnfache Vergrößerung anzeigen lassen, sofern der Autofokusmodus nicht auf der Gesichtsverfolgung steht. Weitere ausführliche Informationen zum Livebild-Betrieb finden Sie im Abschnitt »Scharfstellen im Livebild-Modus« ab Seite 152.

Auch beim Filmen schauen Sie nicht durch den Sucher, sondern nutzen den Monitor. Sie starten den Film-Modus der Kamera durch Umlegen des

Hauptschalters auf ▶📷. Mit einem Druck auf die Livebild-Taste 📷 beginnt die Aufnahme. Um das Filmen mit der EOS 77D geht es in Kapitel 13, »Filme drehen mit der EOS 77D«.

 Sucher oder Livebild?

Das Livebild auf dem Monitor betrachten zu können ist sehr praktisch. Dennoch gibt es eine Reihe guter Gründe, durch den Sucher zu schauen und den klassischen Autofokus zu nutzen. So funktioniert dieser ein wenig schneller und genauer als die Livebild-Methode, weil die Autofokussensoren direkt im Strahlengang – auf dem Weg des Lichts – liegen. Zudem ist der Stromverbrauch durch die weniger lange Monitornutzung geringer. Detaillierte Informationen zur Funktionsweise des Autofokus finden Sie im Abschnitt »So funktioniert der Autofokus der EOS 77D« ab Seite 156.

Im Livebild-Betrieb ist durch den Sucher übrigens nichts mehr zu sehen. Warum das so ist, erklärt der Exkurs am Ende dieses Kapitels.

[100 mm | f2,8 | 1/125 s | ISO 200]

⌃ Abbildung 1.16
Besonders bei Nahaufnahmen ist der Livebild-Modus sehr nützlich.

Einstellungen für einen guten Start

SCHRITT FÜR SCHRITT

1 Das Menü aufrufen

Die EOS 77D wird Ihnen so geliefert, dass Sie mit dem Fotografieren direkt loslegen können. Es gibt jedoch einige Menüeinstellungen, die Ihnen das Fotografenleben erleichtern. Eine ausführliche Darstellung sämtlicher Menüoptionen finden Sie im Anhang ab Seite 320. Die folgenden Basiseinstellungen haben sich in der fotografischen Praxis bewährt: Stellen Sie das Moduswahlrad auf **P**, und drücken Sie dann die **MENU**-Taste. Es erscheinen die verschiedenen Menügruppen ❶. Über das Hauptwahlrad und natürlich die Touchscreen-Bedienung können Sie zwischen ihnen hin- und herwechseln.

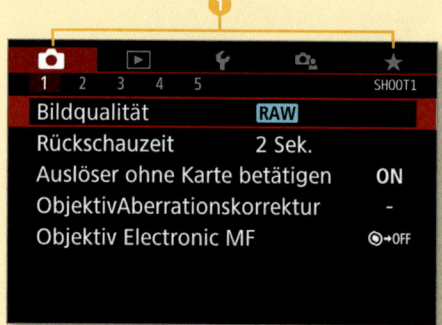

Jeden Menüeintrag, den Sie im Menü **Aufnahmeeinstellungen** verändert haben, erkennen Sie an der blau eingefärbten Schrift.

Achtung: In den Motivprogrammen, zum Beispiel **CA**, ist nur ein Teil der Menüeinstellungen verfügbar. Auch im Livebild- und Film-Betrieb sieht das Menü ein wenig anders aus.

2 Grundeinstellungen für die Aufnahme

Unter **Bildqualität** ❸ im Menü **Aufnahmeeinstellungen 1** ❷ empfiehlt sich die Einstellung ◢L. Die Kamera erstellt damit JPEG-Dateien in höchster Qualität. Wer sich allerdings wirklich alle Möglichkeiten der Nachbearbeitung erhalten will, wählt hier besser RAW. Bei dieser Option speichert die Kamera das Bild nicht im JPEG-Format, sondern als RAW-Datei. Diese enthält weit mehr Informationen und ermöglicht umfangreichere Bearbeitungsschritte am Computer. Der Preis dafür sind pro Bild üppige 28 bis 34 Megabyte Speicherplatz.

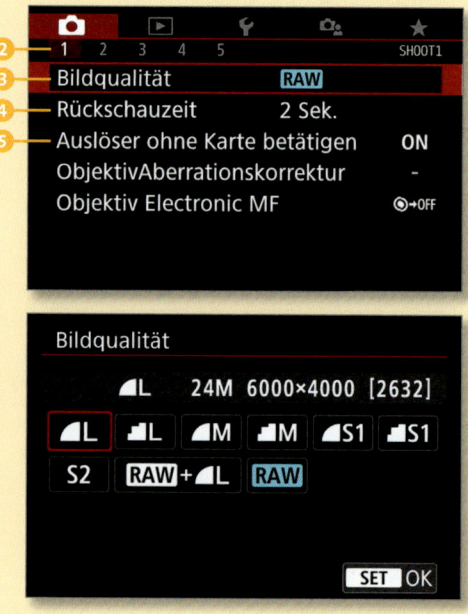

Durch die Wahl einer **Rückschauzeit** ❹ legen Sie fest, wie lange das Bild direkt nach der Aufnahme auf dem Monitor angezeigt wird. Wird hier die Einstellung **Halten** ausgewählt, erscheint das Bild so lange, bis die in den **Funktionseinstellungen 2** unter **Auto.Absch.aus** eingestellte Zeit zur Strom sparenden Abschaltung vergangen ist.

Unter **Auslöser ohne Karte betätigen** ❺ können Sie festlegen, dass die Kamera ohne eingelegte SD-Karte kein Bild aufnimmt – eine gute Einstellung für Vergessliche.

3   Kamera stummschalten

Den **Piep-Ton**, der das erfolgreiche Scharfstellen quittiert, können Sie im Menü **Funktionseinstellungen 3** ❻ ausschalten. Vielen Fotografen reicht zur Bestätigung das Blinken des jeweils aktivierten Autofokusfelds im Sucher aus. Ebenfalls unter diesem Menüpunkt versteckt sich die Möglichkeit, die Touchscreen-Bedienung auf lautlos 🔇 zu schalten. Ihre Umgebung wird es Ihnen danken.

4   Hilfe bei der Bildkomposition

Unter **Sucheranzeige** im Menü **Funktionseinstellungen 2** ❼ finden Sie die Option, **Gitterlinien** im Sucher einzublenden. Damit fällt es etwas leichter, Bildelemente gerade und ansprechend zu positionieren. Auch im Livebild-Modus sind Hilfslinien von Vorteil. Unter **Gitteranzeige** im Menü **Aufnahmeeinstellungen 6** ❽ stehen drei verschiedene Varianten zur Auswahl. Dieses Menü erscheint nur, wenn Sie sich im Livebild-Modus befinden.

5 Fokuskontrolle

Bei aktivierter **AF-Feldanzeige** im Menü **Wiedergabeeinstellungen 3** ❾ erscheinen bei der Bildwiedergabe diejenigen Messfelder, die für die Scharfstellung genutzt wurden. Dadurch ist es im Nachhinein leichter, den möglichen Ursachen für unscharfe Fotos auf die Schliche zu kommen.

6 Komfort bei der Bildbetrachtung

Unter **Autom. Drehen** im Menü **Funktionseinstellungen 1** ❿ können Sie festlegen, ob im Hochformat aufgenommene Bilder nur am Computer oder auch in der Kamera gedreht angezeigt werden. Über die Einstellung **Ein** 🖵 verschenken Sie keinen Anzeigeplatz. Dafür müssen Sie dann natürlich beim Betrachten eines Bildes die Kamera drehen.

7 Vereinfachte Darstellung aktivieren

In den **Anzeigeprofil-Einstellungen** ⓫ können Sie die Displayanzeige auf eine einsteigerfreundliche Darstellung (**Mit Anleitung**) umschalten. Sie zeigt in den Kreativprogrammen sehr anschaulich, wie sich eine veränderte Blende oder Belichtungszeit auf das Bild auswirkt.

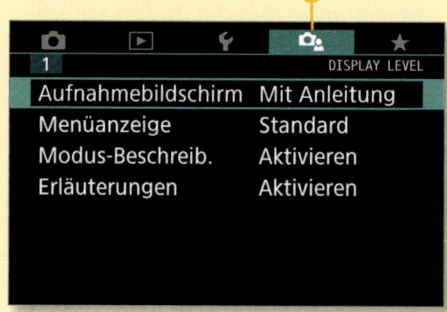

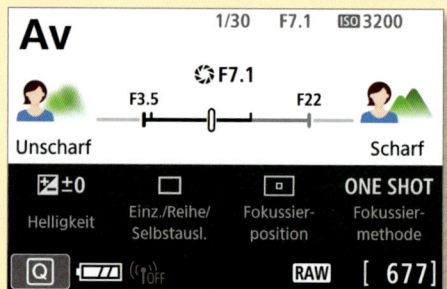

Die digitale Kameratechnik

EXKURS

Das Wort *Spiegelreflexkamera* steht für eine bestimmte Bauart von Kameras, bei denen die einfallenden Lichtstrahlen über eine Reihe von Spiegeln in den Sucher gelenkt werden, in dem das Bild erscheint. Einige Kompaktkameras haben zwar auch einen Sucher, der Blick durch diesen führt jedoch nicht durch das Objektiv, sondern zeigt ein zweites, leicht verschobenes Bild. Dieses wird durch ein zweites optisches System eigens erzeugt. Bei diesen Kameras zoomen Objektiv und Sucher gleichzeitig, so dass Sie die Illusion haben, durch das Objektiv zu schauen.

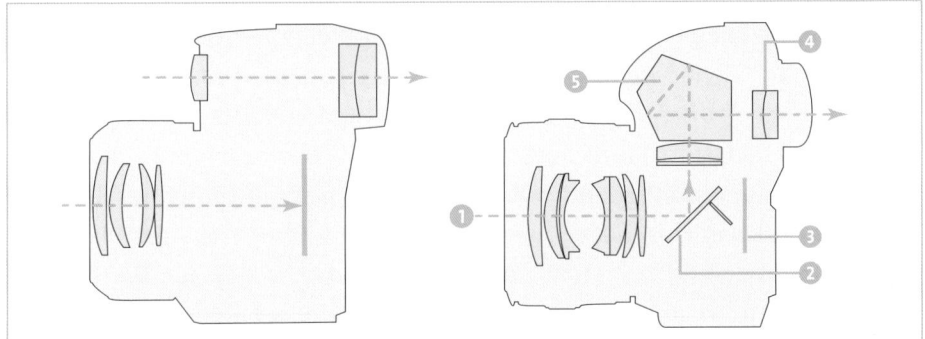

< Abbildung 1.17
Querschnitt durch eine Kompaktkamera (links) und eine Spiegelreflexkamera (rechts)

In einer Spiegelreflexkamera nimmt das Licht andere Wege. Das eigentliche Ziel dabei ist der Sensor ❸, in dem das digitale Bild entsteht. Wie Abbildung 1.17 zeigt, ist dabei jedoch im »Grundzustand« der Spiegel ❷ im Weg. Das Licht ❶ – und damit das Bild – erreicht nicht den Sensor, sondern wird in den Spiegelkasten ❺ umgelenkt. Dort muss es einen kleinen Umweg machen, um nicht seitenverkehrt im Sucher ❹ zu erscheinen. Beim Druck auf den Auslöser passieren nun drei Dinge gleichzeitig:

1. Die Blendenöffnung im Objektiv stellt sich auf den eingestellten Wert ein. Näheres dazu erfahren Sie in Kapitel 3, »So nutzen Sie die Kreativprogramme«.
2. Der Spiegel klappt nach oben und gibt für die Lichtstrahlen den Weg zum Sensor frei. In diesem Moment wird das Bild im Sucher schwarz.
3. Zwei Vorhänge, die den Sensor normalerweise abschirmen, öffnen sich, und das Licht trifft auf den Sensor. Dieser wandelt die dabei generierten Informationen in digitale Daten um. Das Bild wird aufgezeichnet.

EXKURS

Wenn Sie es genau wissen wollen: der Sensor

Das Herz der EOS 77D und ihr teuerstes Bauteil ist der Sensor. Hier wird das Licht in elektrische Impulse verwandelt, aus denen das Bild entsteht. Dies geschieht über lichtempfindliche kleine Zellen, von denen die EOS 77D eine stattliche Anzahl besitzt: 24 Millionen, also 24 Megapixel. Diese Pixel können jedoch nur Helligkeitswerte erfassen. Mit dieser Methode allein ließen sich also höchstens Schwarzweißbilder erzeugen.

Um trotzdem Farbinformationen zu bekommen, liegt vor jedem einzelnen Pixel ein Farbfilter in den Grundfarben Rot, Grün oder Blau. Diese Filter sind jeweils abwechselnd aufgebracht: Auf eine Zeile mit Grün und Rot folgt eine Zeile, in der nur Blau und Grün vorkommen (siehe Abbildung 1.18). Diese Aufteilung des Sensors entspricht der *Bayer-Matrix*, die den Namen ihres Entwicklers Bryce E. Bayer trägt. Die Bayer-Matrix verwendet die Farbe Grün doppelt so häufig wie Blau und Rot, was daran liegt, dass der grüne Farbbereich für das scharfe Sehen mit unseren Augen am wichtigsten ist.

▲ **Abbildung 1.18**
Das Bayer-Muster

Bedingt durch die Aufteilung der Farbfilter, gibt es für die einzelnen Pixel immer nur Helligkeitsdaten über eine einzige Farbkomponente – eben Rot, Grün oder Blau. Anschließend wird das Ergebnis jedoch verrechnet (interpoliert). Die Elektronik »schätzt« gewissermaßen, welche Farbe ein Pixel zwischen zwei anderen Pixeln hat, und setzt entsprechend diesen Wert. Dabei kann sie sich irren, aber angesichts der Millionen Pixel einer Digitalkamera fallen einzelne Fehleinschätzungen nicht weiter auf.

> ☑ **Warum Rot, Grün und Blau?**
>
> Wie bei Monitoren, Fernsehern und anderen elektronischen Geräten werden in der Kamera die Farben als Kombination aus Rot-, Blau- und Grün-Werten verarbeitet. Aus diesen Grundfarben lassen sich alle anderen Farben mischen.

Die Sensorgröße und der Cropfaktor

Um die digitale Spiegelreflextechnik preiswert anbieten zu können, entschlossen sich die meisten Kamerahersteller, in ihren Einsteiger- und Mittelklassemodellen Sensoren zu verbauen, die kleiner sind als der entsprechende Abschnitt eines klassischen Kleinbildfilms. Während ein Negativ eines solchen Films eine Größe von 36 × 24 mm hat ❶, ist der Sensor der EOS 77D nur etwa 22 × 15 mm groß . Dieses Format heißt *APS-C*. Das Verhältnis dieser Größen ist 1,6 und wird auch als *Cropfaktor* bezeichnet.

Sämtliche vier-, drei- und zweistelligen Kameramodelle von Canon sowie die EOS 7D Mark II sind mit Sensoren dieser Größe ausgestattet. Trotzdem können Sie an Ihrer EOS 77D auch Canon-Objektive verwenden, die für analoge Spiegelreflexkameras oder die teureren digitalen Modelle mit größerem Sensor entwickelt wurden. Die Brennweite des Objektivs ändert sich dabei nicht, und das Licht fällt natürlich auch weiterhin kreisrund in die Kamera ❸. Der davon tatsächlich genutzte Bereich verkleinert sich allerdings um den Faktor 1,6. Ein engerer Bildwinkel und damit kleinerer Bildausschnitt ist die Folge. Das endgültige Foto sieht dadurch – in gleich großem Format ausgedruckt ❹ – so aus, als sei es um den Faktor 1,6 vergrößert worden beziehungsweise mit einer um den Faktor 1,6 höheren Brennweite aufgenommen worden.

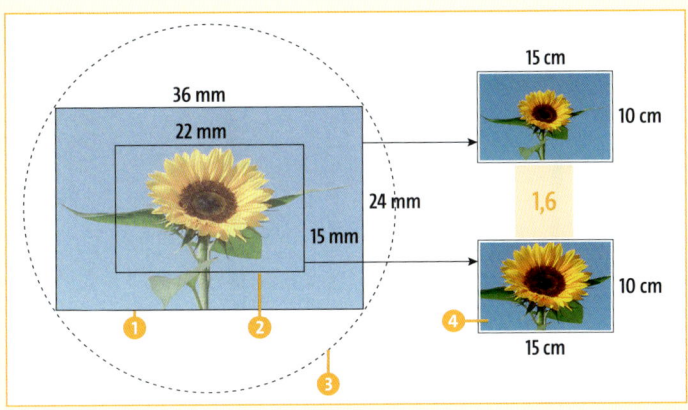

▲ Abbildung 1.19
Sensorgrößen und Cropfaktor

Ein Objektiv mit einer Brennweite von 100 mm wirkt an einer Kamera mit APS-C-Sensor zum Beispiel wie eine Brennweite von 160 mm (100 × 1,6) an einer sogenannten *Vollformatkamera* mit einem Sensor in Kleinbildgröße. Eine solche ist zum Beispiel die Canon EOS 5D Mark IV.

Der Vorteil des Systems ist, dass Teleobjektive noch länger wirken: Wo der Besitzer einer Vollformatkamera für den gleichen Bildeindruck ein 400-mm-Objektiv einsetzen muss, reichen dem Fotografen mit APS-C-Sensor 250 mm (400 ÷ 1,6 = 250).

▲ Abbildung 1.20
EF-S-Objektive für Kameras mit APS-C-Sensor (wie die EOS 77D) werden an der weißen Markierung angesetzt ❻. Der rote Punkt ❺ ist für EF-Objektive, die auch an Vollformatkameras funktionieren.

Der Nachteil ist, dass beim APS-C-Sensor sehr niedrige Brennweiten nötig sind, um Weitwinkelaufnahmen zu machen. Der Besitzer einer Vollformatkamera kann bereits bei 16 mm Brennweite Aufnahmen mit sehr großem Bildwinkel erstellen. An der EOS 77D dagegen muss für den gleichen Effekt ein 10-mm-Objektiv eingesetzt werden.

Die mit *EF-S* bezeichneten Objektive von Canon passen übrigens nur an Kameras mit APS-C-Sensor. Sie haben die gleiche Brennweite wie ihre Vollformat-Pendants. Bei ihnen ist allerdings der Bildkreis nur gerade so groß, dass der kleinere Sensor dieser Kameras ausgeleuchtet wird.

Kapitel 2
Das leisten die Motivprogramme

Den Aufnahmemodus einstellen	38
Die automatische Motiverkennung der EOS 77D	39
Für Aufsteiger: Gestalten mit der Kreativautomatik	41
So nutzen Sie die Motivprogramme	45
Die fotografische Szene bittet zur Auswahl	50
Bilder mit den Kreativfiltern aufpeppen	54
EXKURS: So wirken sich Brennweite und Aufnahmestandort auf den Bildausschnitt aus	60

Den Aufnahmemodus einstellen

Bereits in der Vollautomatik und den Motivprogrammen hat die EOS 77D jede Menge zu bieten. Über das Moduswahlrad erreichen Sie sieben dieser Rundum-sorglos-Programme mit einem Dreh. Weitere sieben verbergen sich hinter **SCN** für *Scene*. Sie können bei diesen Aufnahmeprogrammen getrost der Kamera die technische Optimierung des Bildes überlassen und müssen sich um nichts weiter kümmern. Damit empfehlen sich die automatischen Aufnahmemodi nicht nur für Einsteiger. Auch wenn es schnell gehen muss, sind diese Programme ausgesprochen hilfreich. Ein Dreh auf das Motivprogramm **Sport** zum Beispiel genügt, um einen plötzlich vorbeifahrenden Radfahrer gestochen scharf abzubilden.

Abbildung 2.1 >
Das Moduswahlrad zum Einstellen der Motivprogramme

Die Motivprogramme sind ganz auf eine unkomplizierte Bedienung ausgerichtet. Sobald Sie das Moduswahlrad auf eines dieser Aufnahmeprogramme drehen, sehen Sie einen Informationstext und eine sehr aufgeräumte Displayanzeige: In der oberen Displayhälfte erscheint das jeweils gewählte Belichtungsprogramm ❷. Nach dem Antippen des Auslösers erfolgt eine Messung und am oberen Bildrand erscheinen die Werte für Belichtungszeit, Blende und ISO-Wert ❶. Was es damit genau auf sich hat, erfahren Sie in Kapitel 3, »So nutzen Sie die Kreativprogramme«. Außerdem sehen Sie die Batterieanzeige ❺, das gewählte Speicherformat ❻ und die Zahl der noch verbleibenden Aufnahmen ❼. In der unteren Displayhälfte erscheinen die zur Verfügung stehenden Optionen ❸. Am Symbol **Q** ❹ erkennen Sie, dass Sie in verschiedenen Menüs weitere Einstellungen vornehmen können. Sie müssen es zuvor einmal antippen oder die **Q**-Taste auf der Kamerarückseite drücken. Die einzelnen Optionen selbst können Sie auf verschiedenen Wegen verändern: mit dem Finger, dem Schnellwahlrad, den Pfeiltasten oder dem Hauptwahlrad.

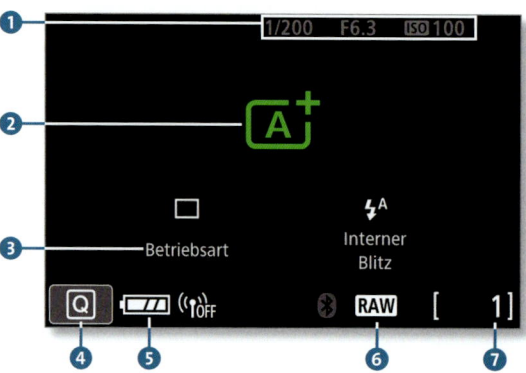

Abbildung 2.2 >
Das Display in der Vollautomatik

Davon unabhängig gelangen Sie mit der **MENU**-Taste in das eigentliche Kameramenü. Dort bestimmen Sie das allgemeine Verhalten der Kamera.

Aus allen Menüs kommen Sie übrigens mit einem Fingertipp auf [↰] oder durch ein Antippen des Auslösers wieder heraus. Dabei werden alle veränderten Einstellungen beibehalten.

 Wann ist ein Motivprogramm sinnvoll?
Mit den Motivprogrammen bedienen Sie die EOS 77D im Prinzip wie eine Kompaktkamera. Wenn es schnell und unkompliziert gehen soll, ist das oft eine gute Wahl.

Die automatische Motiverkennung der EOS 77D

In der Vollautomatik [A⁺], die Canon auch **Automatische Motiverkennung** nennt, kümmert sich die Kamera komplett selbst um die Technik. Sie können sich ganz auf das Komponieren des Bildes konzentrieren. Zugleich lassen sich nur zwei Parameter manuell einstellen, wenn Sie in diesem Modus mit [Q] in das Monitormenü springen. Dazu gehört die Möglichkeit, zwischen verschiedenen Betriebsarten zu wechseln. Diese stehen übrigens auch in allen anderen Motiv- und Kreativprogrammen zur Verfügung.

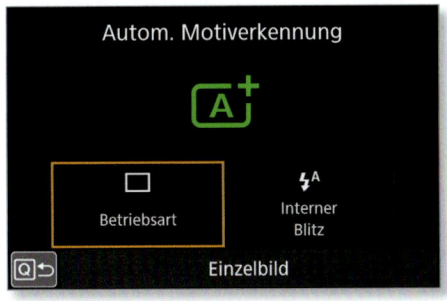 

< Abbildung 2.3
Links: Sie können vom *Einzelbild*-Modus auf den *Selbstauslöser* oder auf *Reihenaufnahmen* wechseln. *Rechts:* Hier sehen Sie die verschiedenen Betriebsarten.

 Die Betriebsart schnell verändern
Am schnellsten wechseln Sie die Betriebsart über die entsprechende Taste ❽. Mit dem Finger, den Pfeiltasten, dem Haupt- oder Schnellwahlrad und der Bestätigung über **SET** lässt sich die gewünschte Einstellung einfach vornehmen. Den Auslöser anzutippen, ist der schnellste Weg aus dem Menü, und Sie können mit der gewählten Option weiterfotografieren.

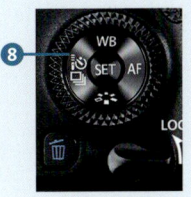

Option	Beschreibung
☐ Einzelbild	Beim Druck auf den Auslöser wird ein einziges Bild geschossen. Diese Betriebsart ist dann ideal, wenn Sie Zeit für Ihre Aufnahmen haben.
⏻H Reihenaufnahme schnell	Beim Druck auf den Auslöser werden etwa sechs Bilder pro Sekunde geschossen. Besonders in kritischen Lichtsituationen oder bei Motiven in Bewegung steigen so die Chancen auf ein scharfes Bild des entscheidenden Augenblicks. Wenn Sie den Auslöser gedrückt halten und die EOS 77D nach einer Weile ins Stocken gerät, liegt das daran, dass die Informationen aus der Kamera nicht schnell genug auf die SD-Karte geschrieben werden können. Diese Situation tritt schneller ein, wenn Sie im RAW-Format fotografieren. Die RAW-Dateien sind wesentlich größer und brauchen entsprechend länger für den Weg zur Speicherkarte.
⏻ Reihenaufnahme langsam	Bei der langsamen Variante der Reihenaufnahme werden etwa drei Bilder pro Sekunde aufgenommen.
⏱ Selbstauslöser	Den Selbstauslöser bietet Ihnen die EOS 77D in drei Varianten an: ■ Das Symbol ⏱ steht für einen Selbstauslöser, der nach zehn Sekunden auslöst oder durch eine Infrarotfernbedienung gestartet wird. ■ Bei ⏱2 beträgt die Wartezeit zwischen dem Druck auf den Auslöser und der Aufnahme nur zwei Sekunden. Diese Einstellung ist zum Beispiel dann sehr hilfreich, wenn die Kamera auf einem nicht ganz so stabilen Stativ positioniert ist. Die durch den Druck auf den Knopf leicht ins Schwingen gebrachten Komponenten der Kamera haben sich nach Ablauf der Zeit wieder stabilisiert. Ein unverwackeltes Bild ist also garantiert. ■ Bei der Selbstauslöser-Reihenaufnahme ⏱C startet der Selbstauslöser zehn Sekunden nach Druck auf den Auslöser und schießt gleich mehrere Fotos hintereinander. Wie viele es sein sollen, können Sie mit den Pfeiltasten nach oben oder unten einstellen. Diese Funktion ist zum Beispiel bei Gruppenporträts hilfreich, bei denen der Fotograf mit aufs Bild soll. Da in diesen Situationen in der Regel immer irgendjemand gerade die Augen geschlossen hat, steigern Sie mit dieser Einstellung Ihre Trefferquote.

⌃ Tabelle 2.1
Die Betriebsarten der EOS 77D im Überblick

Neben der Betriebsart lässt sich in der Vollautomatik 🅐⁺ auch das Verhalten des Blitzes steuern. Im Menü haben Sie die Wahl zwischen drei Optionen: Im Modus **Automatischer Blitz** ⚡A klappt der Blitz von selbst heraus und zündet, wenn die Belichtungsmessung der Kamera eine dunkle Umgebung erkennt. Mit der Wahl von **Blitz aus** ⚡ lässt sich dies unterbinden, und mit der Option **Blitz ein** ⚡ wird auf jeden Fall geblitzt, auch wenn es eigentlich hell ist. Auf diese Weise lassen sich zum Beispiel an einem Sommertag Bildteile, die im Schatten liegen, aufhellen.

^ Abbildung 2.4
Das Menü mit markierter Blitzeinstellung. Die zur Auswahl stehenden Blitzoptionen erreichen Sie über SET.

Nicht immer ist Blitzen erwünscht oder gar erlaubt. Drehen Sie in solchen Situationen das Moduswahlrad einfach um eine Position weiter, also auf **Blitz aus** . Bei zu wenig Licht besteht allerdings die Gefahr, dass das Bild verwackelt. Im Zweifel helfen einige Probeschüsse und die anschließende Kontrolle des Bildes auf dem Monitor. Indem Sie in die Aufnahme hineinzoomen, können Sie die Schärfe wesentlich besser beurteilen.

> **Blitzgewitter für scharfe Bilder**
> Damit die Kamera im Dunkeln die Belichtung messen kann, muss der Blitz möglicherweise schon vor der Aufnahme für ein wenig Licht sorgen. Dabei kann es sich um ein einmaliges Flackern, aber auch um eine schnelle, recht nervige Folge kurzer Impulse handeln. Lassen Sie sich dadurch nicht irritieren.

Für Aufsteiger: Gestalten mit der Kreativautomatik

Weitaus mehr Eingriffsmöglichkeiten und damit Potenzial für die Bildgestaltung bietet die Kreativautomatik **CA** (= *Creative Automatic*). Im Gegensatz zur Vollautomatik können Sie hier mit einem unscharf dargestellten Hintergrund und verschiedenen Umgebungseffekten experimentieren. Sie erreichen diese Funktionen, wenn Sie das Moduswahlrad auf **CA** drehen.

Auch hier führt zu den Einstellungsmöglichkeiten. Mit dem Finger oder den Pfeiltasten navigieren Sie durch die verschiedenen Parameter.

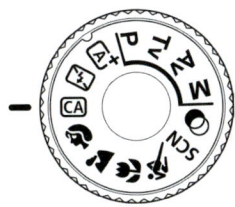

^ Abbildung 2.5
*Das Moduswahlrad steht auf **CA** für die Kreativautomatik.*

Abbildung 2.6 >
Der Monitor der 77D im Modus CA

Sie haben nun die Möglichkeit, mit verschiedenen **Umgebungseffekten** ❶ und einem unscharfen Hintergrund zu experimentieren ❷. Bei den Umgebungseffekten handelt es sich um Farbveränderungen, mit denen Sie Ihren Bildern gezielt einen bestimmten Look geben können. Mit dem Haupt- oder Schnellwahlrad können Sie direkt den gewünschten Effekt auswählen. Sie brauchen die Auswahl nicht zu bestätigen. Nach dem Druck auf **SET** oder einem Fingertipp erscheint allerdings die komplette Auswahlliste mit allen Optionen im Überblick.

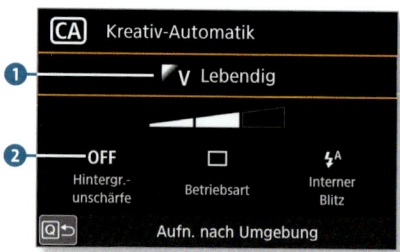 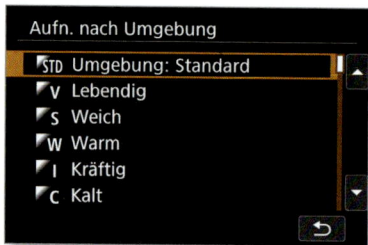 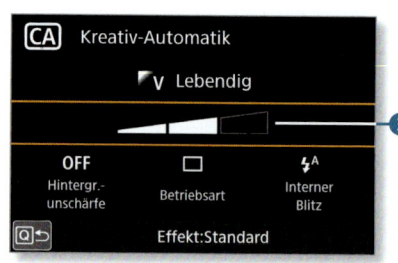

∧ Abbildung 2.7
*Die **Umgebungseffekte** können Sie schnell im mit **Q** aktivierten Menü (links) durch Drehen am Haupt- oder Schnellwahlrad verstellen. So müssen Sie nicht erst in die Übersicht (Mitte) springen. Rechts: Im Menü können Sie die Stärke ❸ der Umgebungseffekte einstellen.*

Abbildung 2.8 >
Drücken Sie die Livebild-Taste, um die Auswirkungen der Umgebungseffekte direkt zu sehen.

Schalten Sie die Kamera mit der Livebild-Taste ❹ in den Livebild-Modus, können Sie die Auswirkungen sogar direkt auf dem Monitor betrachten. Auch dort gelangen Sie über **Q** und die Navigation zum entsprechenden Symbol in das Menü für diese Option. Folgende Möglichkeiten stehen zur Auswahl:

STD: **Standard**	W: **Warm**	B: **Heller**
V: **Lebendig**	I: **Kräftig**	D: **Dunkler**
S: **Weich**	C: **Kalt**	M: **Monochrom**

Die Stärke der jeweiligen Effekte lässt sich in drei Stufen einstellen. Sie können zwischen den Optionen **Schwach**, **Standard** und **Stark** wählen ❸.

Beim Umgebungseffekt **Monochrom** allerdings verwandelt sich diese Auswahl in **Blau**, **Schwarz-Weiß** und **Sepia**. Gerade mit diesen Einstellungen lassen sich auch ohne Bildbearbeitung am Computer sehr kreative Effekte erzielen.

Die Optionen **Heller** und **Dunkler** sind vor allem für die Fälle interessant, in denen sich die Automatik der Kamera irrt und ein Motiv zu hell oder zu dunkel belichtet wird. Im Abschnitt »Die Belichtung korrigieren mit der EOS 77D« ab Seite 96 geht es speziell um solche Situationen. Dort erfahren Sie, wann sich die Belichtungsautomatik besonders stark irritieren lässt und wie Sie auch im halbautomatischen Modus entsprechende Korrekturen vornehmen können.

Am interessantesten am Modus **CA** ist sicherlich die Funktion, mit der der Hintergrund unscharf dargestellt werden kann. Auch zu dieser Einstellung gelangen Sie über [Q]. Mit dem Finger, den Pfeiltasten oder dem Haupt- oder Schnellwahlrad können Sie den Grad der Unschärfe in drei Stufen bestimmen.

[35 mm | f5,6 | 1/100 s | ISO 1600]

Abbildung 2.9 >
*Der Umgebungseffekt **Monochrom** in der Einstellung **Sepia** unterstreicht die Wirkung dieses Bildes.*

Die besten Bildergebnisse mit verschwommenem Hintergrund erreichen Sie mit folgenden Mitteln: Stellen Sie den Zoom am Objektiv auf den größtmöglichen Wert, gehen Sie möglichst nah an Ihr Motiv heran, und platzieren Sie dieses wiederum in großer Entfernung zum Hintergrund.

Die weiteren Optionen sind Ihnen bereits von der Vollautomatik [A⁺] bekannt. Und auch hier gibt es die verschiedenen Betriebsarten, die Sie schon von diesem Aufnahmeprogramm kennen.

Abbildung 2.10 >
Der Hintergrund wurde hier auf ganz unscharf gestellt ❶.

> **Vorsicht im Blitzbetrieb**
> Bei Blitzbetrieb funktioniert die Option **Hintergrund unscharf** nicht. Der Eintrag ist dann ausgegraut.

Abbildung 2.11 >
*Links: Hier wurde die Einstellung **Hintergrund unscharf** gewählt. Nur die Schlüsselblume im Vordergrund ist scharf abgebildet. Das Gras im Hintergrund ist verschwommen. Rechts: Hier wurde die Einstellung **Hintergrund scharf** gewählt. Alle Bildelemente sind scharf zu sehen.*

[100 mm | f2,8 | 1/1600 s | ISO 100]

[100 mm | f18 | 1/160 s | ISO 320]

So nutzen Sie die Motivprogramme

Die EOS 77D wartet mit einer Reihe von Motivprogrammen auf, die auf die speziellen Anforderungen von Porträt-, Landschafts-, Nah-, Sport- und Nachtaufnahmen sowie Situationen mit großem Lichtkontrast zugeschnitten sind. Vier dieser Modi können Sie direkt am Moduswahlrad einstellen. Die übrigen Motivprogramme erreichen Sie über die Einstellung **SCN** am Moduswahlrad.

Die verschiedenen Monitorelemente kommen Ihnen inzwischen sicher bekannt vor. Auch hier können Sie zum Beispiel den **Selbstauslöser** aktivieren. Zusätzlich können Sie die Bildhelligkeit verändern.

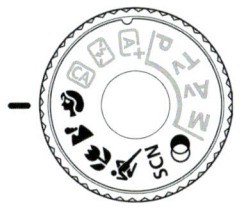
∧ Abbildung 2.12
Die Motivprogramme stellen Sie mit dem Moduswahlrad ein.

Das Porträt-Programm gekonnt nutzen

Wenn Sie bereits Experimente mit der Einstellung **Hintergrund unscharf** im **CA**-Modus gemacht haben, kommt Ihnen der **Porträt**-Modus bestimmt bekannt vor. Hier jedoch kommen Sie ganz ohne Änderungen im Kameramenü zum gleichen Ergebnis.

Wenn Sie das Display in diesem Motivprogramm betrachten, sehen Sie, dass bei der Betriebsart standardmäßig die langsame **Reihenaufnahme** ❷ eingeschaltet ist. Mit der Anzahl mehrerer schnell hintereinander aufgenommener Fotos steigt die Wahrscheinlichkeit, dass Sie Ihr Modell im richtigen Augenblick erwischen. Die schnelle Reihenaufnahme ist wohl etwas zu viel des Guten.

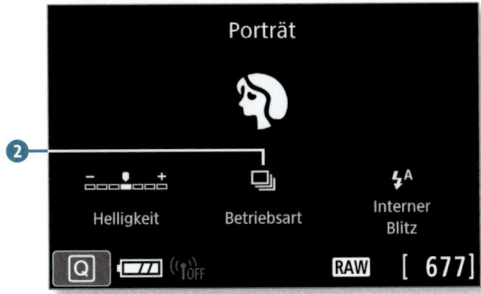
∧ Abbildung 2.13
*Das Display im **Porträt**-Modus*

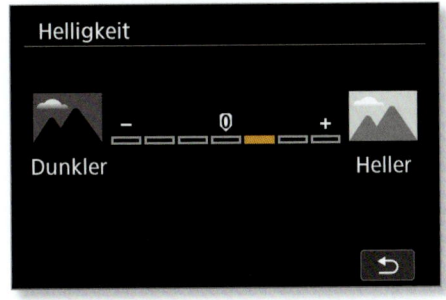
∧ Abbildung 2.14
In den Motivprogrammen können Sie die Bildhelligkeit verändern. Bei einigen Porträts sieht die Haut mit einer gezielten Aufhellung besser aus.

Besonders gut funktioniert dieses Motivprogramm, wenn Sie das Objektiv auf eine leichte Telebrennweite einstellen – bei einem 18–55-mm-Objektiv also auf 55 mm – und nah an Ihr Motiv herangehen. Zudem empfiehlt es sich, einen größeren Abstand zwischen dem Modell und dem Hintergrund zu wählen, da dieser mit zunehmender Entfernung immer unschärfer wird. Das Porträt ist dann noch besser freigestellt, kein unruhiger Hintergrund stört.

Für Gruppenaufnahmen ist dieser Modus allerdings nur bedingt geeignet: Gerade wenn mehrere Personen hintereinanderstehen, kann es passieren, dass nur die vordere Person scharf ist, da die Motivteile außerhalb des fokussierten Bereichs unscharf erscheinen. Für diesen Zweck gibt es im Modus **SCN** die Option **Gruppenfoto**.

∧ **Abbildung 2.15**
Weiche Hauttöne und ein verschwommener Hintergrund sind die besonderen Kennzeichen des **Porträt**-*Programms.*

Hintergrund unscharf – woher kommt das?

Die selektive Schärfe wird durch die Einstellung einer weit geöffneten Blende erreicht. Bei der *Blende* handelt es sich um Lamellen im Objektiv, die unterschiedlich große Öffnungsdurchmesser haben können (siehe den Abschnitt »Stellschraube 2: die Blende« ab Seite 67).

Natur in Szene setzen mit dem Landschaftsprogramm

Beim Motivprogramm **Landschaft** versucht die Kamera, eine Einstellung zu finden, mit der alle Bereiche des Bildes scharf abgelichtet werden. Anders als im **Porträt**-Programm schaltet die Kamera hier auf Einzelbildbetrieb. Schließlich kommt es bei Aufnahmen der Natur eher auf das ruhige Finden des richtigen Bildausschnitts an, weniger auf das Abpassen des richtigen Moments.

˄ Abbildung 2.16
Im Modus **Landschaft** *nimmt die Kamera pro Auslösung jeweils ein Bild auf.*

< Abbildung 2.17
Dieses Bild wurde im Motivprogramm **Landschaft** *aufgenommen. Es sorgt unter anderem dafür, dass Grün- und Blautöne kräftig dargestellt werden.*

Großer Helfer für kleine Motive: das Nahaufnahme-Programm

Dieses Programm eignet sich dazu, kleine Motive aus der Nähe zu fotografieren. Im Aufnahmemodus **Nahaufnahme** wählt die Kamera eine Einstellung, die das Motiv scharf und den Hintergrund unscharf abbildet. So ist es möglich, das zentrale Bildelement gezielt hervorzuheben und störende Teile auszublenden. Trotzdem ist es unter gestalterischen Gesichtspunkten sinnvoll, auf einen aufgeräumten Hintergrund zu achten. Farblich ablenkende Bereiche zum Beispiel lassen sich auch mit dieser Einstellung nicht verbergen.

Abbildung 2.18
Das Display im Modus *Nahaufnahme*

Abbildung 2.19
Die Hummel wurde im *Nahaufnahme*-Modus aufgenommen.

[300 mm | f6,3 | 1/400 s | ISO 100]

Bewegte Motive mit dem Sport-Programm einfangen

Das linke Bild in Abbildung 2.20 entstand mit dem Motivprogramm für Sportaufnahmen. Die schnelle Bewegung der Mountainbikerin wurde dabei durch eine sehr kurze Belichtungszeit eingefroren. Die Kamera öffnete den Verschluss nur für den Bruchteil einer Sekunde – hier für 1/640 s.

Das rechte Bild in Abbildung 2.20 entstand mit einer längeren Belichtungszeit. Während durch den Verschlussvorhang der Kamera Licht auf den Sensor fiel, ist die Kamera der Radfahrerin gefolgt. Der Hintergrund ist deshalb verwaschen. Die Mountainbikerin hat sich außerdem so schnell bewegt, dass ihre Bewegung nicht eingefroren werden konnte. Diese Form der Unschärfe wird auch *Bewegungsunschärfe* genannt. Richtig eingesetzt, kann sie beim Betrachter des Bildes auch einen Eindruck von Dynamik hinterlassen. Deshalb kann es in manchen Situationen sinnvoller sein, gerade nicht den **Sport**-Modus zu nutzen. Probieren Sie auf jeden Fall auch die Bildwirkung in der Kreativ- oder der Vollautomatik aus (**CA**, **A⁺**).

[15 mm | f3,5 | 1/640 s | ISO 100]   [15 mm | f16 | 1/30 s | ISO 100]

^ Abbildung 2.20
Links: Trotz hoher Geschwindigkeit ist das Bild scharf. Rechts: Leider nicht gelungen: Dieses Bild ist unscharf, weil die Verschlusszeit für die Bewegung der Mountainbikerin zu lang war.

Es gibt einen wichtigen Unterschied zwischen dem **Sport-** und den meisten anderen Motivprogrammen: Der Autofokus arbeitet hier im sogenannten **AI-Servo**-Modus. Auch wenn Sie den Auslöser bereits halb heruntergedrückt haben – die Kamera also schon einen Schärfepunkt gefunden hat – bleibt der Autofokus aktiv. Die für das Scharfstellen verantwortlichen Motoren im Objektiv arbeiten kontinuierlich weiter, bis der Auslöser komplett durchgedrückt wird. Auf diese Weise können bewegte Motive in ihrer Bewegung verfolgt werden und verlassen den scharfen Bereich nicht.

Auch in dieser Betriebsart ist standardmäßig die **Reihenaufnahme** aktiviert. Anders als beim **Porträt**-Modus ist es diesmal jedoch die schnelle Variante. Solange Sie den Auslöser gedrückt halten, nimmt die EOS 77D sechs Bilder pro Sekunde auf. Damit steigt die Wahrscheinlichkeit, dass Sie Ihr Modell im richtigen Augenblick erwischen.

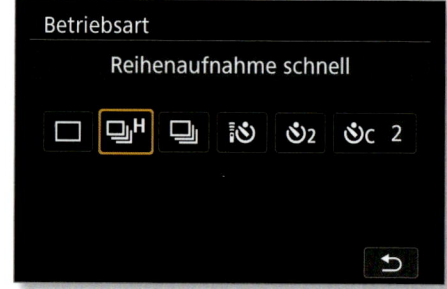

Abbildung 2.21 >
*Das Display im **Sport**-Modus. Hier ist die schnelle Reihenaufnahme aktiviert.*

Die fotografische Szene bittet zur Auswahl

Sieben weitere Motivprogramme teilen sich die Position **SCN** für *Scene* auf dem Moduswahlrad. Je nachdem, welches Programm Sie zuletzt benutzt haben, erscheint eines der folgenden Motivprogramme:

- Gruppenfoto
- Kinder
- Speisen
- Kerzenlicht
- Nachtporträt
- HDR/Gegenlicht
- Nachtaufnahme ohne Stativ

Der Wechsel zwischen diesen Programmen gelingt in der Einstellung **SCN** über einen Druck auf die **Q**-Taste oder einen Fingertipp auf [Q]. Durch **SET** und anschließend die Pfeiltasten oder über einen Fingertipp auf das entsprechende Bildschirmsymbol ❶ kommen Sie zu einem Auswahlbildschirm. Alle Elemente auf dem Display kennen Sie bereits.

Abbildung 2.22 >
*Drehen Sie das Moduswahlrad auf **SCN**, und Sie haben die Wahl zwischen sieben weiteren Motivprogrammen.*

In den Programmen **Speisen** und **Kerzenlicht** können Sie dem Bild über die Einstellung **Farbton** einen kühleren oder wärmeren Look verpassen. Sofern auch Menschen im Bild zu sehen sind, verändert sich damit zugleich auch die Darstellung von Hauttönen.

Eine Besonderheit ist der **Nachtaufnahme**-Modus. Dabei schießt die EOS 77D gleich vier Aufnahmen mit einer kurzen Belichtungszeit hintereinander – auch ohne dass Sie die schnelle Reihenaufnahme aktiviert haben. Aus den Einzelbildern bastelt die Elektronik dann ein einzelnes Foto, aus dem das Bildrauschen und die Verwacklungsunschärfe herausgerechnet wurden. Die Funktion kann zwar die Gesetze der Physik nicht außer Kraft setzen. Trotzdem sind die Ergebnisse erstaunlich gut. Sie erreichen nicht die Schärfe einer Stativaufnahme, sind aber einem herkömmlichen Ergebnis aus der freien Hand deutlich überlegen.

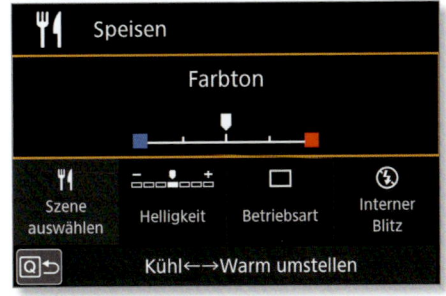

˄ Abbildung 2.23
*Die **Farbton**-Einstellung gibt es nur in den Programmen **Speisen** und **Kerzenlicht**.*

˂ Abbildung 2.24
*Selbst bei großer Dunkelheit und ohne Stativ liefert der **Nachtaufnahme**-Modus akzeptable Ergebnisse.*

Für schwierige Motive: das HDR/Gegenlicht-Programm

Wenn es darum geht, eine Szene mit sehr hellen und sehr dunklen Bereichen abzubilden, kommt die Kamera an ihre Grenzen. Dieses Problem zeigt sich zum Beispiel an hellen Tagen durch weiße, sogenannte *ausgebrannte Stellen* im Bild. Dagegen hilft die Technik *High Dynamic Range* (HDR). Dabei werden drei (oder mehr) unterschiedlich belichtete Bilder so miteinander verrechnet, dass im Ergebnis der größtmögliche Dynamikumfang zwischen Hell und Dunkel genutzt wird. Aus den verschiedenen Bildern extrahiert die EOS 77D dazu die jeweils passenden Bildbereiche. Das klappt mit diesem Motivprogramm relativ gut, noch besser allerdings ist spezielle HDR-Software am PC, die dem Benutzer wesentlich mehr Eingriffsmöglichkeiten bietet. Bekannte Vertreter

^ **Abbildung 2.25**
Links: Kritische Lichtsituationen wie diese meistert der HDR-Modus ohne Probleme. Bei der Aufnahme mit der Vollautomatik ist der Himmel ausgebrannt (rechts).

dieses Genres sind die Programme *Photomatix*, *Silverfast HDR* und das kostenlose, aber nicht mehr weiterentwickelte Plug-in *HDR Efex Pro* aus der Google Nik Collection.

Die Funktionsweise des **HDR/Gegenlicht**-Modus ist sehr einfach: Ein Druck auf den Auslöser startet die Aufnahme der Fotos, kurze Zeit später erscheint das berechnete, fertige Bild.

> **Achtung, keine RAW-Aufnahmen möglich!**
> Da die Kamera in den beiden Modi **Nachtaufnahme** und **HDR/Gegenlicht** eigenständig das Bild im JPEG-Format errechnet, funktioniert die Aufnahme von RAW-Dateien hier nicht.

Die Grenzen der Motivprogramme

Mit den Motivprogrammen überlassen Sie der Kamera weitgehend die Entscheidung über wichtige Parameter. Einstellungen wie Blende, Belichtungszeit, Lichtempfindlichkeit des Sensors (ISO-Wert), Autofokusmodus und Blitzeinsatz können Sie nur in sehr geringem Maße selbst bestimmen. Das sind gute Gründe, sich näher mit den Kreativprogrammen zu beschäftigen, die im folgenden Kapitel 3, »So nutzen Sie die Kreativprogramme«, näher beschrieben werden.

Die folgende Tabelle 2.2 zeigt gute Kreativprogramm-Alternativen zu den Motivprogrammen auf.

▽ **Abbildung 2.26**
Bei solchen Motiven kann sich der Einsatz eines Kreativprogramms lohnen.

Programm	Schärfe	Blendeneinstellung	Belichtungszeit
👤 Porträt	Motiv scharf, Hintergrund unscharf	offene Blende für unscharfen Hintergrund	mittel
🏞 Landschaft	durchgängig scharf	geschlossene Blende für hohe Schärfentiefe	mittel
🌷 Nahaufnahme	Motiv scharf, Hintergrund unscharf	offene Blende für unscharfen Hintergrund	mittel
🏃 Sport	scharf	je nach Belichtungszeit	kurze Belichtungszeit für bewegte Motive, lange für Bewegungsunschärfe
👥 Gruppenfoto	Motiv scharf, Hintergrund unscharf	mittlere Blende, damit alle Personen im Fokus sind	mittel
🧒 Kinder	scharf	je nach Belichtungszeit	kurz
🍴 Speisen	Motiv scharf, Hintergrund unscharf	offene Blende für unscharfen Hintergrund	mittel
🕯 Kerzenlicht	Motiv scharf, Hintergrund unscharf	offene Blende für unscharfen Hintergrund	lang
🌙 Nachtporträt	Motiv scharf, Hintergrund unscharf	offene Blende für unscharfen Hintergrund	lang
🌃 Nachtaufnahme ohne Stativ	Motiv scharf, Hintergrund unscharf	offene Blende für kurze Belichtungszeit	kurz
🌅 HDR/Gegenlicht	Schärfe ist steuerbar	bei jedem Bild gleiche Blende für einheitliche Schärfentiefe	kurz oder lang

∧ **Tabelle 2.2**
Die Motivprogramme und ihre Kreativprogramm-Alternativen

Bilder mit den Kreativfiltern aufpeppen

Mit den **Kreativfiltern** der EOS 77D können Sie Ihre Bilder mit interessanten Spezialeffekten aufpeppen. Dabei lässt sich das Foto schon bei der Aufnahme oder erst im Nachhinein mit einem der sieben Kreativfilter versehen.

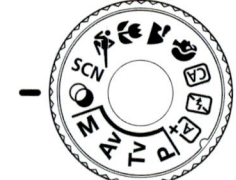

Abbildung 2.27 >
Die Kreativfilter rufen Sie am Moduswahlrad auf.

Wenn Sie das Moduswahlrad auf die Einstellung für die Kreativfilter drehen, kommen Sie direkt zur Auswahl eines Effekts. Idealerweise nehmen Sie das Bild mitsamt dem Verfremdungseffekt im Livebild-Betrieb auf. Dann sehen Sie nämlich schon vor der Aufnahme, wie das Bild

AF-Betrieb	Bemerkung	Alternative
One Shot	eher weniger geeignet für Porträts mit mehreren Personen (zu geringe Schärfentiefe)	**Av** mit kleiner Blendenzahl
One Shot		**Av** mit großer Blendenzahl
One Shot	hohe Brennweite erzeugt niedrige Schärfentiefe	**Av** oder **Tv**
AI Servo	auch für die Aufnahme spielender Kinder gut geeignet	**Tv** mit kurzer Belichtungszeit oder langer für gezielte Bewegungsunschärfe
One Shot		**Av** mit nicht zu kleiner Blendenzahl (zum Beispiel f4)
AI Servo		**Tv** mit kurzer Belichtungszeit
One Shot		**Av** mit kleiner Blendenzahl
One Shot		**Av** oder **M** mit kleiner Blendenzahl, langer Belichtungszeit und Stativ
One Shot		**Av** oder **M** mit kleiner Blendenzahl, langer Belichtungszeit und Stativ
One Shot		**Av** oder **Tv**
One Shot	idealerweise mit dem Stativ arbeiten	**Av** mit zwei oder mehr über- und unterbelichteten Bildern, Nutzung des HDR-Modus oder Weiterbearbeitung mit HDR-Software am PC

später aussehen wird. Drücken Sie dazu einfach die Livebild-Taste . Ein Fingertipp auf das Piktogramm ❶ führt Sie zur Auswahl des Effekts. Auch in den Kreativprogrammen **P**, **Av**, **Tv** und **M** können Sie im Livebild-Betrieb einen Kreativfilter aufrufen.

In all diesen Fällen landet das Bild direkt mit dem angewandten Effekt auf der Speicherkarte. Wenn Sie auch ein unverändertes Foto erhalten möchten, sollten Sie eher auf eine der verschiedenen Möglichkeiten zurückgreifen, nachträglich einen Kreativeffekt über ein Bild zu legen.

∧ **Abbildung 2.28**
Das Menü zeigt Ihnen, was Sie erwartet.

Dabei bleibt das Originalbild erhalten. Die bearbeitete Version des Bildes landet zusätzlich unter einem neuen Namen auf der Karte. Die Kreativfilter erreichen Sie bei der Bildwiedergabe über das entsprechende Icon. Alternativ finden Sie diese Option, indem Sie das Menü über die **MENU**-Taste aufrufen und anschließend unter **Wiedergabeeinstellungen 1** dorthin navigieren. Bestätigen Sie das Untermenü **Kreativfilter** mit der Fingersteuerung oder **SET**, und wählen Sie ein Bild aus, das Sie bearbeiten möchten. Zur Auswahl stehen auch hier alle sieben Effekte.

 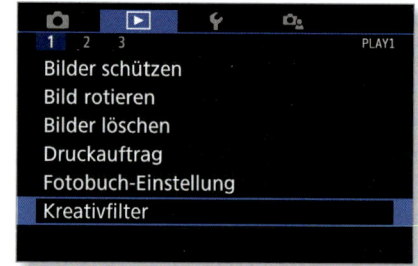

^ Abbildung 2.29
*Die **Kreativfilter**-Einstellungen finden Sie bei der Bildwiedergabe (links).*
Alternativ erreichen Sie sie über das Menü (rechts).

> **Kreative Hindernisse für RAW-Nutzer**
>
> Die **Kreativfilter** stehen im Livebild-Betrieb nur dann zur Verfügung, wenn Sie als Speicherart ausschließlich **JPEG** angegeben haben. Wie Sie dies umstellen, erfahren Sie in der Schritt-für-Schritt-Anleitung »Einstellungen für einen guten Start« ab Seite 30.

Die Kreativeffekte im Überblick

Mit **Körnigkeit S/W** verwandeln Sie Ihr Bild nicht nur in eine Schwarzweißaufnahme, sondern geben dieser auch extreme Kontraste und eine sehr deutliche Körnigkeit. Besonders bei Porträts kommt dies gut zur Geltung. Die Bearbeitungsstärke dieses Effekts können Sie in drei Stufen festlegen.

Der Effekt **Weichzeichner** nimmt dem Bild die Schärfe und funktioniert ebenfalls bei Porträtaufnahmen am besten. Auch hier können Sie drei verschiedene Bearbeitungsstärken wählen.

Der **Fischaugeneffekt** verkrümmt das Bild von der Mitte ausgehend zu den Seiten hin. Man spricht hier auch von einer *tonnenförmigen Verzeichnung*. Dieser Effekt entfaltet bei Porträts eine lustige Wirkung, ist aber manchmal auch für Gebäude gut geeignet.

Mit den Kreativfilter **Aquarell** verpassen Sie Ihren Bildern einen gemalten Look. Dieser bekommt aber sicher nicht jedem Motiv gleichermaßen. Gut eignen sich zum Beispiel Blumenmotive, aber auch Porträts.

Der **Spielzeugkameraeffekt** sorgt für verfälschte Farben und eine leichte Abdunklung der Bildränder. Bei diesem Kreativeffekt können Sie nicht nur die Stärke, sondern auch die Farbgebung beeinflussen. Zur Auswahl stehen die Optionen **Kalt**, **Standard** und **Warm**.

[70 mm | f8 | 1/125 s | ISO 200]

Abbildung 2.30 >
Bei der Aufnahme dieses Tempels wurde der Effekt ***Körnigkeit S/W*** *in der maximalen Stärke verwendet.*

[30 mm | f8 | 1/50 s | ISO 100]

∧ Abbildung 2.31
*Auf das Blumenmotiv wurde der Kreativfilter **Aquarell** angewendet.*

Interessant ist auch der Kreativeffekt **HDR**. Er ähnelt dem entsprechenden Motivprogramm, das Sie im Abschnitt »Für schwierige Motive: das HDR/Gegenlicht-Programm« auf Seite 52 kennengelernt haben. Dabei schießt die EOS 77D zunächst mit Höchstgeschwindigkeit drei Bilder mit verschiedenen Belichtungseinstellungen. Daraus erstellt sie dann ein einziges Bild ohne über- oder unterbelichtete Bereiche. Die HDR-Technik eignet sich besonders gut für unbewegliche Motive. Idealerweise schießen Sie die Fotos sogar vom Stativ aus. Den Kreativeffekt **HDR** gibt es gleich in vier Varianten: **Standard**, **Gesättigt**, **Markant** oder **Prägung**.

< Abbildung 2.32
Es lohnt sich, die verschiedenen HDR-Optionen auszuprobieren. Je nach Motiv fällt das Ergebnis sehr unterschiedlich aus.

Sehr beeindruckende Resultate erzeugt der **Miniatureffekt** der EOS 77D. Durch stark gesättigte Farben und einen kleinen scharfen Bereich entsteht der Eindruck einer Spielzeuglandschaft. Am besten sieht dieser Effekt aus, wenn Sie das Foto von einer erhöhten Position aus aufnehmen. Wichtig ist außerdem, dass sich eine Reihe von eindeutig in ihrer Größe bestimmbaren Referenzobjekten im Bild befindet – ideal sind etwa Autos und Menschen.

^ Abbildung 2.33
*Im Modus **Miniatureffekt** können Sie den Schärfebereich individuell festlegen und verschieben. Er lässt sich außerdem von horizontal auf vertikal umstellen.*

Bei diesem Effekt können Sie nicht nur die Stärke, sondern auch den Bereich bestimmen, der im Bild scharf erscheinen soll. Sobald Sie den Effekt aufgerufen haben, erscheint ein weißer Rahmen im Bild, innerhalb dessen die Schärfe erhalten bleibt. Mit dem Finger oder der Taste **INFO** schalten Sie zwischen einem horizontalen und einem vertikalen Verlauf um. Dieser Bereich lässt sich nach links oder rechts beziehungsweise nach oben oder unten bewegen.

Selbstverständlich ist es auch möglich, nachträglich einen weiteren Effekt auf ein bereits bearbeitetes Bild anzuwenden. Der **Miniatureffekt** etwa verträgt sich gut mit dem **Spielzeugkameraeffekt**.

[85 mm | f9 | 1/200 s | ISO 100]

∧ Abbildung 2.34
*Die Welt als Spielzeuglandschaft – der **Miniatureffekt** macht's möglich.*

So wirken sich Brennweite und Aufnahmestandort auf den Bildausschnitt aus
EXKURS

Mit einem Objektiv wie dem *EF-S 18–55 mm IS STM* können Sie Brennweiten zwischen 18 und 55 mm einstellen. Damit eröffnen sich Ihnen schon recht viele fotografische Möglichkeiten, die von weitwinkligen Landschaftsaufnahmen bis zu eindrucksvollen Porträts reichen. Das Drehen am Zoomring sollte Sie trotzdem nicht am Hin- und Herlaufen hindern, wie es zum Beispiel nötig wäre, wenn Sie mit einem Objektiv mit fester Brennweite arbeiten würden. Die Bildstrecke auf dieser Doppelseite zeigt, warum es sich lohnen kann, den Aufnahmestandort und die Brennweite zu variieren.

42 mm 100 mm 300 mm

▲ Abbildung 2.35
Die Bilder wurden mit zunehmend größerem Abstand aufgenommen, so dass die Größe der Bank trotz größerer Brennweite gleich blieb. Die Bildwirkung ist stark verändert.

Die Bank in Abbildung 2.35 blieb jeweils an der gleichen Position stehen. Um sie auf den einzelnen Bildern gleich groß abzubilden, musste die Kamera bei steigender Brennweite immer weiter wegbewegt werden. Sie sollten wissen, dass nicht allein die Brennweite, sondern auch der Aufnahmestandort über die Bildwirkung entscheidet. Mit einer längeren Brennweite wird lediglich der Blickwinkel immer enger.

Wenn Fotografen davon sprechen, dass lange Brennweiten die Perspektive verdichten, dann meinen sie damit Folgendes: Durch die große Entfernung und einen engen Bildwinkel scheinen einzelne Objekte näher beieinanderzuliegen, als wenn das Bild aus nächster Nähe aufgenommen worden wäre. Bei diesen Beispielbildern erkennen Sie das daran, dass das Haus mit zunehmender Brennweite und vergrößertem Aufnahmeabstand näher an die Bank heranzurücken scheint – dabei hat sich die tatsächliche Entfernung zwischen diesen beiden Bildelementen nicht geändert.

Wie Sie sehen, beeinflusst der Aufnahmestandort die Bildaussage erheblich. Es lohnt sich deshalb, in Bewegung zu bleiben und eigene Experimente durchzuführen.

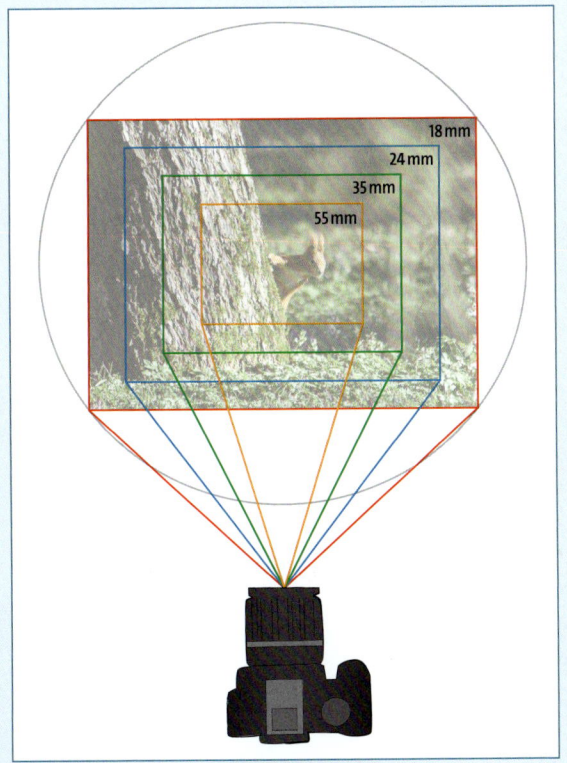

^ **Abbildung 2.36**
Je größer die Brennweite, desto enger der Bildwinkel und desto kleiner der Bildausschnitt.

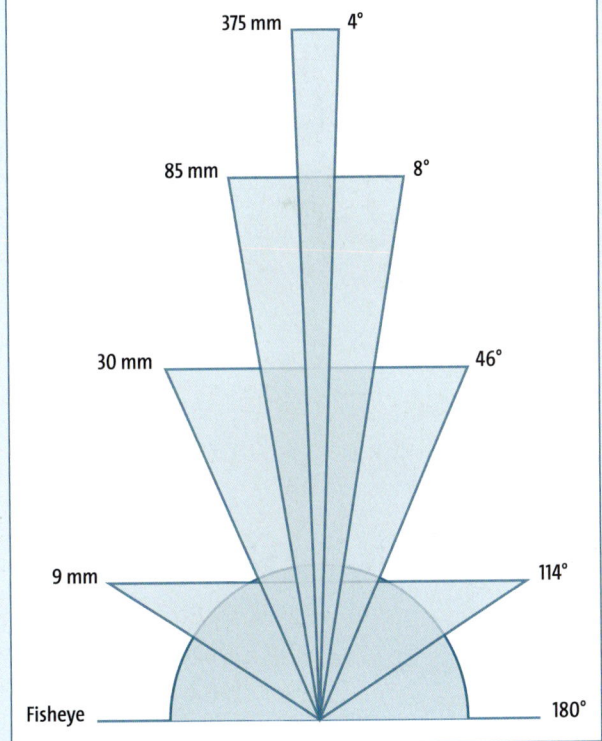

^ **Abbildung 2.37**
Die Brennweite (hier bezogen auf den Cropfaktor von 1,6 der EOS 77D) verändert den Bildwinkel.

Kapitel 3
So nutzen Sie die Kreativprogramme

Die Halbautomatiken der EOS 77D 64

Die Programmautomatik einsetzen 64

Das Tv-Programm: Bilder gestalten mit der Belichtungszeit 76

Das Av-Programm: Steuern Sie die Schärfentiefe! 79

Der manuelle Modus M: die maximale Freiheit 85

Nutzen Sie den Spielraum des RAW-Formats 88

EXKURS: Goldene Regeln für gut gestaltete Bilder 89

Die Halbautomatiken der EOS 77D

Jetzt sind Sie gefragt! In den Kreativprogrammen bestimmt allein der Fotograf, wie die Kamera arbeitet. Erfahren Sie in diesem Kapitel, wie Sie die größere gestalterische Freiheit nutzen und das ganze Potenzial Ihrer EOS 77D entfalten.

Mit den Motivprogrammen und den Umgebungs- und Beleuchtungseinstellungen aus Kapitel 2, »Das leisten die Motivprogramme«, lassen sich bereits einige Effekte erzielen, die einem Foto den gewünschten Look geben. Noch mehr Gestaltungsmöglichkeiten und Kontrolle über die 77D bieten allerdings die Kreativprogramme. Sie sind auf dem Moduswahlrad mit **P**, **Tv**, **Av** und **M** gekennzeichnet – die sogenannten *Halbautomatiken*. In diesen Aufnahmemodi haben Sie erstmals selbst die drei Faktoren in der Hand, auf die es bei der Entstehung eines Fotos ankommt: die Blende, die Belichtungszeit und die Lichtempfindlichkeit des Sensors, den ISO-Wert. Während die EOS 77D Sie mit diesen Parametern in den Motivprogrammen nicht weiter behelligt, dreht sich in den Kreativprogrammen alles um sie. Das freie Spiel mit eigenen Vorgaben für Blende, Belichtungszeit und ISO-Wert erschließt die ganze Bandbreite an kreativen Möglichkeiten einer Spiegelreflexkamera. Am Beispiel der verschiedenen Kreativprogramme werden Sie diese wichtigen Stellschrauben der Fotografie in diesem Kapitel näher kennenlernen.

 Probieren geht über Studieren
Dieses Kapitel ist eines der längsten – und auch das komplexeste – in diesem Buch. Vieles von dem hier Vorgestellten erschließt sich wesentlich leichter, wenn Sie beim Lesen die EOS 77D zur Hand nehmen und möglichst viele eigene Experimente anstellen.

Die Programmautomatik einsetzen

Das **P**-Programm ist mit der Kreativautomatik **CA** verwandt. Denn bei diesem Modus handelt es sich im Prinzip um eine Art Vollautomatik, bei der die EOS 77D Ihnen einen Vorschlag macht, welche Kombination aus Belichtungszeit ❶, Blende ❷ und ISO-Wert ❸ für die aktuelle Lichtsituation aus Sicht der Kamera ideal ist. Sie sehen diese Werte nach dem Antippen des Auslösers beim Blick auf das Display und durch den Sucher.

Anders als bei der **CA**-Automatik können Sie diesen Vorschlag jedoch in die eine oder andere Richtung verändern. Drehen Sie das Hauptwahlrad im hier gezeigten Beispielbild nach links (Abbildung 3.2), verkleinert sich der Blendenwert von f8 auf f7,1, und die Belichtungszeit sinkt auf 1/500 s. Drehen Sie das Hauptwahlrad nach rechts, erhöht sich die Blendenzahl auf f9, und die Belichtungszeit verlängert sich auf 1/320 s. Sie können natürlich auch mehrere Schritte nach links oder rechts drehen. Aber was genau verbirgt sich eigentlich hinter diesen Werten?

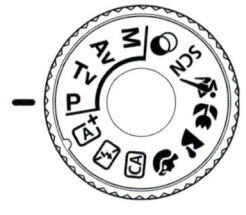

< ʌ **Abbildung 3.1**
*Moduswahlrad und Display im **P**-Programm*

< **Abbildung 3.2**
Eine Almhütte vor bewölktem Himmel: Hier schlägt die 77D Blende f8 und eine Belichtungszeit von 1/400 s vor ❹.

Leichter lernen mit der einfachen Monitoranzeige

Die Monitordarstellung lässt sich auf ein einfacheres Format umstellen. Dabei werden zwar nicht mehr alle Kameraparameter gezeigt, aber besonders im Av- und Tv-Programm sehen Sie auf einen Blick, wie sich Änderungen auf das Bild auswirken. In diesem Kapitel ist deshalb vorrangig die einfache Darstellung zu sehen. Wie Sie sie einschalten, lesen Sie in der Schritt-für-Schritt-Anleitung »Einstellungen für einen guten Start« auf Seite 30.

Stellschraube 1: die Belichtungszeit

Am leichtesten zu verstehen ist sicherlich die Belichtungszeit, die auch *Verschlusszeit* genannt wird: Wie beim klassischen Film muss auch der Sensor der Kamera eine gewisse Zeit mit Licht versorgt werden, damit das Bild nicht zu hell oder zu dunkel ausfällt. Der Verschluss der Kamera öffnet sich, gibt den Sensor frei und schließt sich danach wieder. In dieser kurzen Zeit muss genau die richtige Menge Licht einfallen. Ist die Belichtungszeit zu kurz, bleibt das Foto dunkel. Ist sie zu lang, ist das Bild entweder überbelichtet, verwackelt – oder sogar beides.

Auf dem Display angezeigt wird die Verschlusszeit in Sekunden beziehungsweise Teilen einer Sekunde, die als Bruch dargestellt werden. Der Wert 1/60 steht also für den sechzigsten Teil einer Sekunde, die Anzeige 0"3 steht für 0,3 Sekunden, 4" für vier Sekunden. Im Sucher erscheinen kurze Belichtungszeiten ohne Bruchstrich, also zum Beispiel 60 anstelle von 1/60.

Die Vorteile einer kurzen Belichtungszeit haben Sie in Kapitel 2, »Das leisten die Motivprogramme«, beim **Sport**-Programm der EOS 77D kennengelernt. Wenn sich der Verschluss der Kamera blitzschnell öffnet und wieder schließt, können Bewegungen eingefroren werden. Lange Verschlusszeiten dagegen sorgen für unscharfe Bereiche. Diese können absolut unerwünscht sein oder aber gezielt als stilistisches Mittel eingesetzt werden. Die Wahl einer Verschlusszeit ist also nicht nur eine Zahlenspielerei, sondern auch eine gestalterische Entscheidung.

Durch eine längere Belichtungszeit steigt grundsätzlich das Risiko verwackelter Aufnahmen. Das Licht fällt entsprechend lange auf den Sensor, so dass alle Bewegungen des Objektivs und natürlich auch die Ihres Motivs »mitgenommen« werden. Dies zeigt sich auf dem Foto als schwach oder stark ausgeprägte Schlieren. Als Mittel dagegen kann – sofern Sie kein Stativ benutzen – die Belichtungszeit verkürzt werden. Wenn es allerdings recht dunkel ist, hilft dies nicht, denn gerade in solchen Fällen muss das wenige Licht möglichst lange auf den Sensor fallen, um eine korrekte Belichtung zu erzielen. Deshalb ist es gut, dass es mit der Blende eine weitere Möglichkeit gibt, mehr Licht auf den Sensor kommen zu lassen.

v **Abbildung 3.3**
Links: Die Belichtungszeit war zu lang, das Bild ist überbelichtet und verwackelt. Das Wasser ist aufgrund der langen Belichtungszeit als Strahl erkennbar. Mitte: Hier fiel zu wenig Licht auf den Sensor, das Bild wirkt sehr dunkel. Aufgrund der kurzen Belichtungszeit erscheint der Wasserstrahl eingefroren. Rechts: Das korrekt belichtete Bild

24 mm | f2,8 | 1/500 s | ISO 5000 | Stativ

[24 mm | f22 | 2 s | ISO 100 | Stativ]

◀ **Abbildung 3.4**
Links: Die kurze Belichtungszeit erzeugt viel Dynamik – man hört nahezu das Rauschen der Meeresgischt. Rechts: Bei langer Belichtungszeit wirkt die Gischt neblig und damit mystisch.

Stellschraube 2: die Blende

Der zweite wichtige Parameter, den Sie in den Kreativprogrammen selbst bestimmen können, ist die Blende. Im Prinzip ist damit ein Loch mit variabler Größe gemeint, das durch Lamellen im Objektiv gebildet wird. Je nachdem, ob dieses Loch weit geöffnet oder eher verschlossen ist, fällt viel oder wenig Licht auf den Sensor. In der Regel arbeitet die Blende für den Fotografen unsichtbar: Die Blendenöffnung schließt sich erst dann, wenn Sie das eigentliche Foto schießen, also der Spiegel hochklappt und sich der Verschluss vor dem Sensor öffnet. Beim Verstellen des Blendenwertes mit dem Hauptwahlrad ⚙ sehen Sie deshalb im Sucher – von der geänderten Anzeige ❶ abgesehen – keine Auswirkungen.

Erst die Abblendtaste ❷ macht die Technik sichtbar. Diese Taste, die Canon *Schärfentiefeprüfungstaste* nennt, schließt die Blendenlamellen schon vor dem Auslösevorgang. Das erlaubt auch einen Blick auf die optischen Elemente der Blende.

Die Abblendtaste drücken Sie natürlich normalerweise nicht, um die Blendenlamellen äußerlich zu überprüfen. Wer die Taste drückt und dabei durch den Sucher schaut, sieht bei größeren Blendenzahlen – einer weiter geschlossenen Blende – ein dunkleres Bild, aber auch schärfere Bereiche. Dadurch kann der erfahrene Fotograf auf einen Blick erkennen, wie sich seine Blendenwahl auf die Verteilung der Schärfe im Bild auswirkt.

▲ **Abbildung 3.5**
Wenn Sie mit dem Hauptwahlrad die Blende ändern, wirkt sich dies im Sucher nur auf die Anzeige ❶ aus. Der Bildeindruck bleibt gleich.

◀ **Abbildung 3.6**
Die Abblendtaste ❷

[50 mm | f8 | 1/60 s | ISO 200]   [50 mm | f1,8 | 1/800 s | ISO 100]

∧ **Abbildung 3.7**
Links: Bei Blende 8 sind Straße und Autos im Hintergrund gut zu erkennen – die Schärfentiefe ist hoch. Rechts: Bei Blende 1,8 sind die Autos verschwommen. Nur das Motorrad im Vordergrund erscheint scharf. Die Schärfentiefe ist gering.

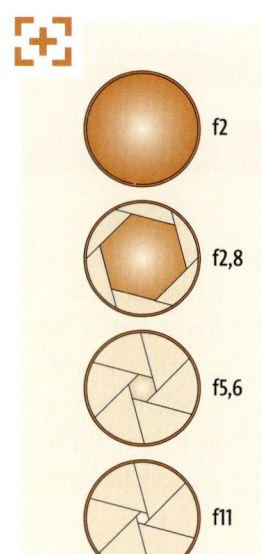

Wie Sie sich die Blendenöffnung ansehen können

Starten Sie eine Belichtungsmessung, indem Sie den Auslöser halb herunterdrücken. Stellen Sie dann eine große Blendenzahl ein – im **P**-Programm geht das durch Drehen des Hauptwahlrads ⚙ nach links. Im **Av**-Programm können Sie auch den Finger nehmen, und das Display liefert Ihnen alle nötigen Informationen. Drücken und halten Sie sofort danach die Abblendtaste. Ein Blick durch das Objektiv von vorn zeigt die geschlossenen Lamellen. Durch Drehen des Hauptwahlrads nach links und rechts sehen Sie, wie sich die einzelnen Elemente beim Öffnen und Schließen der Blende verschieben. Je nach Größe der Blendenöffnung dringt mehr oder weniger Licht durch das Objektiv. Im Sucher verdunkelt sich das Bild, je weiter die Blende geschlossen ist.

∧ **Abbildung 3.8**
Die Blendenlamellen in geschlossenem Zustand

Die Wahl einer großen oder kleinen Blendenöffnung hat erhebliche Auswirkungen auf die Bildgestaltung. Über diesen Parameter steuern Sie nämlich auch, ob das Bild eine hohe oder niedrige Schärfentiefe aufweist. Damit ist gemeint, wie weit sich die Schärfe innerhalb des Bildes erstreckt.

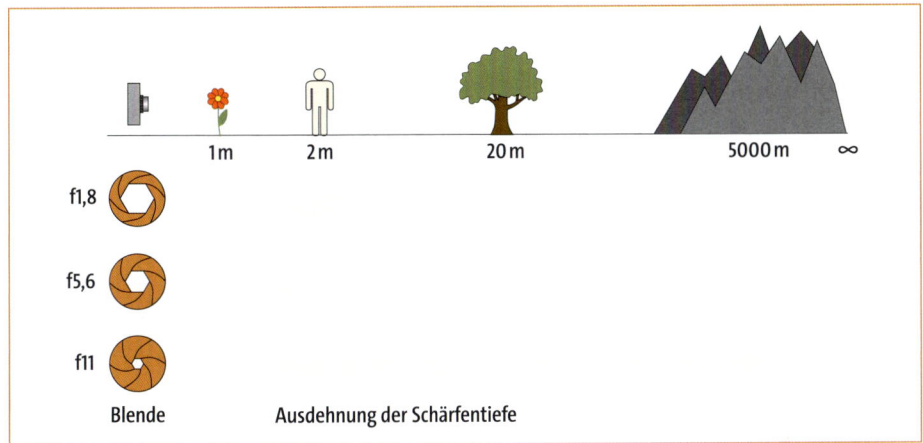

< **Abbildung 3.9**
Die Ausdehnung der Schärfentiefe bei verschiedenen Blendenöffnungen

Sie kennen diesen Effekt von der Funktion **Hintergrund unscharf** beim **CA**-Modus und beim **Porträt**-Programm. Dahinter steckt nichts anderes als die Steuerung der Blendenöffnung. Es gilt:

- große Blendenöffnung | kleine Blendenzahl = niedrige Schärfentiefe
- kleine Blendenöffnung | große Blendenzahl = große Schärfentiefe

Eine kleine Blendenzahl wie 1,4 steht also für eine große Blendenöffnung, eine große Blendenzahl wie 16 für eine kleine Blendenöffnung. Das liegt daran, dass korrekterweise von f/1,4 gesprochen werden müsste, wobei das f für die Brennweite (englisch: *focal length*) steht. Nach den Regeln der Bruchrechnung ist f/1,4 größer als f/16. Die Blende ist bei 1,4 weiter geöffnet, und es fällt mehr Licht durch das Objektiv. Um Verwirrungen zu vermeiden, wird in diesem Buch stets zusätzlich von der Blendenöffnung oder der Blendenzahl gesprochen.

Stellschraube 3: der ISO-Wert

Der dritte Parameter, den Sie in den Kreativprogrammen einstellen können, ist der ISO-Wert. Für ihn gibt es an der EOS 77D eine eigene Taste ❶ neben dem oberen Display.

^ **Abbildung 3.10**
Die ISO-Taste auf der Oberseite der 77D

Abbildung 3.11
Das Schnellwahlrad der EOS 77D

In diesem Menü haben Sie über den Touchscreen, die Pfeiltasten, das Haupt- oder das Schnellwahlrad die Auswahl zwischen verschiedenen Werten.

> **ISO im Sucher**
>
> Sie können mit Hilfe der **ISO**-Taste auch beim Blick durch den Sucher die Einstellungen ändern. Mit dem Hauptwahlrad schalten Sie zwischen den einzelnen Werten um. **A** steht dabei für die automatische Einstellung des ISO-Wertes.

Der ISO-Wert gibt die Lichtempfindlichkeit des Sensors an. Je höher der Wert, desto weniger Licht muss auf ihn fallen, damit das Bild korrekt belichtet ist. Eine Veränderung dieses Parameters können Sie sich wie eine Verstärkereinstellung vorstellen. Mit jedem Schritt zwischen den Werten verdoppelt oder halbiert sich die erforderliche Lichtmenge. Bei wenig Licht können Sie also die ISO-Zahl entweder manuell erhöhen oder darauf setzen, dass die EOS 77D dies in der Einstellung **Auto** selbstständig erledigt. Dabei wird auf eine zur Brennweite passende Belichtungszeit geachtet. Ist diese zu lang, um ein unverwackeltes Bild zu schießen, setzt die 77D die ISO-Zahl automatisch hoch.

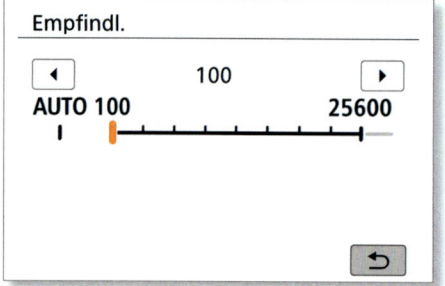

Abbildung 3.12 ▸
Die ISO-Einstellungen erreichen Sie über die ISO-Taste.

Mit der Erhöhung des ISO-Wertes in Tabelle wurde eine Blendenstufe gewonnen. Diese kann auf zwei Arten eingesetzt werden: Entweder die Belichtungszeit wird verkürzt oder die Blende um eine Stufe geschlossen.

Belichtungszeit	Blende	ISO-Wert
1/100 s	f8	ISO 100
1/200 s	f8	ISO 200
1/100 s	f11	ISO 200

▲ Tabelle 3.1
Es gibt diverse Möglichkeiten, mit einer Änderung der ISO-Zahl größere oder kleinere Blenden beziehungsweise kürzere oder längere Belichtungszeiten zu erreichen.

Mit höherer ISO-Zahl auch bei wenig Licht Bilder machen zu können ist eine feine Sache, die allerdings ihren Preis hat. Sie kennen diesen von Radio und

Stereoanlage: Beim Aufdrehen der Lautstärke, also dem Verstärken des Signals, kommt es zu einem höheren Rauschen. Die Kameraelektronik liefert einen ganz ähnlichen Effekt. Wie das Bildrauschen bei höheren ISO-Werten aussieht, können Sie gut an der Bilderreihe in Abbildung 3.13 erkennen.

˄ Abbildung 3.13
Bildergebnisse der EOS 77D bei verschiedenen ISO-Werten. Alle Bilder sind mit dem Stativ entstanden.

Ab ISO 1600 – je nach Bild auch schon ab ISO 400 – ist das Rauschen deutlich zu sehen. Ohne Not sollten Sie größere vierstellige ISO-Zahlen nicht verwenden. Manchmal allerdings haben Sie nur die Wahl zwischen zwei Übeln: einem verwackelten Bild mit langer Belichtungszeit und niedrigem ISO-Wert oder einem verrauschten Bild mit hohem ISO-Wert. Entscheiden Sie sich in solchen Fällen lieber für das Rauschen. Dieses Problem ist in der elektronischen Bildbearbeitung durch recht gute Funktionen zur Rauschreduzierung noch halbwegs in den Griff zu bekommen, eine verwackelte Aufnahme dagegen nicht.

ISO – die neuen Megapixel

Werden Signale verstärkt, kommt es zum Rauschen. Soll dieses minimiert werden, bedarf es ausgeklügelter mathematischer Algorithmen und leistungsfähiger Chips in der Kamera. Auf diesem Gebiet gab es in den vergangenen Jahren erhebliche Fortschritte, und Hersteller wie Canon arbeiten daran, die ISO-Werte in immer neue Höhen zu treiben. Mehr und mehr wird dieser Aspekt zum Verkaufsargument. Denn während immer mehr Megapixel in der Kamera kaum Vorteile bringen, lassen sich mit höheren ISO-Werten auch bei schlechten Lichtverhältnissen noch akzeptable Belichtungszeiten erzielen.

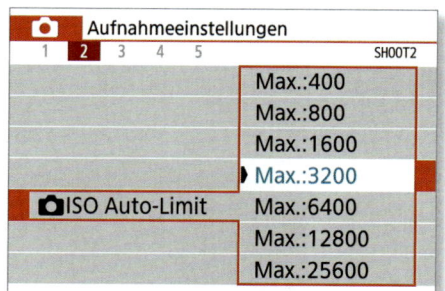

Abbildung 3.14
Hier können Sie den ISO-Wert limitieren, um zu starkes Rauschen zu vermeiden.

Bis zu welcher Höhe die ISO-Automatik gehen soll, können Sie über das Menü einstellen. Im Menü **Aufnahmeeinstellungen 2** finden Sie dazu – beim Fotografieren in den Kreativprogrammen – die Einstellung **ISO Auto-Limit**.

Krumme ISO-Werte?

Wundern Sie sich nicht, wenn beim Betrachten der Bildinformationen krumme ISO-Werte wie 160, 320 oder 640 angezeigt werden. Sofern Sie mit der ISO-Einstellung **Auto** arbeiten, stellt die EOS 77D solche Zwischenschritte ein. Selbst auswählen können Sie diese Stufen aber leider nicht.

Die drei Stellschrauben aufeinander abstimmen

Mit Belichtungszeit, Blende und ISO-Wert kennen Sie nun die zentralen Parameter, die Sie bei einer Spiegelreflexkamera verändern können. Aus gestalterischer Sicht am wichtigsten sind Belichtungszeit und Blende.

- Die Belichtungszeit entscheidet über die Zeitspanne, während der das Licht auf den Sensor trifft, und über die Darstellung von Bewegung.
- Die Blende regelt, wie viel Licht durch das Objektiv kommt, und beeinflusst die Schärfentiefe.
- Der ISO-Wert schafft als Dritter im Bunde einen zusätzlichen Spielraum in kritischen Lichtsituationen. Höhere ISO-Einstellungen erlauben auch in dunklen Umgebungen das Fotografieren mit kurzer Belichtungszeit und geschlossener Blende. Der Preis dafür ist ein höheres Bildrauschen.

Die Abbildung 3.15 zeigt das Zusammenspiel der verschiedenen Parameter. Die Übertragung des Wasserhahn-Modells in die Welt der Fotografie ist ganz einfach: Wird die Blende um eine ganze Stufe geschlossen, halbiert sich die Menge des Lichts, die auf den Sensor fällt. Wird sie geöffnet, verdoppelt sie sich. Solche Blendenstufen sind zum Beispiel: 1,4 • 2 • 2,8 • 4 • 5,6 • 8 • 11 • 16 • 22 • 32. An der EOS 77D können Sie allerdings auch Drittelstufen einstellen, also etwa 4,5 oder 7,1.

< Abbildung 3.15
Das Bild eines Eimers unter einem Wasserhahn verdeutlicht den Zusammenhang zwischen den Parametern Blende, Belichtungszeit und ISO-Wert. Die Öffnung eines Wasserhahns lässt sich mit der Blende vergleichen. Soll ein breiter Strahl – viel Licht – oder nur ein dünnes Rinnsal – wenig Licht – durch die Leitung kommen?

Die Zeitspanne, für die der Hahn geöffnet ist, steht für die Belichtungszeit. Soll der Eimer gefüllt werden, ist es möglich, das Wasser kurz mit maximaler Kraft strömen zu lassen oder alternativ über einen recht langen Zeitraum jeweils nur ein paar Tropfen durchzulassen. Mit einer Halbierung, also Verkürzung, der Belichtungszeit halbiert sich die Menge des Lichts, das auf den Sensor fällt. Bei einer Verdoppelung, also Verlängerung, verdoppelt sie sich. Ist eine Belichtungszeit von 1/400 s eingestellt, kommt demzufolge nur halb so viel Licht in die Kamera wie bei einer Verschlusszeit von 1/200 s.

Die Größe des Eimers symbolisiert in der Analogie den ISO-Wert, der für die Empfindlichkeit des Sensors steht. Je empfindlicher der Sensor eingestellt ist, desto weniger Licht benötigt er für eine korrekte Belichtung. In diesem Fall repräsentiert ein kleiner Eimer einen hohen ISO-Wert, ein großes Gefäß einen kleinen ISO-Wert.

Ob ein dünner Strahl über einen längeren Zeitraum oder eine große Wassermenge schnell in den Eimer strömt, führt letztlich zum gleichen Ergebnis. Die folgende Tabelle zeigt beispielhaft verschiedene Kombinationen aus Blende und Belichtungszeit, die ein jeweils gleich belichtetes Bild ergeben. In der linken Spalte sind ganze Blendenschritte dargestellt. Beim Aufblenden – dem Öffnen der Blende – um einen Schritt verdoppelt sich die Lichtmenge. Soll in dieser Situation ein gleich helles Bild erzielt werden, muss die Belichtungszeit halbiert werden. Genau dies passiert jeweils in der zweiten Spalte.

Tabelle 3.2 >
Unterschiedliche Zeit-Blende-Kombinationen, die zu einem gleich hellen Bild führen

	Blende	Belichtungszeit	
offen	f2,8	1/500 s	kurz
offen	f4	1/250 s	kurz
offen	f5,6	1/125 s	kurz
geschlossen	f8	1/60 s	lang
geschlossen	f11	1/30 s	lang
geschlossen	f16	1/15 s	lang
geschlossen	f22	1/8 s	lang
geschlossen	f32	1/4 s	lang

Beim Drehen am Hauptwahlrad im **P**-Programm manövrieren Sie im Prinzip durch eine Reihe denkbarer Zeit-Blende-Kombinationen. Dies bezeichnet Canon auch als *Programmverschiebung*. Bei jeder dieser Einstellungen fällt in der Summe die gleiche Lichtmenge auf den Sensor – bei einer großen Blendenöffnung (kleine Blendenzahl) für einen kurzen Augenblick, bei einer eher geschlossenen Blende (große Blendenzahl) für eine längere Zeit. Die Bilder in der Abbildung 3.16 zeigen die gestalterischen Unterschiede, die sich dabei trotzdem ergeben.

Das **P**-Programm der EOS 77D entscheidet sich in der Regel für mittlere Blenden oder mittlere Belichtungszeiten. Es ist mitunter mühselig, mit dem Hauptwahlrad 📷 zur Wunschkombination aus Blende und Verschlusszeit zu wechseln. Einfacher machen es Ihnen in solchen Situationen die übrigen Kreativprogramme.

[70 mm | f4,5 | 1/1000 s | ISO 1600]

[70 mm | f4,5 | 1/50 s | ISO 100]

[70 mm | f10 | 1/10 s | ISO 100]

[70 mm | f32 | 1,3 s | ISO 100]

⌃ Abbildung 3.16
Die unterschiedlichen Zeit-Blende-ISO-Kombinationen ergeben jeweils ein gleich helles Bild. Am verwirbelten Wasser und an dem kleinen Wasserrad werden die unterschiedlichen Belichtungszeiten und deren Einfluss auf die Bildwirkung deutlich. Alle Bilder sind vom Stativ aus gemacht.

Blendenstufe = Belichtungsdifferenz

Lassen Sie sich nicht vom Wort »Blende« innerhalb des Terminus *Blendenstufe* oder *Blendenschritt* irritieren. Damit ist in diesem Zusammenhang nicht unbedingt die physische Blende im Objektiv, also die durch die Lamellen gebildete Öffnung, gemeint. Stattdessen geht es hier um die Differenz in der Belichtung, die einer Stufe entspricht. Dieser Sprung kann schließlich nicht nur durch eine andere Blende, sondern auch durch eine andere Belichtungszeit umgesetzt werden.

Das Tv-Programm: Bilder gestalten mit der Belichtungszeit

Tv steht für *Time Value* (englisch für »Zeitwert«). Mit dem **Tv**-Programm geben Sie der 77D eine Belichtungszeit fest vor. Da die Kamera dazu selbstständig die passende Blende wählt, heißt dieser Modus auch *Blendenautomatik* oder *Zeitvorwahl*.

Die Kamera stellt die meisten einstellbaren Belichtungszeiten als Bruchteil einer Sekunde dar. Mit und einem Fingertipp können Sie die Belichtung schnell in die eine oder andere Richtung verstellen. Alternativ können Sie dazu das Hauptwahlrad benutzen. Mit jedem hörbaren Klick haben Sie die Belichtungszeit um ein Drittel erhöht oder gesenkt.

Auf dem Display sehen Sie rechts die kürzeste Belichtungszeit, die mit der EOS 77D möglich ist: 1/4000 s. Links sind die langen Belichtungszeiten zu sehen. Beim Verstellen springt die Darstellung nach 1/4 s auf 0"3 um. Die Anführungsstriche " stehen für Sekunden, es sind 0,3 Sekunden gemeint. Gehen Sie noch weiter nach links, erreichen Sie die längste mögliche automatische Belichtungszeit der EOS 77D: 30 s. Wenn Sie mit dieser Einstellung den Auslöser herunterdrücken, brauchen Sie allerdings nicht nur eine halbe Minute Geduld, sondern auch ein Stativ, um das Bild nicht zu verwackeln.

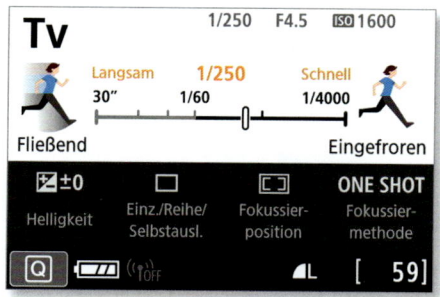

∧ **Abbildung 3.17**
Per Finger oder durch Drehen am Hauptwahlrad können Sie die gewünschte Belichtungszeit einstellen.

> **Hauptwahlrad schlägt Finger**
>
> Wenn Sie den Blick nicht vom Sucher nehmen möchten, gibt es zur Bedienung per Hauptwahlrad keine Alternative. Es ist deshalb lohnenswert sich mit dieser Art der Bedienung vertraut zu machen.

Sicher belichten, ohne zu verwackeln

Wie die Darstellung der rennenden Person im Display zeigt, ist der **Tv**-Modus vor allem dann interessant, wenn es darum geht, Momente einzufrieren. Vor dem vergleichsweise trägen menschlichen Auge ablaufende Vorgänge können damit in ihren einzelnen Bewegungsphasen dargestellt werden. Andererseits lassen sich Bewegungen gezielt fließend darstellen.

Doch auch für die allgemeine Bildschärfe spielt die Belichtungszeit eine Rolle. Ob ein Bild scharf ist oder nicht, hängt nämlich ganz entscheidend davon ab, wie ruhig Sie die Kamera beim Fotografieren halten. Einen großen Einfluss darauf hat die Brennweite des Objektivs. Um diesen Zusammenhang zu verstehen, ist es hilfreich, sich den Blick durch ein langes Rohr vorzustellen. Schon kleinste Bewegungen der Hand führen hier dazu, dass das Bild stark wackelt. Je heftiger diese Ausschläge sind, desto kürzer muss also die Belichtungszeit sein, um ein scharfes Bild zu bekommen.

Um die Belichtungszeit zu ermitteln, die mit einer von Hand gehaltenen Kamera noch zu scharfen Bildern führt, gibt es folgende Formel, die auch als *Kehrwertregel* bekannt ist: 1 ÷ (Brennweite × 1,6).

Hier ein Beispiel für eine am Objektiv eingestellte Brennweite von 55 Millimetern: 1 ÷ (55 × 1,6) = 1/88 s. Der Wert von 1,6 ist der *Cropfaktor*. Dabei handelt es sich um den Faktor, mit dem die Brennweite einer APS-C-Kamera multipliziert werden muss, um die Brennweite in das Kleinbildäquivalent umzurechnen (siehe den Exkurs »Die digitale Kameratechnik« ab Seite 33). Dieser Faktor spielt eine Rolle, da sich der Bildwinkel der Objektive durch die reduzierte Sensorgröße verkleinert. Verwacklungen – bei Aufnahmen aus der Hand – schlagen sich dadurch entsprechend stärker im Bild nieder.

[70 mm | f8 | 1/400 s | ISO 100]   [400 mm | f8 | 1/125 s | ISO 320]

∧ **Abbildung 3.18**
*Links: Durch die kurze Belichtungszeit im **Tv**-Modus konnte der Vogel im Flug eingefroren werden. Selbst die Flügelspitzen sind scharf abgebildet. Rechts: Je länger die Brennweite, desto höher ist die Verwacklungsgefahr bei Bewegungen. Deshalb wurde im **Tv**-Modus eine kurze Belichtungszeit von 1/125 s eingestellt.*

Im Rechenbeispiel oben wäre die längste mögliche Belichtungszeit 1/88 s. Da es an der Kamera keine Einstellung für eine solche Verschlusszeit gibt, sollten Sie in diesem Fall die nächstkürzere Belichtungszeit von 1/100 s wählen. Bei dieser Gleichung handelt es sich übrigens nur um eine Faustformel. Sie gilt für weiter entfernte Motive und Bilder, die später in Postkartengröße ausbelichtet werden, keinesfalls aber für die stark vergrößerte Darstellung am Computer. In der Praxis empfiehlt es sich deshalb immer, einen gewissen Puffer aufzuschlagen. Mit einer Belichtungszeit von 1/125 s oder 1/160 s bewegen Sie sich bei unserem Rechenbeispiel also im grünen Bereich. Wann immer Bilder unscharf sind, zählt die Belichtungszeit zu den dringend Tatverdächtigen. Oft ist eine zu lang eingestellte Belichtungszeit die Ursache.

Letzte Rettung Bildstabilisator

Die Kehrwertregel gibt Ihnen einen guten Anhaltspunkt für die richtig eingestellte Belichtungszeit. Manchmal allerdings ist für eine ausreichend kurze Verschlusszeit einfach nicht mehr genügend Licht vorhanden. Sie sollten dann ein Stativ verwenden oder zumindest eine feste Auflagemöglichkeit für Ihre 77D finden.

Ein Objektiv mit Bildstabilisator – bei Canon steht dafür die Abkürzung *IS* in der Objektivbezeichnung – ermöglicht etwas längere Belichtungszeiten, die je nach Modell bis zu vier Blendenstufen entsprechen. Weitere Informationen zu Objektiven und dem Bildstabilisator finden Sie in Kapitel 8, »Das passende Zubehör finden«.

Mit einem Objektiv, das eine Brennweite von 100 mm hat, wäre nach der zuvor genannten Regel eine Belichtungszeit von 1/160 s fällig. Ein Objektiv mit Bildstabilisator, der vier Blendenstufen kompensiert, kann also mit einer Belichtungszeit von 1/10 s noch verwacklungsfreie Bilder produzieren (siehe Abbildung 3.19). In der Praxis sollten Sie aber auch hier mit einem gewissen Sicherheitsaufschlag arbeiten. Eine Verschlusszeit von 1/20 s oder noch besser 1/40 s ist in diesem Fall also angebracht. Auch der beste Bildstabilisator der Welt aber kann das Motiv selbst nicht zum Stillhalten bringen! Zu einer kurzen Belichtungszeit gibt es deshalb häufig keine Alternative.

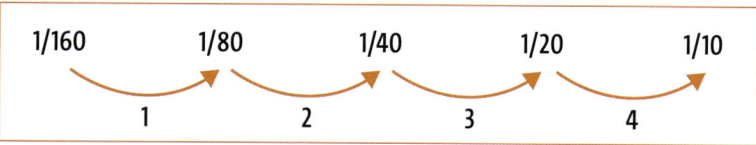

Abbildung 3.19
Zusammenhang zwischen Belichtungszeiten und Blendenstufen

Beim Fotografieren im **Tv**-Modus entscheidet sich die 77D selbstständig für eine passende Blende. Damit geben Sie als Fotograf die Steuerung der Schärfentiefe aus der Hand. Wählen Sie also zum Beispiel in der Dämmerung eine kurze Belichtungszeit, muss die Blende sehr weit geöffnet werden, damit genug Licht den Sensor erreicht. Damit aber wird nur ein kleiner Bereich im Bild scharf, der Rest verschwimmt in Unschärfe. Besser wäre es in diesem Fall, eine längere Belichtungszeit einzustellen, damit die Kamera die Blende weiter schließen kann. Oder aber Sie legen mit **Av** gleich selbst die Blendenöffnung fest.

Das Av-Programm: Steuern Sie die Schärfentiefe!

Das **Av**-Programm stellen Sie ein, indem Sie das Moduswahlrad auf **Av** drehen. Auf dem Monitor ist nun die Blende ❶ als änderbarer Wert markiert. Jetzt können Sie mit dem Finger oder dem Hauptwahlrad einen Blendenwert einstellen, und die EOS 77D wählt die dazu passende Belichtungszeit. Dieser Modus heißt deshalb auch *Zeitautomatik* oder *Blendenvorwahl*.

Wie im **Tv**-Programm arbeitet auch hier das Hauptwahlrad in Drittelschritten: Nach drei »Drehs« ist eine ganze Blendenstufe erreicht,

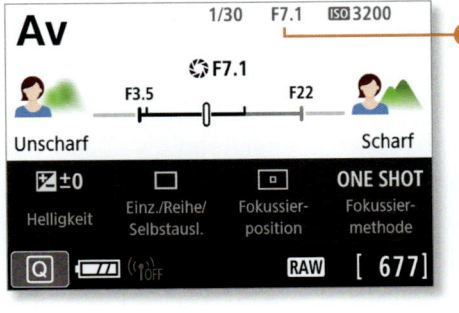

◂ **Abbildung 3.20**
*Das Display im **Av**-Modus: Hier können Sie den Blendenwert ändern* ❶.

und doppelt beziehungsweise halb so viel Licht erreicht den Sensor. Mit einem Blick auf die Zahlen erschließt sich dieser Zusammenhang nicht sofort. Im Abschnitt »Woher kommen die krummen Blendenzahlen?« auf Seite 85 erfahren Sie mehr dazu.

Wie die Darstellung des unscharfen (links) und scharfen (rechts) Berges auf dem Display zeigt, ist der **Av**-Modus ideal, um über die Blende die Schärfentiefe gezielt zu steuern. Auf diese Weise können Sie einen unruhigen Hintergrund in Unschärfe verschwinden lassen und die Aufmerksamkeit gezielt auf das Motiv lenken. Darum ist der **Av**-Modus das perfekte Mittel, wenn es um genau dieses Ziel geht. Wie Sie bereits gesehen haben, gilt:

- große Blendenöffnung | kleine Blendenzahl = niedrige Schärfentiefe
- kleine Blendenöffnung | große Blendenzahl = große Schärfentiefe

Nicht alle Objektive können bei allen Brennweiten eine gleich weit geöffnete Blende bieten: An einem Kit-Objektiv wie dem *EF-S 18–55 mm 4–5,6 IS STM* beträgt die kleinstmögliche Blendenzahl f4 bei der Brennweiteneinstellung 18 mm und steigt an bis auf f5,6 bei 55 mm. Wenn Sie am Zoomring des Objektivs drehen und die Darstellung im Display beobachten, sehen Sie diesen Zusammenhang. Die Blendenwerte des Kit-Objektivs sind nicht besonders gut dafür geeignet, eine niedrige Schärfentiefe zu erzeugen. Wenn Sie allerdings den Zoom auf 55 mm drehen und nahe genug an Ihr Motiv herangehen, können Sie den Effekt trotzdem deutlich sehen.

Im Av-Modus zur richtigen Blende
SCHRITT FÜR SCHRITT

1 Die Blende einstellen
Wählen Sie im **Av**-Programm mit dem Finger oder Hauptwahlrad ⚙ die gewünschte Blende, also etwa f3,5, wenn Sie einen unscharfen Hintergrund wünschen, oder f11, wenn bei einer Landschaftsaufnahme das Bild durchgehend scharf sein soll. Drücken Sie den Auslöser halb herunter, und schauen Sie auf die Belichtungszeit im Sucher. Im Laufe der Zeit werden Sie ein Gefühl dafür bekommen, welche Belichtungszeit und Blende in welcher Situation jeweils angebracht sind. Sie können die Parameter dann vollkommen intuitiv einsetzen.

2 Die Blende korrigieren
Überprüfen Sie, ob die Belichtungszeit zu lang ist für ein scharfes Foto aus der Hand. Ist die Belichtungszeit zu lang, müssen Sie die Blende weiter öffnen, also eine kleinere Blendenzahl einstellen. Allerdings geht dies auf Kosten der Schärfentiefe. Falls die Belichtungszeit sehr kurz ist, gibt es vielleicht noch Spielraum für eine weiter geschlossene Blende (größere Blendenzahl). Mit ihr steigt dann natürlich die Schärfentiefe.

3 Aufnahme und Kontrolle
Machen Sie eine Aufnahme, und überprüfen Sie am Display das Ergebnis. Unter Umständen sind noch Anpassungen nötig. Die Auswirkungen sind wie folgt:
- größere Blendenzahl = höhere Schärfentiefe = längere Belichtungszeit
- niedrigere Blendenzahl = niedrigere Schärfentiefe = kürzere Belichtungszeit

Das Av-Programm: Steuern Sie die Schärfentiefe!

[100 mm | f6,3 | 1/80 s | ISO 3200]

[100 mm | f25 | 1/5 s | ISO 3200 | Stativ]

▲ Abbildung 3.22
Der unruhige Hintergrund lenkt vom Motiv ab. Die Blende war hier weit geschlossen (große Blendenzahl). Dadurch sind große Bereiche des Bildes scharf (große Schärfentiefe).

▲ Abbildung 3.21
Bei einer offenen Blende (kleine Blendenzahl) ist nur der Vordergrund scharf. Der unruhige Hintergrund verschwindet als verwaschene Masse. Man spricht von einer geringen Schärfentiefe.

 Lichtstarke Objektive

Sogenannte *lichtstarke Objektive* ermöglichen eine noch größere Blendenöffnung und eine kleinere Blendenzahl, zum Beispiel 2,8, 1,8 oder sogar 1,2. Mehr über Objektive erfahren Sie in Kapitel 8, »Das passende Zubehör finden«.

▼ Abbildung 3.23
Mit einem lichtstarken Objektiv sind auch kleinere Blendenzahlen (z. B. f1,4) möglich.

Der **Av**-Modus liefert die zur Blende passende Belichtungszeit. Dabei achtet die programmierte Logik der EOS 77D durchaus darauf, ob bei dieser Verschlusszeit ein Foto überhaupt noch verwacklungsfrei aus der Hand geschossen werden kann. Ist der ISO-Wert auf **Auto** gestellt, wird er deshalb unter Umständen nach oben verändert. Hat er sein Maximum erreicht, und die Belichtungszeit ist immer noch sehr lang, müssen Sie wohl oder übel auf ein Stativ oder eine unbewegliche Unterlage ausweichen. Eine weitere Möglichkeit besteht darin, die Blende weiter zu öffnen, also einen kleineren Wert einzustellen. Dadurch erreicht mehr Licht den Sensor, und die Belichtungszeit wird automatisch kürzer eingestellt. Wenn auch dies nicht hilft, bleibt die Möglich-

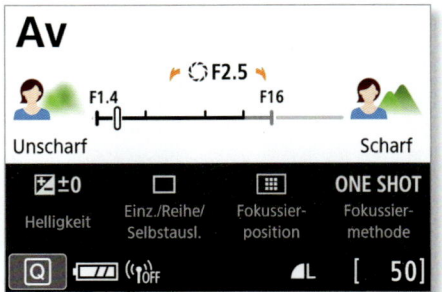

keit, den Blitz durch einen Druck auf die Blitztaste zuzuschalten. Näheres dazu erfahren Sie in Kapitel 7, »Besser blitzen mit der EOS 77D«.

 Welcher Modus ist wann sinnvoll?

Sport, bewegte Objekte: Tv
Bei der Sportfotografie kommt es in der Regel darauf an, Bewegung sichtbar zu machen – entweder über das Einfrieren (kürzere Belichtungszeit) oder durch Bewegungsunschärfe (längere Belichtungszeit). Mit **Tv** lassen sich beide Varianten umsetzen.

Landschaft, Porträts: Av
Ein Landschaftsfotograf möchte in seinen Bildern oft von vorn bis hinten durchgängig scharfe Motive, also eine hohe Schärfentiefe. Mit dem **Av**-Programm wird er tendenziell einen großen Blendenwert wählen, der dies möglich macht. In der Porträtfotografie wiederum wirken Bilder mit niedriger Schärfentiefe sehr gut. Hier wird der Fotograf gezielt kleine Blendenwerte einstellen.

Die Tücken der Schärfentiefe

Das Spiel von Schärfe und Unschärfe eröffnet viele Gestaltungsmöglichkeiten. Eine zu geringe Schärfentiefe kann jedoch auch zum Problem werden. Ein typisches Beispiel für eine falsch gewählte Blende sind Gruppenaufnahmen, bei denen die einzelnen Personen versetzt zueinander stehen. Ist die Blende zu weit geöffnet (kleine Blendenzahl), reicht die Schärfentiefe häufig nicht aus, um alle Beteiligten scharf abzubilden. Je näher Sie den Motivteilen sind, je weiter diese auseinanderliegen und je weiter die Blende geöffnet ist, desto stärker zeigt sich dieses Problem.

Keine Sorge: Mit eigener Erfahrung bekommen Sie im Laufe der Zeit ein gutes Gefühl für die richtige Blendenwahl. In der Zwischenzeit hilft der prüfende Blick auf den Kameramonitor. Auch Experimente mit einem Schärfentieferechner bringen Sie voran. Mit diesem Hilfsmittel können Sie sich die Schärfentiefe für eine Kombination aus Blende, Brennweite und Fokussierung ausrechnen lassen. Online finden Sie unter *www.dofmaster.com/dofjs.html* ein Programm, das Ihnen unter **Near Limit** den Beginn der scharf dargestellten Zone und unter **Far Limit** dessen Ende anzeigt. Unter **Total** erscheint die Differenz zwischen diesen Werten, also die Ausdehnung der Schärfentiefe. Dieses Programm gibt es übrigens auch für Android-Smartphones und das iPhone.

Mehr Spaß am Apple-Telefon bereitet allerdings der *Simple DoF Calculator*, den es für wenig Geld im App Store gibt. Um ein Gespür für die Schärfentiefe bei unterschiedlichen Brennweiten und Blendeneinstellungen zu bekommen, helfen Ihnen eigene Versuche jedoch mehr als jedes Rechentool.

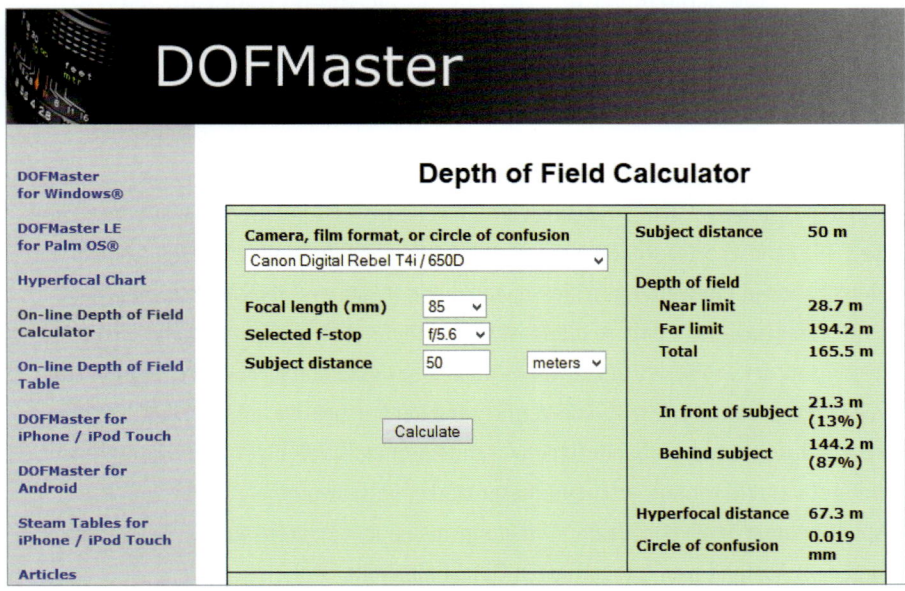

< Abbildung 3.24
Spielen Sie verschiedene Szenarien mit einem Schärfentieferechner durch. Mit der Zeit entwickeln Sie jedoch auch ohne Rechenhilfe ein Gespür für die passende Blende.

Ein Praxisbeispiel: Bei Blende 5,6 und einer Fokussierung auf die 50 Meter entfernte Gams in Abbildung 3.25 startet der scharfe Bereich bei 28,7 Metern Distanz von der Kamera und endet bei 194,2 Metern. Die Berge in mehreren hundert Metern Entfernung können so unmöglich scharf abgebildet werden. Mit einem Abstand von 67,3 Metern zur Gams hätte der Fotograf bei gleicher Blendeneinstellung sämtliche Motivteile ab einer Entfernung von 33,58 Metern scharf abbilden können. Bei diesen 67,3 Metern handelt es sich um die sogenannte *hyperfokale Distanz*, die auch in Kapitel 10, »Natur inszenieren mit der EOS 77D«, ein Thema ist.

Abbildung 3.25 >
In dieser Konstellation war es nicht möglich, mit Blende 5,6 das ganze Motiv scharf abzubilden.

Ein weiterer Fallstrick bei der Schärfentiefe ist, dass sie sich leider nicht beliebig durch eine weiter geschlossene Blende erhöhen lässt. Dies geht nur bis zu einer bestimmten Grenze. Wenn Sie die Blende sehr stark schließen, kommt die sogenannte *Beugungsunschärfe* ins Spiel. Durch diesen optischen Effekt sinkt die Schärfeleistung ab einer gewissen Blendenzahl. Das Ausmaß der Beugungsunschärfe hängt vom Objektiv ab. Bei einigen Modellen ist sie bereits bei Blende 16 deutlich zu sehen.

Abbildungsmaßstab und Schärfentiefe

Auf den ersten Blick scheint auch die Brennweite Einfluss auf die Schärfentiefe zu haben. Die Landschaftsaufnahme mit der größeren Blendenöffnung und die Aufnahme der Statue mit der weiter geschlossenen Blende zeigen es. Tatsächlich aber täuscht dieser Eindruck, denn entscheidend ist hier auch der Abbildungsmaßstab, also das Verhältnis der Größe des Gegenstands im Bild zu dessen tatsächlicher Größe. Durch die längere Brennweite tritt eine Verdichtung der Perspektive auf, wie Sie sie in Kapitel 8, »Das passende Zubehör finden«, kennenlernen. Da weniger vom Hintergrund mit auf das Bild kommt, erscheint dieser stärker verschwommen. Die Brennweite spielt indirekt eine Rolle, da der Abbildungsmaßstab wiederum von der Brennweite und dem Abstand zum fotografierten Objekt abhängig ist.

^ **Abbildung 3.26**
Links: Selbst mit offener Blende ist diese Weitwinkelaufnahme von vorn bis hinten scharf.
Rechts: Trotz einer großen Blendenzahl ist der Hintergrund unscharf.

Woher kommen die krummen Blendenzahlen?

Was hat es mit den Zahlen wie f1,4, f2,8, oder f3,5 auf sich, und warum ist f1,4 eine große Blende und f16 eine kleine? Um dies zu verstehen, hilft ein Blick auf die Formel zur Berechnung der Blendenzahl:

Blendenzahl = Brennweite ÷ absoluten Durchmesser der Blendenöffnung

Von einer Blende zur nächsten verdoppelt beziehungsweise halbiert sich die Menge des Lichts, das auf den Sensor fällt. Bei der Belichtungszeit verdoppelt oder halbiert sich die Lichtmenge nach den Regeln einer einfachen Bruchrechnung. Bei einer Verschlusszeit von 1/100 s kommt halb so viel Licht durch wie bei 1/50 s und doppelt so viel wie bei 1/200 s. Um die runde Blendenöffnung zu verdoppeln oder zu halbieren, muss die Fläche des Kreises verdoppelt beziehungsweise halbiert werden. Dazu muss dessen Durchmesser mit der Wurzel aus 2 – also ≈1,4 – multipliziert beziehungsweise durch ≈1,4 dividiert werden. Die Zahl 1,4 wiederum führt zur Blendenreihe, wie sie auch an der 77D angezeigt wird.

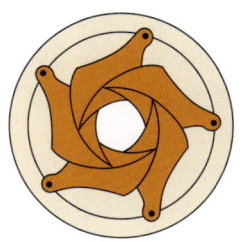

▲ **Abbildung 3.27**
Die Blendenlamellen, hier sind es fünf

▼ **Abbildung 3.28**
Die Blendenreihe für ganze Blenden

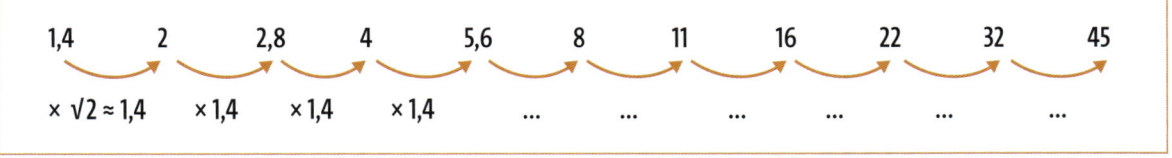

Der manuelle Modus M: die maximale Freiheit

Mit einem Dreh des Moduswahlrads auf **M** aktivieren Sie den manuellen Modus der EOS 77D. Hier stellen Sie Blende und Belichtungszeit selbstständig ein. Die Kamera fotografiert mit diesen Werten, egal, ob sie zu einem korrekt belichteten Bild führen oder nicht. Falls Sie die Kamera nicht mit dem Finger bedienen möchten, kommt eine weitere Taste ins Spiel: Die Belichtungszeit stellen Sie mit dem Hauptwahlrad vorne an der EOS 77D ein. Um die Blende zu verstellen, drehen Sie einfach am Schnellwahlrad auf der Rückseite der Kamera.

◀ **Abbildung 3.29**
Die Belichtungszeit ändern Sie mit dem Hauptwahlrad ❶, und um den Blendenwert zu ändern, drehen Sie am Schnellwahlrad ❷.

Abbildung 3.30 >
Der Balken ❶ befindet sich links von der Mitte. Das deutet auf eine mögliche Unterbelichtung des Bildes hin. Mit einer längeren Verschlusszeit oder einer größeren Blendenöffnung lässt sich dies korrigieren.

Im Sucher sehen Sie übrigens anhand des kleinen Balkens ❶ an der darunterliegenden Belichtungsskala, ob mit Ihren eingestellten Werten eine Über- oder Unterbelichtung droht.

Der **M**-Modus eignet sich gut für Situationen, in denen die Lichtverhältnisse die Kamera irritieren. Denken Sie zum Beispiel an ein Konzert mit intensiven Beleuchtungseffekten: Je nachdem, wie sich die Künstler gerade im Scheinwerferlicht befinden, wird die Automatik der 77D im **Av**-Programm eine kurze oder lange Belichtungszeit vorschlagen. Damit wird zwar möglicherweise das angemessene Bildelement korrekt belichtet, die Atmosphäre aber nur unzureichend transportiert.

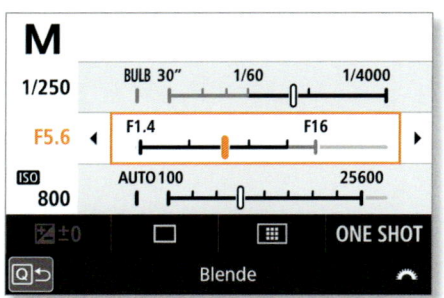

^ Abbildung 3.31
*Im Modus **M** haben Sie die volle Kontrolle. Nur die Anzeige im Sucher warnt vor einer Unter- oder Überbelichtung.*

Ein weiterer Fall für den **M**-Modus ist das Fotografieren mit manuellen Blitzen, wie sie zum Beispiel in Studios eingesetzt werden. Da die Kamera bei der Messung noch nicht wissen kann, wie hell der Blitz später beim Auslösen zünden wird, versagt die Automatik. Deshalb tastet sich der Fotograf hier über die Wahl einer Zeit-Blende-Kombination und mehrere Anpassungen an einen idealen Belichtungswert heran.

> **ISO-Einstellung im M-Modus**
>
> Wenn Sie die ISO-Einstellung auf **Auto** belassen, dreht die EOS 77D je nach Belichtungsmessung den ISO-Wert nach oben oder nach unten. Der Balken im Sucher bleibt stets in der Mitte. Im normalen Einsatz ist dies sehr hilfreich. Bei Experimenten, mit denen die Wirkung unterschiedlicher Blenden und Belichtungszeiten besser erforscht werden soll, ist allerdings ein fester Wert sinnvoller. Ansonsten kann es durch die ISO-Nachregulierung passieren, dass das Bildergebnis stets gleich bleibt.

Auch wenn es darum geht, Langzeitbelichtungen vorzunehmen, kommt der **M**-Modus ins Spiel. Links von der Belichtungszeit 30" sehen Sie den Eintrag **BULB**. Falls Sie bei dieser Einstellung den Auslöser herunterdrücken, öffnet sich der Verschluss der Kamera und bleibt so lange geöffnet, bis Sie wieder loslassen. Gleichzeitig wird auf dem oberen Display die Zeit gestoppt.

Der manuelle Modus M: die maximale Freiheit

Damit Sie bei sehr langen Aufnahmen in dieser Einstellung den Auslöser nicht permanent gedrückt halten müssen, verfügt die EOS 77D über eine besondere Funktion: den Langzeitbelichtungstimer. Sie lässt sich nur in der **BULB**-Einstellung aktivieren und ist im Menü **Aufnahmeeinstellungen 5** zu finden. Mit einem Druck auf die Taste **INFO** stellen Sie zunächst die gewünschte Aufnahmedauer ein, beispielsweise zwei Minuten. Anschließend aktivieren Sie den Timer und starten die Aufnahme.

< Abbildung 3.32
Mit dem Langzeitbelichtungstimer halten Sie sehr langsame Vorgänge im Bild fest. Auch stundenlange Aufnahmen sind möglich – ideal für die Astrofotografie.

Mit dem M-Modus schnell zum Ziel
SCHRITT FÜR SCHRITT

1 Im Tv- oder Av-Modus starten
Überlegen Sie sich die gewünschte Blende oder Belichtungszeit, und stellen Sie diese im **Av**- beziehungsweise **Tv**-Modus ein. Messen Sie das Motiv an, indem Sie den Auslöser antippen, und betrachten Sie die Werte im Sucher. Merken Sie sich Blende und Belichtungszeit.

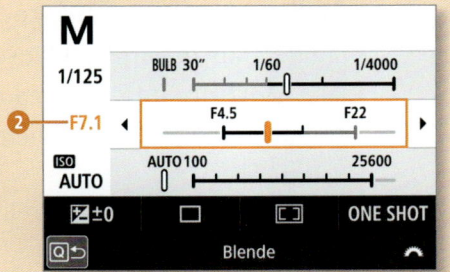

2 Die Werte in den M-Modus übertragen
Stellen Sie am Moduswahlrad den **M**-Modus ein, und übertragen Sie die Werte, die Sie sich gemerkt haben. Den Blendenwert ❷ können Sie mit dem Finger verstellen oder indem Sie am Schnellwahlrad drehen.

3 Experimente starten
Sie haben im manuellen Modus nun Ausgangswerte eingestellt, auf deren Basis Sie die Belichtung anpassen können. Verstellen Sie nacheinander Blende und Belichtungszeit in unterschiedliche Richtungen, und vergleichen Sie die Ergebnisse.

Nutzen Sie den Spielraum des RAW-Formats

Mit den Programmen aus diesem Kapitel haben Sie ein Maximum an Gestaltungsfreiheit. Wenn Sie sich auch für die Bildbearbeitung am Computer noch weitere Spielräume erschließen wollen, empfiehlt es sich, die Fotos als RAW-Dateien zu speichern. Im Auslieferungszustand der EOS 77D landen die Bilder nur im JPEG-Format auf der SD-Karte. Im Menü **Aufnahmeeinstellungen 1** können Sie diese Einstellung unter **Bildqualität** ändern. Geben Sie dem RAW-Format eine Chance!

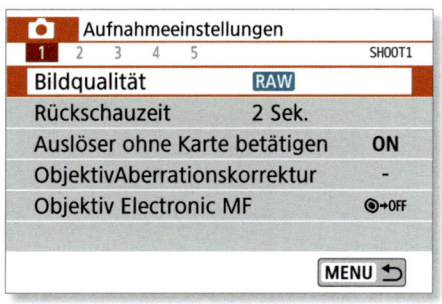

▲ Abbildung 3.33
Das RAW-Format können Sie im ersten Aufnahmemenü einstellen.

Wie der Name RAW (englisch für »roh«) bereits sagt, handelt es sich dabei um die unbearbeiteten Informationen, wie sie der Sensor der 77D liefert. Diese Daten lassen sich im Nachhinein auf unterschiedlichste Weise in ein Bild verwandeln. So haben Sie zum Beispiel beim Weißabgleich (siehe den Abschnitt »Farbstichige Fotos vermeiden mit dem richtigen Weißabgleich« ab Seite 120) die freie Wahl und können leichte Über- oder Unterbelichtungen problemlos korrigieren. Das RAW-Format wird wegen dieser Flexibilität häufig als *digitales Negativ* bezeichnet. Der einzige Nachteil ist der Speicherplatzbedarf: Eine RAW-Datei der EOS 77D belegt auf der SD-Karte und später auf dem Computer rund 30 Megabyte.

Eine JPEG-Datei ist dagegen gewissermaßen ein fertig entwickeltes Foto. Anders als einen Papierausdruck können Sie dieses zwar noch bearbeiten, die Möglichkeiten sind jedoch beschränkt. Mit rund acht Megabyte Größe braucht ein JPEG-Foto allerdings deutlich weniger Platz als sein RAW-Pendant.

 JPEG oder RAW?

Wer seine Bilder am PC umfangreich nachbearbeiten möchte, sich ausreichend mit Speicherkarten eindeckt und eine große Festplatte und einen aktuellen Computer sein Eigen nennt, braucht vor dem gewaltigen Ressourcenbedarf der RAW-Dateien keine Angst zu haben. Wenn es allerdings nur darum geht, die schönsten Bilder am Rechner zu zeigen oder auszudrucken, ohne dass große Korrekturen oder Retuschen fällig sind, spielt das universelle JPEG-Format seine Vorteile klar aus. Es kann mit jedem Computer gelesen werden, ist klein und verbraucht dadurch wenig Platz.

Goldene Regeln für gut gestaltete Bilder
EXKURS

Ein korrekt belichtetes Bild allein ist noch kein Hingucker. Mit den folgenden Methoden der Bildgestaltung geben Sie Ihren Fotos das gewisse Etwas.

Die Drittelregel

Ein essenzieller und viel zitierter Grundsatz für eine harmonische Bildaufteilung ist die sogenannte *Drittelregel*. Dabei wird das Bild gedanklich in neun gleich große Rechtecke unterteilt und das wichtigste Motiv an einem der Schnittpunkte positioniert. Alternativ kann zum Beispiel auch der Horizont an einer der Linien entlang verlaufen. Im Idealfall lassen sich sogar weitere interessante Motive des Bildes genau an einem weiteren Schnittpunkt anlegen. Bilder, die der Drittelregel folgen, wirken einerseits harmonisch, haben andererseits aber auch eine gewisse Dynamik und Spannung. Sie sind damit interessanter als mittig in Szene gesetzte Motive.

In der Schritt-für-Schritt-Anleitung »Einstellungen für einen guten Start« ab Seite 30 haben Sie erfahren, wie sich im Sucher und auch im Livebild-Modus ein Gitternetz einblenden lässt. Über dieses ist es leichter, ein Bild nach der Drittelregel zu komponieren.

▲ Abbildung 3.34
Hier wurden sowohl der Horizont als auch die Kirche in die Mitte des Bildes gelegt – etwas langweilig.

▲ Abbildung 3.35
Dieses Bild folgt der Drittelregel. Die Bildwirkung ist sofort verändert. Der Weg, der zur Kirche führt, ist durch diese Aufteilung besonders betont.

▲ Abbildung 3.36
Die Drittelregel noch einmal anders: Die Betonung liegt hier auf dem weiten Himmel.

EXKURS

Die Drittelregel ist keine exakte Wissenschaft. Sie können die Motive ebenso gut ein wenig weiter links, rechts, oberhalb oder unterhalb vom Schnittpunkt positionieren. In vielen Motivsituationen haben Sie möglicherweise auch gar keine andere Wahl. Trotzdem lohnt es sich bei der Komposition des Bildes oft, ein wenig die eigene Position und den Kamerawinkel zu verändern, um die Bildwirkung entscheidend zu verbessern. Besonders bei der Positionierung des Horizonts zahlt sich dies meist aus. Ein genau durch die Bildmitte verlaufender Horizont wird von den meisten Betrachtern als langweilig und uninteressant empfunden.

Trotzdem ist die Drittelregel natürlich nur eine von sehr vielen Gestaltungsregeln, die von Motiv zu Motiv kreativ angewandt, aber auch gebrochen werden können.

Punkte, Linien und Strukturen

Um den Betrachter für das Bild zu interessieren, helfen auch einzelne herausstechende Elemente, die außerhalb der Mitte positioniert werden. Punkte vor einem Hintergrund, der zu ihnen im Kontrast steht, ziehen die Aufmerksamkeit besonders an.

Abbildung 3.37 >
Die rosafarbene Jacke durchbricht hier die klare Struktur der Reisfelder und lenkt die Aufmerksamkeit auf sich.

[300 mm | f8 | 1/400 s | ISO 1250]

Linien führen den Blick des Betrachters im Bild. Sie können entweder durch das Aneinanderreihen von Bildelementen gedanklich entstehen oder konkret im Bild vorhanden sein: Ein Weg, eine Gebäudekante oder ein Ast lassen sich gezielt so positionieren, dass sie den Blick auf das Hauptmotiv leiten. Besonders dynamisch wirken dabei Diagonalen und Dreiecke. Horizontale oder vertikale Linien als Parallelen wiederum sorgen oft für eine Art Schichtung und bringen Ordnung und Ruhe ins Bild. Mehrere Linien bilden Muster und Strukturen.

[32 mm | f4,5 | 1/10 s | ISO 100 | +1,3]

∧ Abbildung 3.38
Der Bildausdruck entsteht hier durch die Reduktion auf vertikale Linien.

[15 mm | f8 | 1/400 s | ISO 100]

∧ Abbildung 3.39
Die Linie führt zum Motiv hin.

[49 mm | f11 | 1/250 s | ISO 200]

∧ Abbildung 3.40
Hier wird der Effekt durch doppelte Diagonalen erreicht.

Abbildung 3.41 >
Der Fokus liegt hier auf dem charakteristischen Merkmal dieser Landschaft – dem kantigen Muster.

˅ Abbildung 3.42
Die Linien geben diesem Bild eine klare Struktur.

[55 mm | f8 | 1/1250 s | ISO 200]

[31 mm | f8 | 1/400 s | ISO 160 | +1]

Eine beliebte Möglichkeit, Motive zu betonen, ist die Verwendung eines Rahmens. Zusätzlich zu der natürlichen Begrenzung des Fotos hebt dieser das zentrale Bildelement von seiner Umgebung ab und bringt damit ein ordnendes Element ein.

Die Wirkung von Bildern lässt sich durch das Spiel mit Gestaltungsprinzipien wie diesen erheblich steigern. Wenn Sie ganz bewusst die Werke großer Meister der Malerei oder Fotografie studieren, werden Sie diese Elemente in zahlreichen Variationen wiederfinden.

Die Drittelregel in Film und Kunst

Wenn Sie den nächsten Spielfilm einmal aufmerksam betrachten, werden Sie viele Einstellungen finden, in denen der Kameramann ganz bewusst mit der Drittelregel gearbeitet hat. Auch in anderen visuellen Darstellungsformen wie Werbung und Malerei funktioniert dieses Prinzip wunderbar. Es handelt sich dabei um eine Vereinfachung des *Goldenen Schnitts*, der in der Antike entwickelt wurde und dabei hilft, harmonische Proportionen zu schaffen.

[55 mm | f9 | 1/100 s | ISO 200]

Abbildung 3.43 ▸
Hier bilden die beiden Baumstämme den Rahmen für die Aufnahme.

Kapitel 4
Ihre Bilder richtig belichten mit der EOS 77D

Die Belichtung korrigieren mit der EOS 77D	96
Die Belichtungsreihenautomatik nutzen	101
Umstrittener Helfer: die Tonwertpriorität	104
Nützlicher Helfer: die Anti-Flacker-Funktion	106
Die Belichtungsmessmethoden der EOS 77D	108
Das Histogramm verstehen und anwenden	114
EXKURS: Problemzonen der Belichtung meistern	116

Die Belichtung korrigieren mit der EOS 77D

In den vorangegangenen Kapiteln haben Sie die Motiv- und Kreativprogramme kennengelernt. In den meisten Fällen liefern diese Automatiken perfekt belichtete Bilder. Das liegt unter anderem daran, dass die EOS 77D versucht, eine ausgewogene mittlere Belichtung zu finden. Bei dieser gewinnen weder die dunklen noch die hellen Bildelemente die Oberhand.

Was aber, wenn diese – in vielen Konstellationen passende – Rechnung bei Ihrem Motiv einmal nicht aufgeht? Etwa weil Sie gerade im gleißend hellen Schnee oder im dunklen Bergwerk stehen – sich also in einer Situation befinden, in der der Überfluss beziehungsweise Mangel an Licht geradezu typisch ist und daher mit auf das Foto soll? Probleme gibt es auch, wenn der Unterschied zwischen hellen und dunklen Bereichen so groß ist, dass zwangsläufig Teile des Bildes entweder über- oder unterbelichtet sind. In allen diesen Fällen empfiehlt es sich, in die Automatik der EOS 77D einzugreifen und eine Korrektur vorzunehmen. Darum geht es in diesem Kapitel.

[31mm | f4,5 | 1/80 s | ISO 250]

< Abbildung 4.1
Aufnahme im Schatten: Da der Sensor der Kamera den hohen Kontrastumfang zwischen der rechten Bildseite im Schatten und dem Himmel nicht bewältigen kann, wurde hier manuell auf Treppe und Tür belichtet. Die linke Seite ist so vollkommen überbelichtet.

Den Kontrastumfang bewältigen

Für den Menschen ist die Wahrnehmung des Unterschieds zwischen besonders hellen und besonders dunklen Bereichen keine wirkliche Herausforderung. Denn das menschliche Auge – besser gesagt, das Gehirn – baut in unserem Kopf ein Bild zusammen, bei dem verschiedene Lichtsituationen zu einem stimmigen Gesamteindruck miteinander verbunden werden – zumindest bis zu einem gewissen Grad.

Die Elektronik der EOS 77D allerdings entscheidet sich im Zweifelsfall für einen Mittelwert. In Abbildung 4.1 würden sowohl der Hauseingang als auch der Himmel in einem langweiligen Grau versinken. Bei der Aufnahme wurde deshalb eine Entscheidung zugunsten von Treppe und Tür getroffen und die Blende entsprechend angepasst. Welche Belichtung in einem kritischen Fall wie diesem »richtig« ist, müssen Sie selbst bestimmen – je nachdem, was abgebildet werden soll. Über die Änderung von Blende und Verschlusszeit können Sie regeln, wie viel Licht den Sensor erreicht, und damit auch, welches Bildelement wie belichtet wird.

 Dem Dilemma entkommen
Es gibt für Situationen mit hohem Kontrastumfang natürlich verschiedene Lösungen. Im Bildbeispiel (Abbildung 4.1) können Sie etwa die Belichtung auf den Himmel einstellen und die rechte Bildseite mit einem Blitz aufhellen (siehe Kapitel 7, »Besser blitzen mit der EOS 77D«). Auch das Motivprogramm **HDR/Gegenlicht** bietet sich hier an.

So korrigieren Sie gezielt die Belichtung

Der **M**-Modus, mit dem die beiden Parameter Blende und Belichtungszeit manuell eingestellt werden können, ist Ihnen bereits aus Kapitel 3, »So nutzen Sie die Kreativprogramme«, bekannt. Im manuellen Modus sind Sie der alleinige Herrscher über das Geschehen. Denkbar sind allerdings viele Situationen, in denen Sie zwar nicht auf die Belichtungsmessung der EOS 77D verzichten möchten, aber trotzdem selbst eingreifen und nachjustieren wollen. Eben dies versteht man unter dem Begriff *Belichtungskorrektur*. Dabei wird die für die Belichtung vorgeschlagene Kombination aus Blende, Belichtungszeit und ISO-Wert nur als Ausgangsbasis genutzt. Anschließend korrigieren Sie die Werte um den gewünschten Faktor nach oben oder unten.

> **So arbeitet die Automatik**
>
> Wenn Sie eine Belichtungskorrektur einstellen, wird die im **Tv**-Programm voreingestellte Belichtungszeit beibehalten, die Blende jedoch weiter geöffnet oder geschlossen, als es die Automatik ursprünglich vorgesehen hatte. Umgekehrt bleibt die im **Av**-Programm gewählte Blende gleich, und die Belichtungszeit wird entsprechend verkürzt oder verlängert. Im Modus **P** versucht die Kameraautomatik, eine verwacklungssichere Verschlusszeit beizubehalten, weswegen sich hier vorrangig der Blendenwert ändert. Sofern die ISO-Einstellung **AUTO** lautet, wird auch der ISO-Wert zur Anpassung genutzt. Die Automatik versucht wie bei einer normalen Belichtung, eine gute Balance zwischen Verwacklungs- und Rauschfreiheit zu finden.

Die Abbildungen auf der rechten Buchseite zeigen die Wirkung einer gezielten Überbelichtung. Beim Fotografieren im Schnee muss die Belichtung also nach oben korrigiert werden. Umgekehrt ist es bei einem dunklen Auto, hier gilt es unterzubelichten. Dieser Zusammenhang erscheint auf den ersten Blick vielleicht merkwürdig. Soll nicht bei viel Licht die Blende eher geschlossen werden? Genau dieser Annahme ist die Kamera gefolgt und hat damit das Bild falsch belichtet.

Warum das passiert, wird deutlich, wenn man sich die Funktionsweise der Belichtungsautomatik verdeutlicht. Ob das »viele Licht« von einem hellen Sommerhimmel, einer starken Lampe oder einer Schneelandschaft herrührt, kann die Elektronik nicht wissen. Sie wird deshalb gegensteuern und Blende und Belichtungszeit so verkleinern beziehungsweise verkürzen, dass weniger Licht auf den Sensor kommt. Die Elektronik ist dabei bestrebt, jedes Bild auf einen mittelhellen Wert zu belichten. Für die meisten Motivsituationen passt dies nämlich ziemlich gut. Obendrein kann die Kamera nicht einschätzen, welche Motivelemente tatsächlich weiß sind, und diese als Referenz nehmen. Letztlich wird deshalb alles auf ein mittleres Grau getrimmt.

> **AUTO-ISO greift ein**
>
> Die Unter- oder Überbelichtung erfolgt bei vorgegebener Blende durch eine geänderte Belichtungszeit, bei einer vorgegebenen Belichtungszeit dagegen durch eine kleinere oder größere Blende. Steht die ISO-Einstellung aber auf **AUTO**, wird auch dieser Parameter einbezogen: Eine gezielte Unterbelichtung um eine Blendenstufe führt zu einer Halbierung des ISO-Wertes, eine Überbelichtung zu einer Verdoppelung.

Eine Belichtungskorrektur einstellen
SCHRITT FÜR SCHRITT

1 Belichtung nach oben/unten korrigieren
Tippen Sie den Auslöser für eine Belichtungsmessung an und drehen Sie am Schnellwahlrad ❶. Mit dem Finger über [Q] und die Belichtungsstufenanzeige ❷ im Displaymenü kommen Sie ebenfalls zum Ziel – allerdings wesentlich langsamer und nicht ohne den Blick vom Sucher nehmen zu müssen.

2 Belichtungsskala prüfen
Im Sucher wandert ein Strich am unteren Rand bei einer gezielten Unterbelichtung nach links und bei einer Überbelichtung nach rechts. Auch auf dem Display ist er zu sehen ❸.

3 Passende Korrektur einstellen
Bei dem folgenden Bild eines Hundes vor weißem Hintergrund war die Elektronik überfordert. Das Weiß wird zu Grau, die Struktur des Fells ist kaum noch zu erkennen. In dunklen Bildteilen fehlt es an Zeichnung. Eine Überbelichtung um 1,3 Blendenstufen schafft hier Abhilfe.

So misst die EOS 77D die Belichtung

Um die Belichtung zu messen, muss die Kamera zu einem Trick greifen. Durch das Objektiv kann sie nämlich nur die vom Motiv reflektierte Lichtmenge, nicht aber das Umgebungslicht messen. Ob ein helles Objekt schwach beleuchtet oder ein sehr dunkles Element hell angestrahlt wird, ist für die Kamera nicht zu unterscheiden. Bei der Berechnung für die richtige Belichtung geht die Elektronik deshalb der Einfachheit halber davon aus, dass der angemessene Motivteil einem mittleren Grau entspricht. Die 77D ordnet dem gemessenen Wert einfach eine mittelhelle Farbe zu und steuert Blendenöffnung, Belichtungszeit und ISO-Wert entsprechend.

> **18 Prozent Grau ist alle Theorie**
>
> Es ist gelegentlich zu hören, dass 18 Prozent Grau einem mittleren Grau entspräche. Dieser Wert ist theoretischer Natur, hat sich jedoch im Druckwesen bewährt. Die Belichtungstechnik von Kameras und externen Belichtungsmessern ist allerdings meist auf einen anderen Wert geeicht. Genaue Angaben dazu liefert Canon nicht. Die Firma Sekonic etwa, die Belichtungsmesser herstellt, arbeitet mit einem Wert von 15 Prozent. Mit diesem Wert sind auch die Bilder aus der 77D gut belichtet. Die Abweichung vom vermeintlichen 18-Prozent-Standard hängt zum einen mit dem Dynamikumfang der Kamerasensoren zusammen, zum anderen gibt es in der Praxis keine weißen Motive, die 100 Prozent des Lichts reflektieren beziehungsweise so schwarz sind, dass das Licht komplett geschluckt wird. Das neu entwickelte Material *Vantablack*, eine schwarze Beschichtung auf Nanopartikel-Basis, kommt dem mit 99,965 Prozent zwar extrem nah, ist aber noch keineswegs im Alltag verbreitet.

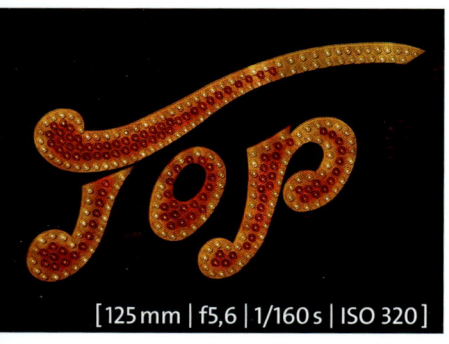

Abbildung 4.2
Ohne Unterbelichtung würde in dieser Situation der schwarze Hintergrund zu einem faden Grau.

[125 mm | f5,6 | 1/160 s | ISO 320]

Diese einfache Methode, die sich in vielen Fällen bewährt, versagt zwangsläufig bei Motiven, die sehr dunkel oder sehr hell sind. Ein weißer Schneehase in seinem Element oder ein dunkles Auto vor einem Tunnel werden im automatisch belichteten Bild grau dargestellt. Für die Elektronik der 77D repräsentieren diese beiden Beispielmotive lediglich helle und dunkle Bildelemente, die, der Mittelwert-Methodik folgend, abgedunkelt oder aufgehellt werden müssen.

Um nun dem Schließen der Blende oder dem Verkürzen der Belichtungszeit durch die Kamera entgegenzuwirken, ist ein gezieltes Überbelichten nötig. Überbelichten bedeutet, dass die Blende geöffnet oder die Verschlusszeit verlängert wird. In beiden Fällen gerät mehr Licht auf den Sensor, das Bild wird heller. Beim Unterbelichten wird die Blende weiter geschlossen oder die Verschlusszeit verkürzt, das Bild wird dunkler.

 Der Begriff »Blende«
Wie Sie schon wissen, bezeichnet der Begriff *Blende* im reinen Wortsinn die Lamellen im Objektiv. Der Ausdruck wird jedoch im weiteren Sinne auch als Synonym für den Belichtungswert verwendet. »Das Bild wurde um eine Blende beziehungsweise eine Blendenstufe unterbelichtet« kann also nicht nur bedeuten, dass etwa die Blende von 1,4 auf 2 verstellt wurde, sondern auch, dass die Belichtungszeit von 1/200 auf 1/400 s oder die ISO-Zahl von 200 auf 100 gestellt wurde. Lassen Sie sich davon nicht verwirren!

Die Belichtungsreihenautomatik nutzen

Mit einem Probeschuss, einem Blick aufs Display und einer anschließenden Belichtungskorrektur lässt sich auch in kritischen Lichtsituationen unkompliziert ein gutes Ergebnis erzielen. Für den Fall, dass die Entscheidung über die korrekte Belichtung schwerfällt und zum Beispiel erst am heimischen Computer getroffen werden soll, gibt es eine sehr hilfreiche Funktion. Beim Gebrauch der Belichtungsreihenautomatik schießt die 77D ein normal belichtetes, ein unterbelichtetes und ein überbelichtetes Bild direkt hintereinander. Dabei können Sie frei bestimmen, um wie viele Blendenstufen über- oder unterbelichtet wird.

⌄ Abbildung 4.3
Bei sehr hellen Motiven ist eine Belichtungsreihe mit verschiedenen Stufen der Überbelichtung ratsam: +1 gibt das Motiv hier zu dunkel wieder, +2 ist optimal, und +3 schon zu viel des Guten.

Eine Belichtungsreihe fotografieren
SCHRITT FÜR SCHRITT

1 Den Befehl auswählen
Um gleichzeitig ein über- und ein unterbelichtetes sowie ein korrekt belichtetes Bild zu fotografieren, wählen Sie im **P**-, **Tv**-, **Av**- oder **M**-Programm die Schaltfläche [Q]. Tippen Sie auf die Belichtungsstufenanzeige ❶, oder manövrieren Sie mit den Pfeiltasten dorthin. Mit **SET** geht es weiter.

2 Alternative
Falls Sie die Menüanzeige **Mit Anleitung** aktiviert haben, finden Sie das Menü unter **Aufnahmeeinstellungen 2** unter **Beli.korr./AEB**. Die Abkürzung **AEB** steht für *Auto Exposure Bracketing*, was die gleiche Funktion auf Englisch beschreibt.

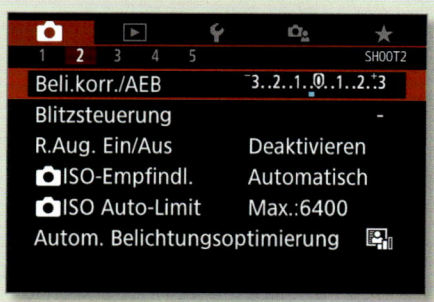

3 Die Parameter einstellen
Mit dem Finger oder dem Hauptwahlrad können Sie nun einstellen, um wie viele Blendenstufen bei den einzelnen Bildern vom Mittelwert ❹ abgewichen werden soll. Die großen Balken ❸ markieren jeweils eine Stufe, die kleinen ❷ jeweils einen Drittelschritt. Per Fingertipp oder mit den Pfeiltasten nach links und rechts können Sie zudem einen anderen Ausgangspunkt ❺ der Reihenaufnahmen definieren. Auf diese Weise ist es zum Beispiel möglich, eine starke, eine mittlere und eine sehr moderate Unterbelichtung vorzunehmen. Es ist wichtig, dass Sie dieses Menü mit **SET** verlassen! Andernfalls werden alle Einstellungen verworfen.

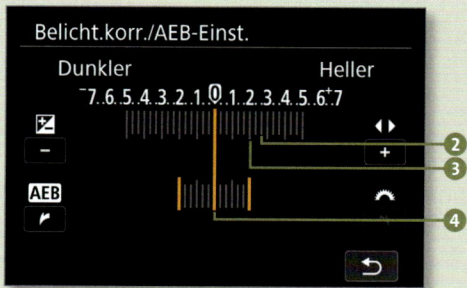

4 Fotografieren

Drücken Sie dreimal hintereinander auf den Auslöser. Wenn Sie die Betriebsart auf **Reihenaufnahme** gestellt haben, schießt die EOS 77D die Bilder mit einem Fingerdruck in kurzer Folge direkt hintereinander. Vergessen Sie übrigens nicht, die Belichtungsreihenautomatik wieder auszuschalten, sonst geht es im gleichen Rhythmus weiter.

☑ Automatische Belichtungsoptimierung

Wenn Sie [Q] wählen und zum Symbol für die **Automatische Belichtungsoptimierung** ❻ wechseln, können Sie diese in vier verschiedenen Stufen aktivieren. Alternativ finden Sie die gleiche Option im Menü bei den **Aufnahmeeinstellungen 2**. Die Standardeinstellung ❽ ist dabei eine gute Wahl. Mit dieser Funktion werden Verluste in der Detaildarstellung von dunklen und hellen Teilen eines Bildes kompensiert. Dunkle Bereiche hellt die Automatik der EOS 77D dazu ein wenig auf, so dass sie nicht ins Schwarze »absaufen«, helle Bildpartien wiederum werden ein wenig abgedunkelt, so dass sie nicht »ausbrennen«. Damit ist die **Automatische Belichtungsoptimierung** besonders in kontrastreichen Lichtsituationen hilfreich.

Falls Blende und Belichtungszeit im **M**-Modus von Hand eingestellt werden, kann die Automatik das gewünschte Bildergebnis zerstören. Deshalb können Sie die Funktion für diesen Fall deaktivieren ❼.

Im Gegensatz zu JPEG-Bildern sind RAW-Dateien von den Anpassungen nicht betroffen. Wenn Canons eigene Software *Digital Photo Professional* zum Einsatz kommt, wird die hier gewählte Option allerdings berücksichtigt, und die Software nimmt selbstständig eine entsprechende Optimierung vor.

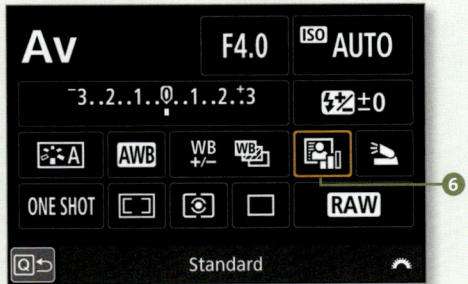

▲ **Abbildung 4.6**
Symbol für die **Automatische Belichtungsoptimierung** *und Auswahlmöglichkeiten*

Umstrittener Helfer: die Tonwertpriorität

Im Menü **Funktionseinstellungen 4** finden Sie unter den Individualfunktionen **C.Fn** eine viel diskutierte Funktion zur Bildoptimierung: Das Aktivieren der **Tonwertpriorität** soll laut Canon vor hellen Bildbereichen ohne Zeichnung schützen. Dies sei besonders in anspruchsvollen Belichtungssituationen hilfreich. Wo normal aufgenommene Bilder nur ausgebrannte Stellen zeigten, würden mit Tonwertpriorität geschossene Fotos noch ausreichend Details aufweisen.

An Funktion und Wirksamkeit dieser Kameraoption scheiden sich die Geister. Schließlich kann auch die beste Automatik die Grenzen des Dynamikumfangs des Sensors nicht weiter strecken. So kommt auch beim Einsatz der Tonwertpriorität letztlich nur ein einfacher Trick zum Einsatz: Die analogen Signale des Sensors werden bei der Umwandlung ins Digitale so interpretiert, als wäre die ISO-Stufe niedriger eingestellt, also etwa ISO 100 anstelle von 200. Die Belichtungsmessung arbeitet jedoch mit dem höheren Wert, im Beispiel also ISO 200. Es erfolgt bei der Aufnahme eine gezielte Unterbelichtung um eine Blendenstufe. Auf diese Weise soll zusätzlicher Spielraum gewonnen werden, bevor ausgebrannte Stellen im Bild auftauchen. Damit ist zugleich erklärt, warum bei aktivierter Tonwertpriorität der minimal einstellbare ISO-Wert 200 beträgt. Bei ISO 100 müsste die Aufnahme mit ISO 50 erfolgen, was der Sensor nicht leisten kann.

Abbildung 4.4 >
Die Tonwertpriorität soll vor ausgebrannten Bildbereichen schützen.

Die Unterbelichtung wird anschließend natürlich korrigiert – sei es bei der JPEG-Entwicklung in der Kamera oder bei der RAW-Entwicklung mit einem RAW-Konverter. Das Unterbelichten und Aufhellen führen zum Nachteil der Tonwertpriorität: In den dunklen Bildpartien, den Schatten, steigt das Rauschen an.

Umstrittener Helfer: die Tonwertpriorität

▲ Abbildung 4.5
Mit aktivierter Tonwertpriorität (rechts) ist das Fell des Hundes nicht ausgebrannt.

Anders sieht es bei den Lichtern aus. Diese gewinnen in der Tat ein wenig an Zeichnung. Dazu wird bei der Tonwertpriorität mit einer Gradationskurve gearbeitet, die in den sehr hellen Bildbereichen nur noch sanft ansteigt. Die Gradationskurve beschreibt das Verhältnis der vom Sensor aufgenommenen Lichtmenge zu den zugeordneten Helligkeitswerten. Da die RAW-Datei einer Aufnahme diese spezielle »digitale« Interpretation der analogen Sensordaten enthält, wirkt sich die Tonwertpriorität – anders als übrigens die automatische Belichtungsoptimierung – auch auf RAW-Dateien der Kamera aus. Die RAW-Datei wird dabei mit einem sogenannten *Flag* versehen, also markiert. Der Canon-eigene RAW-Konverter *Digital Photo Professional* erkennt diese Markierung und passt die Bilddarstellung entsprechend an. Auch *Lightroom*, als Fremdlösung, kann Aufnahmen mit Tonwertpriorität erkennen und versucht die Darstellung entsprechend zu adaptieren. Besonders bei versehentlich unterbelichteten Bildern verstärken sich bei diesem Programm jedoch die Effekte, und das Bildrauschen zeigt sich bei der Bearbeitung deutlich.

 D+ steht für Tonwertpriorität
Bei aktivierter Tonwertpriorität erscheint auf dem Monitor, im Sucher und auf dem Display die Abkürzung **D+**. Außerdem lassen sich ausschließlich ISO-Werte ab 200 einstellen, und die automatische Belichtungsoptimierung wird deaktiviert.

Langer Rede kurzer Sinn: Im Prinzip kann die Rettung vor ausgebrannten Lichtern bei RAW-Dateien mindestens ebenso gut mit dem RAW-Konverter erfolgen. Das gilt insbesondere dann, wenn Sie nicht mit *Digital Photo Professional* arbeiten. Auch bei JPEG-Bildern können helle Partien durchaus noch bearbeitet werden. Allerdings lassen sich komplett ausgebrannte Bereiche bei diesem Format nicht retten. In diesem Fall bietet die Tonwertpriorität eine gewisse Sicherheitsmarge.

 Ähnlichkeiten zur Analogfotografie

Ein wenig erinnert die Tonwertpriorität an die Push-Entwicklung bei der Fotografie auf Film. Dabei wird zum Beispiel ein ISO-100-Film wie ein ISO-200-Film belichtet und in der Entwicklung um eine Blendenstufe aufgehellt.

Nützlicher Helfer: die Anti-Flacker-Funktion

Vielleicht haben Sie schon einmal eine Aufnahme bei elektrischer Beleuchtung gemacht, die trotz korrekter Belichtungswerte einfach zu dunkel geriet. Schuld daran ist das Flackern von Licht, dass für die Augen der (meisten) Menschen unsichtbar ist. Vor allem ältere und billige LED-Lampen sowie Leuchtstoffröhren wechseln ständig zwischen Hell und Dunkel. Die Flackerfrequenz hat in einem Stromnetz mit 50 Hertz den doppelten Wert, also 100 Hertz. Die klassische Glühbirne flackert nicht, da der Draht sich nicht schnell genug abkühlt und daher auch im Nulldurchgang der Schwingung noch glüht. Besonders, wenn Sie Reihenaufnahmen schießen, steigt die Wahrscheinlichkeit, ausgerechnet die Phase zu erwischen, in der das Licht gerade nicht sehr hell ist. Hier setzt die automatische Flackererkennung an. Sie aktivieren diese Funktion im Menü **Aufnahmeeinstellungen 5** unter **Anti-Flacker-Aufn**.

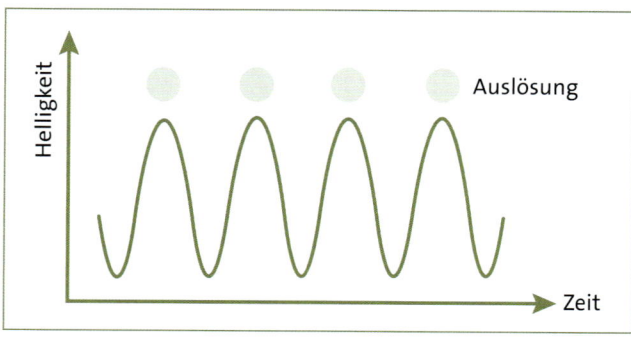

< **Abbildung 4.6**
Bei aktivierter Flackererkennung wird erst in der hellsten Phase ausgelöst.

Diese Automatik sorgt dafür, dass die Auslösung der Kamera erst dann erfolgt, wenn eine elektrische Lichtquelle ihre größte Helligkeit erreicht hat. Der Nachteil dieser Funktion ist, dass die Geschwindigkeit einer Reihenaufnahme geringfügig sinkt und dass es möglicherweise zu einer – allerdings kaum wahrnehmbaren – Auslöseverzögerung kommt. Vollkommen unabhängig davon, ob diese Option aktiviert ist oder nicht, können Sie sich eine Warnung vor flackernden Lichtern im Sucher anzeigen lassen. Diese sogenannte **Flicker-Erkennung** ist standardmäßig aktiviert. Falls Sie sie abschalten möchten, finden Sie sie im Menü **Funktionseinstellungen 2** unter dem Punkt **Sucheranzeige**.

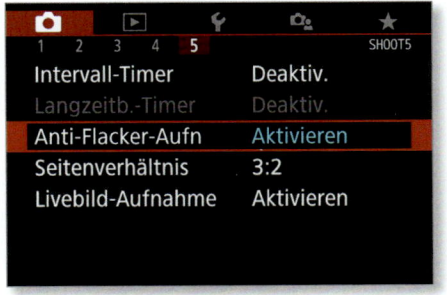

< **Abbildung 4.7**
Nur bei aktivierter Korrektur unter **Anti-Flacker-Aufn** *wird der Auslösevorgang an die Beleuchtung angepasst.*

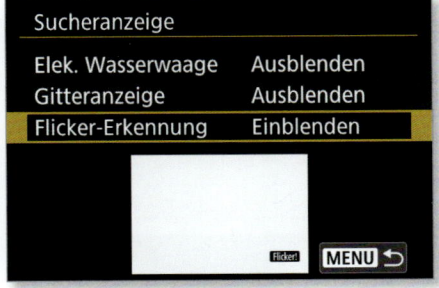

< **Abbildung 4.8**
Über die Einstellungen unter **Sucheranzeige** *legen Sie fest, ob überhaupt eine Flackerwarnung erfolgt.*

< **Abbildung 4.9**
Bei Kunstlicht und kurzen Verschlusszeiten kann es innerhalb einer Bildserie zu Helligkeits- und Farbunterschieden kommen.

Die Belichtungsmessmethoden der EOS 77D

Die gängigen kritischen Situationen lassen sich mit einer gezielten Über- oder Unterbelichtung meistern. Besonders helle oder besonders dunkle Bildelemente können Sie so sehr schnell ins rechte Licht setzen. Mit ein wenig Übung ist es obendrein möglich, ohne Blick aufs Display eine Belichtungskorrektur einzustellen. Um aber von Anfang an eine möglichst korrekte Belichtung zu erreichen, kann eine Änderung des Messverfahrens sehr hilfreich sein.

Die EOS 77D verfügt über vier Arten der Belichtungsmessung. Sie unterscheiden sich vor allem dadurch, welcher Bereich des Bildes in die Berechnung der Kombination von Blende und Belichtungszeit mit einfließt. Standardmäßig eingestellt ist die **Mehrfeldmessung**.

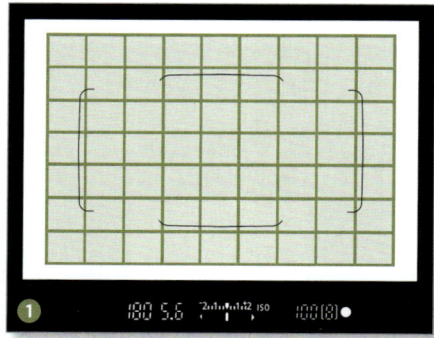 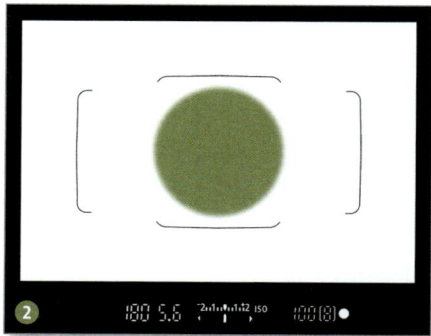
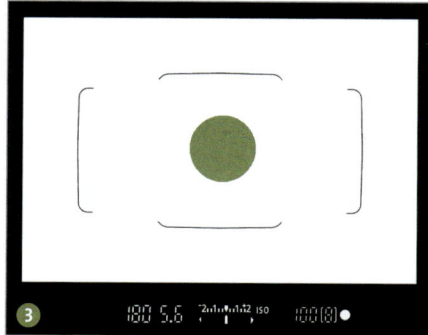 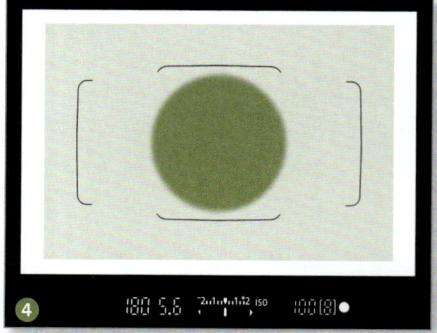

∧ Abbildung 4.10
Die Messbereiche der vier Messmethoden: Mehrfeldmessung ❶, Selektivmessung ❷, Spotmessung ❸ und die mittenbetonte Messung ❹

In den Kreativprogrammen (**P**, **Tv**, **Av**, und **M**) können Sie das Messverfahren im Menü **Aufnahmeeinstellungen 3** verändern. Dort stehen weitere Belichtungsmessarten zur Auswahl: die **Selektivmessung**, die **Spotmessung** und die **Mittenbetonte Messung**. Diese Optionen sind hier vor allem der Vollständigkeit halber aufgeführt. In fast allen Fällen passt die Belichtung schon in der Standardeinstellung, der Mehrfeldmessung. Die übrigen Messmethoden sind eher historische Überbleibsel aus der Canon-EOS-Geschichte, die von Kamera zu Kamera mitgeliefert werden, ohne noch wirklich von großer praktischer Bedeutung zu sein.

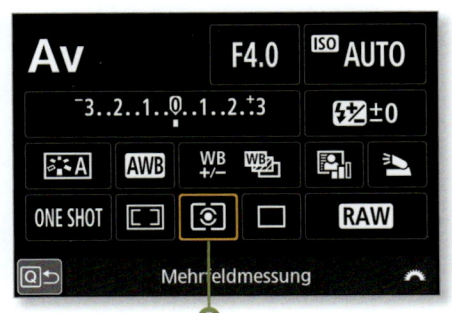 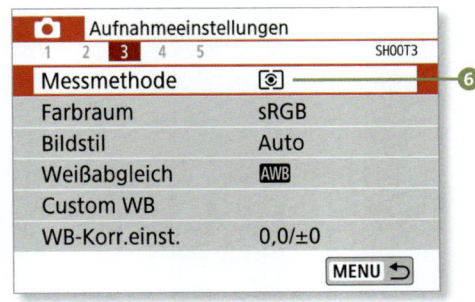

▲ Abbildung 4.11
Links: An dieser Stelle ❺ kann die **Messmethode** verändert werden. Mit der Standardeinstellung liegen Sie jedoch fast immer richtig. Rechts: Falls Sie die vereinfachte Menüdarstellung aktiviert haben, finden Sie den Menüeintrag zum Verändern der Messmethode hier ❻.

Der Alleskönner: die Mehrfeldmessung

Bei der Mehrfeldmessung misst die EOS 77D die Belichtung der kompletten, in 63 Felder unterteilten Bildfläche. Eine besondere Rolle spielen diejenigen Autofokusmessfelder, mit denen eine Scharfstellung erzielt wurde. Der dort gemessene Belichtungswert fließt mit einem etwas höheren Anteil in die Gesamtrechnung ein. Das gilt sogar dann, wenn der Autofokusschalter am Objektiv auf **M** gestellt wurde. In den meisten Fällen liefert die Mehrfeldmessung eine sehr ausgewogene Belichtung. Sie ist vom Schnappschuss bis hin zur Fotoreportage vielfältig einsetzbar.

Für die Messung der Belichtung ist die EOS 77D mit einem eigenen Sensor ausgestattet, der sich im Prisma der Kamera befindet (siehe den Exkurs »Die digitale Kameratechnik« auf Seite 33). Von dort aus erfasst er das Bild mit 7560 Pixeln. Zu den Besonderheiten des Sensors gehört, dass er auch Farbinformationen für die Kanäle Rot, Grün und Blau auswerten kann und sogar mit Pixeln ausgestattet ist, die im Infrarotbereich empfindlich sind. Auf diese Weise erkennt die Kamera beispielsweise anhand von Hauttönen, dass es sich bei dem Motiv um ein Gesicht handelt. Anders als bei vielen anderen Spiegelreflexkameras bietet das System dadurch nicht nur im Livebild-Betrieb eine Motiverkennung. Die Analyse der einzelnen Farbkanäle verhindert außerdem, dass es in einem Farbbereich zu Überbelichtungen kommt, während das Gesamtbild korrekt belichtet ist. Diese Gefahr besteht besonders bei langwelligem rotem Licht. Aber auch von Grün dominierte Szenen würden ohne eine automatische Korrektur leicht überbelichtet werden.

Abbildung 4.12 ∨ >
Die Mehrfeldmessung leistet bei den meisten Motiven gute Dienste.

[27 mm | f7,1 | 1/500 s | ISO 100]

Licht am Rand: Selektiv- ⊡ und mittenbetonte Messung ☐

Bei der Selektivmessung misst die EOS 77D nur einen mittleren Ausschnitt, der etwa sechs Prozent der gesamten sichtbaren Sucherfläche ausmacht. Was sich außerhalb dieses Bereichs abspielt, ist für die Belichtungseinstellung irrelevant. Bei der mittenbetonten Messung wird – wie bei der Mehrfeldmessung – das gesamte Bild betrachtet. Allerdings fließen die Elemente in der Mitte des Bildes etwas stärker in die Berechnung der Belichtung ein. Beide Messmethoden sind dann hilfreich, wenn besonders helles oder dunkles Licht am Rand die Belichtungsmessung nicht verwirren soll.

Somit spielen sie ihre Vorteile theoretisch bei Gegenlichtaufnahmen aus. Auch solche Situationen erkennt die intelligente Motiverkennung bei der Mehrfeldmessung allerdings recht gut. Damit haben diese beiden Messmethoden ihre Bedeutung eingebüßt.

Der Spezialist: die Spotmessung

Die sicherlich interessanteste Variante der Belichtungsmessung ist die Spotmessung. Wie bei der Selektivmessung wird nur ein Bereich im Zentrum des Sucherbildes gemessen. Dieser ist kleiner als der Bereich der Selektivmessung und wird bei aktivierter Spotmessung im Sucher eingeblendet. Sie können damit ganz gezielt einzelne Bereiche eines Motivs anpeilen, um dort punktgenau die Belichtung zu messen. Wo die Selektivmessung noch ein komplettes Haus erfassen würde, ermöglicht die Spotmessung zum Beispiel die gezielte Messung auf ein hervorstechendes Fassadenelement.

∧ Abbildung 4.13
Die Selektivmessung ignoriert sehr helle oder dunkle Randbereiche.

Die Spotmessung birgt in hektischen Situationen Gefahrenpotenzial und erfordert deshalb einige Erfahrung. Landet zum Beispiel ein sehr dunkles Bildelement zufällig unter dem Messfeld, wird dieses als Ausgangswert für die Belichtung des ganzen Fotos herangezogen. Eine Überbelichtung ist womöglich die Folge. Bei anderen Messarten wäre ein solch kleiner Bereich dagegen kaum weiter ins Gewicht gefallen und entsprechend korrekt dargestellt worden.

Die Spotmessung spielt ihren Vorteil auch dann aus, wenn die bedeutenden Bildelemente nicht in der Mitte sind. Dazu bedarf es des Zusammenspiels mit der Belichtungsspeicherung, die im nächsten Abschnitt vorgestellt wird. Durch eine Kombination dieser beiden Techniken sorgen Sie dafür, dass die Teile des Bildes, die Ihnen wichtig sind, korrekt belichtet werden.

[300 mm | f5,6 | 1/400 s | ISO 800]

◂⌃ **Abbildung 4.14**
Die Spotmessung in Aktion: Die dunklen Bildbereiche hätten bei anderen Messmethoden zu einer Überbelichtung geführt.

In der Praxis
Wenn Sie das **M**-Programm verwenden möchten, können Sie mit der Spotmessung im **Av**- oder **Tv**-Programm an mehreren kritischen Punkten Messungen vornehmen, daraus einen Mittelwert bilden und schließlich eine passende Blende und die entsprechende Belichtungszeit unter **M** einstellen.

Die Belichtungswerte können Sie speichern

Mit den Messmethoden Selektivmessung, mittenbetonte Messung und Spotmessung können Sie einen abgegrenzten Punkt oder einen größeren Bereich innerhalb des Sucherbildes anmessen. Sie drücken den Auslöser halb, und die 77D zeigt Ihnen im Sucher und auf dem Display die gemessenen Werte für Blende, Belichtung und ISO-Einstellung an. Falls Sie nun die Kamera schwenken, um einen anderen Ausschnitt zu wählen, ändern sich auch diese Belichtungswerte. Ein wenig anders verhält es sich bei der

◀ **Abbildung 4.15**
Die Sterntaste ❶ *auf der Rückseite der 77D*

Mehrfeldmessung. Hier bleibt der Wert bestehen, solange der Auslöser halb gedrückt wird. Auch in den anderen Messarten gibt es jedoch eine Möglichkeit, mit der die einmal vorgeschlagene Zeit-Blende-Kombination so lange gespeichert bleibt, bis Sie das Bild geschossen haben. Drücken Sie dafür einfach die Sterntaste ✱. Der kleine Stern, der daraufhin links im Sucher erscheint, quittiert den Vorgang.

Wird die Belichtung mit dieser Methode gespeichert, nutzt die Automatik dafür bei der manuellen Wahl eines Autofokusfelds den dort gemessenen Wert. Bei der automatischen Messfeldwahl wird der Wert der Autofokusfelder herangezogen, für die eine Scharfstellung erzielt wurde. Diese Regeln gelten allerdings nur für die Mehrfeldmessung. Bei allen anderen Belichtungsmessarten wird der Belichtungswert des zentralen Autofokusmessfelds verwendet. Weitere Informationen zur Auswahl der Autofokusmessfelder finden Sie im Abschnitt »Die Auswahl des Autofokusbereichs« auf Seite 139.

Das Histogramm verstehen und anwenden

Die Beurteilung der korrekten Belichtung muss unterwegs über das Display erfolgen. Doch gerade an sehr sonnigen Tagen ist das gar nicht so einfach. Bilder, die auf den ersten Blick viel zu dunkel erscheinen, entpuppen sich zu Hause am Computer als vollkommen in Ordnung. Um auch an der Kamera selbst die Belichtung sehr schnell und einfach überprüfen zu können, gibt es das *Histogramm*. Wenn Sie beim Betrachten eines Bildes zweimal die **INFO**-Taste drücken, sehen Sie es: ein weißes Gebirge mit einzelnen Spitzen. Was auf den ersten Blick wie ein komplexes Diagramm erscheint, stellt tatsächlich einen relativ einfachen Sachverhalt dar: Zu sehen ist die Helligkeitsverteilung der einzelnen Pixel des Bildes.

⌄ Abbildung 4.16
Das Histogramm ❶

⌃ Abbildung 4.17
Hier sammeln sich die Helligkeitswerte auf der rechten Seite, die Gischt erscheint ohne jede Zeichnung. Die Lücke auf der linken Seite wiederum zeigt, dass hier durchaus Potenzial für eine weiter geschlossene Blende oder eine kürzere Belichtungszeit bestand. Die unbesetzten Positionen dort wären dann gefüllt.

Jedes digitale Bild setzt sich aus einzelnen *Pixeln*, also Bildpunkten, zusammen. Das der EOS 77D besteht standardmäßig aus 6000 × 4000 Pixeln. Das sind genau 24 Millionen Pixel – die Megapixelzahl.

Stellen Sie sich die Bildpunkte des Bildes als kleine Bauklötze vor. Interessant sind in diesem Fall nur die Helligkeitswerte, deshalb spielt die Farbe bei dieser Art des Histogramms keine Rolle. Nun werden die einzelnen Pixel – hier also die Steinchen – der Helligkeit nach geordnet und gestapelt. Die vollkommen schwarzen kommen ganz auf die linke, die absolut weißen ganz auf die rechte Seite. Dazwischen werden alle Steinchen von dunkel nach hell (von links nach rechts betrachtet) geordnet. Das Ergebnis ist das Histogramm des Bildes. Mit ein wenig Übung lässt sich anhand des Histogramms erkennen, ob das Bild über- oder unterbelichtet ist.

^ Abbildung 4.18
Die dunkle Stimmung trägt zur dramatischen Wirkung des Bildes bei. Die abgeschnittenen dunklen Bereiche (Tiefen) zeigen jedoch, dass hier Farbinformationen für immer verloren gegangen sind. Besser wäre es gewesen, etwas überzubelichten.

Abbildung 4.19 >
Ein ausgewogen belichtetes Bild: einzelne dunkle und helle Bereiche und eine Vielzahl von mittelmäßig hellen Stellen

Problemzonen der Belichtung meistern
EXKURS

Bei der Darstellung eines Histogramms auf dem Display blinken möglicherweise sehr helle Stellen schwarz auf ❶. In diesen »ausgefressenen« Bereichen können keine Farbinformationen mehr festgestellt werden. Wird ein solches Foto ausgedruckt, versprüht der Druckkopf bei diesen Bildteilen keine Tinte. Nur das blanke Papier ist an diesen Stellen zu sehen – nicht unbedingt ein schöner Anblick.

Es empfiehlt sich daher grundsätzlich, solche Überbelichtungen zu vermeiden. Übrigens auch dann, wenn tatsächlich eine weiße Fläche dargestellt werden soll. Es kommt also darauf an, sich der kritischen Belichtungsgrenze anzunähern, ohne sie tatsächlich zu übertreten.

Histogrammhelfer
Die weißen vertikalen Striche ❷ zeigen im Histogramm jeweils eine Blendenstufe Differenz an.

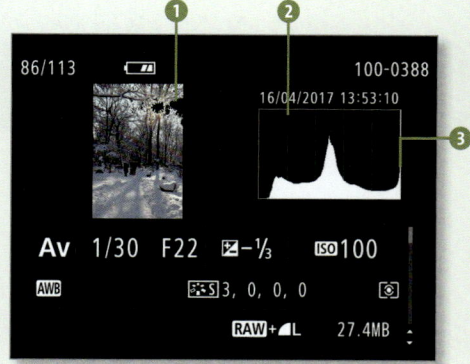

◁︎ Abbildung 4.20
Im Bereich der Sonne blinken einzelne Stellen schwarz auf ❶. Der kleine Ausläufer ❸ auf der rechten Seite des Histogramms zeigt ebenfalls, dass das Bild in einzelnen Bereichen überbelichtet ist.

Etwas weniger problematisch in dieser Hinsicht sind vollkommen schwarze Bereiche. Der Bildeindruck leidet nicht unbedingt, wenn in den Schatten keinerlei Details mehr wahrnehmbar sind. Dann dürfen sie getrost »absaufen«. Ein gutes Beispiel für problemlos dunkle Motivteile sind scherenschnittartige Darstellungen im Abendlicht.

< **Abbildung 4.21**
Diese Landschaft wurde gegen das Abendlicht fotografiert. Hier macht es nichts aus, dass schwarze Bildteile keine Zeichnung mehr haben.

Manchmal können leicht unter- oder überbelichtete Bilder noch durch Nachbearbeitung am Computer in Form gebracht werden. Auch hier zeigen sich die Vorteile des RAW-Formats: Mit einem RAW-Konverter wie dem mit der EOS 77D ausgelieferten *Digital Photo Professional* lässt sich die Belichtung innerhalb eines Rahmens von einer bis zwei Blendenstufen nachträglich retten. Weitere Informationen dazu finden Sie in Kapitel 12, »Die richtige Bearbeitung für bessere Bilder«.

Gerade bei einer kritischen Konstellation empfiehlt es sich, eher »zu den Lichtern hin« zu belichten. Das Abdunkeln leicht überbelichteter Stellen funktioniert wesentlich besser als das nachträgliche Aufhellen zu dunkler Bereiche. Der Grund: In den Schatten – den dunklen Partien – sind insgesamt weniger Tonwerte vorhanden als in den hellen Bereichen. Das liegt daran, dass der Sensor der Kamera von dort weniger Farbinformationen liefert. Werden diese durch ein Anheben der Belichtung weiter aufgespreizt, also auf weitere Positionen verteilt, entstehen Brüche in den Farbverläufen. All diese Probleme lassen sich vermeiden, wenn Sie schon bei der Aufnahme die Belichtung mit dem Histogramm kontrollieren.

Kapitel 5
Schöne Farben und reines Weiß erzielen

Farbstichige Fotos vermeiden mit dem richtigen Weißabgleich	120
Farben nach Wunsch: Bildstile einsetzen	124
EXKURS: Bildstile von Canon nutzen	132

Farbstichige Fotos vermeiden mit dem richtigen Weißabgleich

So wichtig wie die Frage nach Licht oder Schatten ist die nach der richtigen Farbe. Auch hier sind Sie gefragt: Geht es um eine möglichst realistische farbliche Wiedergabe einer Situation, kommt der Weißabgleich ins Spiel. Damit teilt der Fotograf der Kamera mit, was ein reines Weiß ist. Die Kamera kann diese Information als Ausgangsbasis für die Farbgebung nutzen.

Für unser Auge bleibt ein weißes Blatt Papier rund um die Uhr mehr oder minder weiß, egal ob es unter Tages- oder Kunstlicht betrachtet wird. Die Kamera jedoch sieht klar und präzise, welche Wellenlänge des Lichts je nach Tageszeit und Beleuchtungsart dominiert. Über den automatischen Weißabgleich kann sie etwa das blaugrüne Licht einer Leuchtstoffröhre neutralisieren. Funktioniert dies nicht, findet sich im Bild ein entsprechender Farbstich.

RAW

Das RAW-Format ermöglicht es, den Weißabgleich auch nachträglich am Computer nach Belieben zu ändern – ein weiterer Grund, die Bilder in diesem Format zu speichern.

Farben mit Temperatur

Jeder Regenbogen zeigt, dass das Licht der Sonne das komplette Farbspektrum umfasst. Weil sich aber der Winkel und die Entfernung zwischen Erde und Sonne im Laufe des Tages ändern, wechseln zugleich die Anteile der unterschiedlichen Wellenlängen des Lichts. Das menschliche Auge bemerkt diese Schwankungen fast ausschließlich an der rötlichen Morgen- und Abenddämmerung. An die kleineren Änderungen im Tagesverlauf und die Charakteristika von Kunstlicht passt es sich dank seiner Fähigkeit zur chromatischen Adaption an: Ein weißes Blatt Papier erscheint uns sowohl bei Tageslicht als auch unter einer blaugrün leuchtenden Neonröhre weiß.

Alle unterschiedlichen Lichtcharakteristika lassen sich mit verschiedenen Farbtemperaturwerten beschreiben (Abbildung 5.1). Diese werden in der Einheit Kelvin erfasst. Übrigens ist rotes Licht, anders, als es unsere alltägliche Verwendung der Begriffe »kalte« und »warme« Farben vermuten lässt, physikalisch gesehen weitaus kälter – und damit energieärmer – als blaues Licht.

Beim Weißabgleich findet nun eine Neutralisierung statt: Das nur bei Tageslicht mit 5500 Kelvin ausgeglichene Lichtspektrum wird dazu in Richtung der fehlenden Farben kompensiert. Bei kühlen Farbtemperaturen von zum Beispiel 3500 Kelvin dominieren die Rottöne, es fehlt der blaue Bereich des Lichts. Bei einem Weißabgleich wird dieser stärker mit einbezogen.

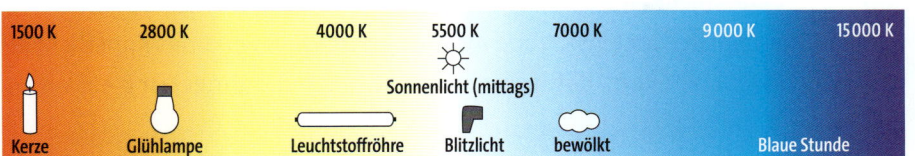

< Abbildung 5.1
Die Farbtemperatur verschiedener Lichtarten

So stellen Sie den Weißabgleich richtig ein

Normalerweise schafft es der automatische Weißabgleich der EOS 77D recht gut, Farbverfälschungen zu kompensieren. Gerade bei Mischlicht ist es jedoch nötig, den Weißabgleich entweder manuell vorzugeben oder ihn auf die dominierende Lichtquelle einzustellen. In den Motivprogrammen ist dies über die Beleuchtungseinstellungen möglich. In den Kreativprogrammen (**P**, **Av**, **Tv**, **M**) können Sie ganz einfach die **WB**-Taste ❶ drücken. Im Menü stehen acht verschiedene Beleuchtungssituationen zur Auswahl: **Automatischer Weißabgleich** (**AWB**), **Tageslicht**, **Schatten**, **Wolkig**, **Kunstlicht**, **Leuchtstoff** und **Blitz**. Unter **Manuell** können Sie den Weißabgleich auf der Grundlage eines eigenen Bildes vornehmen (siehe die Schritt-für-Schritt-Anleitung »So nehmen Sie einen manuellen Weißabgleich vor« auf Seite 123). Außer bei den Optionen **AWB** und bei **Blitz** wird die Farbtemperatur in Kelvin angegeben.

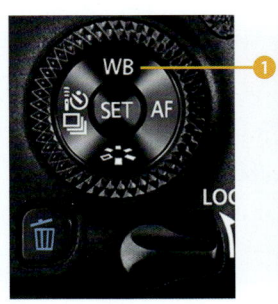

▲ Abbildung 5.2
*Wenn Sie die **WB**-Taste ❶ drücken, sehen Sie die Auswahlmöglichkeiten für den Weißabgleich. Alternativ erreichen Sie Einstellungen über dieses Piktogramm ❷. Es reicht dann, am Haupt- oder Schnellwahlrad zu drehen.*

Den automatischen Weißabgleich **AWB** gibt es sogar in zwei Varianten. Diese kommen nach einem Fingertipp auf **INFO** oder einem Druck auf die gleichnamige Taste zum Vorschein. Die Unterschiede treten vor allem in Mischlichtsituationen hervor, also zum Beispiel dann, wenn Sonnenlicht in einen Raum mit künstlicher Beleuchtung fällt. Bei der Einstellung **Auto: Priorität Umgebung** bekommt das Kunstlicht eine leicht wärmere Note, die Umgebung erscheint in natürlichen Farben. Bei der Einstellung **Auto: Priorität Weiß** wirkt das Kunstlicht einen Hauch weniger warm, dafür erscheint aber auch die Umgebung ein wenig kühler.

Wenn eine der vorgegebenen Standard-Belichtungssituationen nicht zum gewünschten Ergebnis führt, hilft ein manueller Weißabgleich.

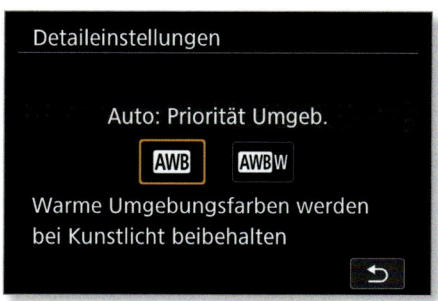

< Abbildung 5.3
Die beiden Optionen für den automatischen Weißabgleich

Weißabgleichseinstellung	Farbtemperatur in Kelvin (K)
AWB Automatisch	3000 – 7000 K
Tageslicht	5200 K
Schatten	7000 K
Wolkig	6000 K
Kunstlicht	3200 K
Leuchtstoffröhre	4000 K
Blitz	angepasst an den Blitz (bei Canon Speedlites)
Manuell	2000 – 10 000 K

∧ Tabelle 5.1
Lichtsituationen und Kelvin-Zahlen

So nehmen Sie einen manuellen Weißabgleich vor
SCHRITT FÜR SCHRITT

1 Etwas Weißes fotografieren
Fotografieren Sie ein weißes Objekt, etwa ein weißes Blatt Papier, das nicht unbedingt formatfüllend abgelichtet sein muss. Puristen greifen zur weißen Rückseite einer Graukarte, denn Papier enthält häufig blaue Aufheller. Dadurch erscheint es strahlend weiß – was wieder zeigt, wie sich das Auge an unterschiedliche Farbtemperaturen adaptiert.

2 Den manuellen Weißabgleich starten
Drücken Sie die Taste **MENU**, und wählen Sie in den **Aufnahmeeinstellungen 3** die Option **Custom WB**. Nun können Sie auf der Speicherkarte nach dem Bild suchen, wie Sie es vom Durchblättern von Fotos her kennen. Mit **SET** bestätigen Sie, dass es sich um das richtige Bild handelt.

3 Zu Ende bringen
Jetzt geht es darum, die gespeicherten Weißabgleichswerte tatsächlich zu nutzen. Drücken Sie dazu die **WB**-Taste auf der Rückseite der 77D. Wählen Sie dann die Einstellung **Manuell**. Nun werden die Farben bei jedem neuen Foto korrekt wiedergegeben – so lange, wie sich die Lichtverhältnisse nicht wieder ändern!

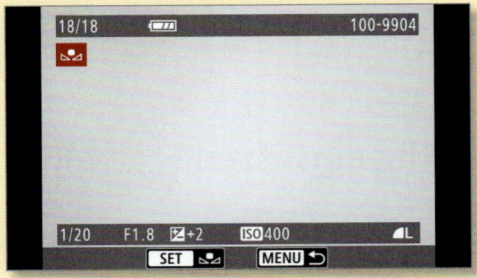

▲ Abbildung 5.4
Links: 3800 K und eine kühle Bildanmutung. Rechts: Der Weißabgleich auf 5300 K erzeugt eine wärmere Stimmung.

Den Bildlook verändern mit dem Weißabgleich

Nicht immer ist eine farbgetreue Darstellung erwünscht. Durch bewusstes Ändern der Farbtemperatur auf einen vermeintlich falschen Wert erhält ein Foto eine besondere Stimmung. Niedrige Kelvin-Werte sorgen für eher bläuliche Bilder, hohe Einstellungen eher für warme, rötliche Farben. Dadurch kann auch eine graue Aufnahme zur Mittagszeit in das Bild einer sommerlichen Abendstimmung verwandelt werden.

Abbildung 5.5 >
Erst der Weißabgleich auf 5000 Kelvin sorgt bei diesem Bild (links) für die kühle Stimmung (rechts).

Farben nach Wunsch: Bildstile einsetzen

Bei einer Aufnahme landen die Bildinformationen vom Sensor in einem ersten Schritt als Rohdaten in der Elektronik der Kamera. Sofern Sie mit RAW-Dateien arbeiten, werden sie auch in dieser Form gespeichert. Man spricht auch von einem *digitalen Negativ*. Anders sieht es beim JPEG-Format aus. Dabei handelt es sich um ein bereits »entwickeltes« Bild. Nach welchen Regeln dies geschieht, bestimmen die sogenannten Bildstile (*Picture Styles*). Dabei handelt es sich um Vorgaben zu Schärfe, Kontrast, Sättigung und dazu, ob eine Farbkorrektur in eine bestimmte Richtung vorgenommen werden soll.

Farben nach Wunsch: Bildstile einsetzen

Bildstil	Beschreibung
Auto	Die EOS 77D analysiert die Situation und versucht, satte, warme Farben zu erzeugen.
Standard	Universal-Bildstil, der sehr lebendige Farben erzeugt
Porträt	Bildstil, der zarte Hauttöne und ein eher weiches Bild liefert
Landschaft	Farbtöne von Grün bis Blau werden lebhafter dargestellt: Wiese und Himmel erscheinen in kräftigen Farben.
Feindetail	Bei diesem Bildstil wird der Kontrast an Kanten im Bild verstärkt. Davon profitieren besonders feine Strukturen. Das Bild wirkt aber auch insgesamt schärfer.
Neutral	Dieser Bildstil eignet sich besonders für die Nachbearbeitung am Computer, da er nicht in die Farbwiedergabe eingreift.
Natürlich	Auch dieser Bildstil ist für die Nachbearbeitung optimiert. Falls mit einer Farbtemperatur von unter 5200 K fotografiert wird, werden die Farben automatisch angepasst.
Monochrom	Die Bilder werden in Schwarzweiß gespeichert.

◀ Tabelle 5.2
Die Standard-Bildstile von Canon

So passen Sie die Bildstile individuell an

In den Motivprogrammen nutzt die EOS 77D stets den Bildstil **Auto**. Dieser soll in allen zuvor genannten Punkten ein optimales Ergebnis bieten. Mitgeliefert werden aber noch sechs weitere Bildstile. Sie können in den Kreativprogrammen (**P**, **Tv**, **Av** und **M**) frei ausgesucht werden. Die Taste ❶ oder das Piktogramm ❷ führt Sie schnell in das Menü für die **Bildstile**. Darüber hinaus sehen Sie im Menü drei Platzhalter für anwenderdefinierte Bildstile ❸. Sie können nämlich nicht nur die Standardvorgaben nach eigenen Wünschen modifizieren, sondern auch neue Bildstile entwerfen und diese abspeichern.

▼ Abbildung 5.6
Die Bildstile im Überblick sehen Sie, wenn Sie die Taste ❶ drücken oder das Piktogramm ❷ auswählen.

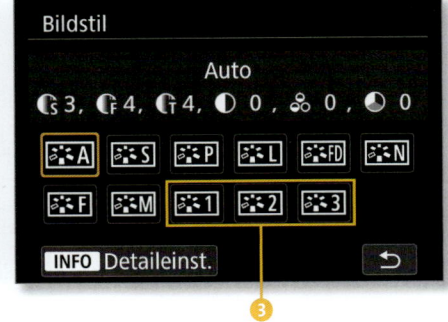

Das funktioniert über die Menüs der Kamera oder über den *Picture Style Editor*, den Sie von der Canon-Website (*www.canon.de/support*) herunterladen können. Dort stehen Ihnen wesentlich mehr Einstellungsmöglichkeiten als in der Kamera selbst zur Verfügung. Die mitgelieferten Standard-Bildstile etwa sind wesentlich komplexer aufgebaut, als die Parameter ahnen lassen, die Sie im Kameramenü ändern können.

> **Feindetail bringt Schärfe**
>
> Probieren Sie den Bildstil **Feindetail** aus. Von der Verstärkung der Mikrokontraste profitieren die meisten Motive. Der Schärfeeindruck nimmt zu. Lightroom-Nutzer kennen diese Wirkung vom Regler **Klarheit** im Modul **Entwickeln**.

Die Schärfe kann in den Einstellungen zu den Bildstilen mit drei Parametern verändert werden. Nutzer von Bildbearbeitungssoftware wie Photoshop kennen den Ansatz vielleicht unter dem Begriff *Unscharf maskieren*. Die Parameter dort tragen teilweise andere Namen, aber das Prinzip ist das gleiche. Schließlich geht es beim Schärfen um die Frage, wie stark Kontraste an nebeneinanderliegenden Bildbereichen mit unterschiedlicher Farbe und/oder Helligkeit, also den Kanten, erhöht werden sollen. Denn dadurch lässt sich der Schärfeeindruck steigern. Ein Zuviel des Guten erzeugt allerdings einen insgesamt unschönen Bildeindruck.

Die Einstellung bei **Stärke** definiert, wie stark der Kontrast an Kanten im Bild angehoben wird. Mit dem Parameter **Feinheit** stellen Sie ein, wie weit entfernt von der Grenze zwischen Hell und Dunkel die Kontrastanhebung erfolgen soll. Bei zu hohen Werten treten Kanten übertrieben stark hervor, und Farbunterschiede gehen verloren. Bei der Funktion **Unscharf maskieren** in Photoshop heißt dieser Parameter **Radius**. Der Wert von **Schwelle** wiederum bestimmt, was überhaupt als Kante im Bild betrachtet werden soll. Bei einer niedrigen **Schwelle** werden selbst kleinste Unterschiede in den Grauwerten als Kante betrachtet, und der Kontrast steigt womöglich zu stark. Mit einer höheren **Schwelle** ist es wahrscheinlicher, dass nur tatsächliche harte Übergänge im Bild als solche behandelt werden.

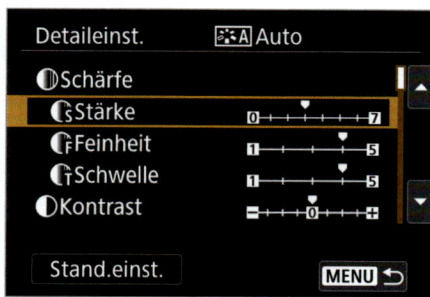

Abbildung 5.7 >
Die **Schärfe** *kann mit drei Parametern gesteuert werden.*

Beim richtigen Schärfen eines Bildes kommt es auf das Ausgangsmaterial, aber auch das Endprodukt, also den Monitor, den Druck oder die Ausbelichtung an. Die besten Ergebnisse lassen sich wesentlich bequemer durch Ausprobieren am Computer erzielen.

< **Abbildung 5.8**
Durch die klaren Übergänge zwischen Schwarz und Weiß erscheinen die Balken rechts schärfer.

<∧ **Abbildung 5.9**
Übertreiben Sie es nicht mit dem Schärfen in der Kamera oder am PC.

Tabelle 5.3 >
Die Bildstil-Parameter im Überblick

Parameter	Auswirkung
◐ Schärfe	Hier wird bestimmt, wie stark die Bilder geschärft sein sollen. Eine ausführlichere Erklärung finden Sie im Text oben. Wunder kann diese Funktion nicht vollbringen. Ein komplett unscharfes Bild bleibt, wie es ist. Bei der RAW-Variante erledigen Sie das Schärfen übrigens am Computer.
◐ Kontrast	Hier stellen Sie den Unterschied zwischen hellen und dunklen Bereichen des Bildes ein. Bei hohen Werten werden helle Bildteile noch heller und dunkle noch dunkler wiedergegeben. Außerdem steigt mit höherem Kontrast der Schärfeeindruck. Ein sehr kontrastarmes Foto wirkt flau, ein sehr kontrastreiches unter Umständen eher silhouettenhaft.
⚬ Farbsättigung	Mit steigender Sättigung der Farben wirken die Bilder bunter – bis hin zu einem sehr kitschigen Bildeindruck.
◐ Farbton	Negative Werte senken den Blauanteil und verstärken damit die Rottöne, positive Werte senken den Grünanteil und verstärken die Gelbtöne.

Die von Canon mitgelieferten Bildstile unterscheiden sich nur in Nuancen voneinander. Erst bei genauem Betrachten der Bilder am Computer werden die feinen Unterschiede deutlich. Auf die jeweiligen Extremwerte gesetzte Parameter haben schließlich erhebliche Konsequenzen: Ein hier einmal eingestellter Bonbon-Look mit knalligen Farben zum Beispiel lässt sich anschließend kaum mehr in ein normales Bild zurückverwandeln. Falls Sie die Fotos nur als JPEG-Dateien aufnehmen, achten Sie deshalb beim Fotografieren besser genau auf den eingestellten Bildstil, und erzeugen Sie sehr ausgefallene Effekte lieber erst später am Computer. Einzig bei im RAW-Format gespeicherten Aufnahmen sorgt der eingestellte Bildstil nicht für die endgültige Form. Mit diesem verlustfreien Dateiformat können Sie auch nachträglich noch Veränderungen aller Art vornehmen.

Wenn es Ihnen allerdings nicht auf realistische Farben, sondern das kreative Spiel mit Effekten ankommt, sind extreme Bildstil-Einstellungen in der 77D sehr interessant. Eine sehr hohe Schärfe, ein deutlicher Kontrast und stark entsättigte Farben sind zum Beispiel denkbare Elemente eines Fashion-Looks. Dieser könnte ansonsten nur mit Bildbearbeitungsprogrammen wie

Photoshop erzielt werden. Sofern Sie die entsprechenden Werte in den Bildstil-Einstellungen ändern, bekommen Ihre Fotos auch ganz ohne Nachbearbeitung das gewünschte Aussehen. Hier ist Experimentieren angesagt.

⌃ Abbildung 5.10
Über einen Bildstil können Sie Fotos schon in der Kamera einen Look geben, der ansonsten nur durch Nachbearbeitung am Computer zu erreichen wäre.

Canons kleines Geheimnis

Die Informationen zum Bildstil werden übrigens auch als Teil der RAW-Datei gespeichert. Sie lassen sich allerdings nur mit der Canon-eigenen Software *Digital Photo Professional* wieder auslesen. Wer als RAW-Nutzer etwa mit Software von Adobe arbeitet, muss auf diese Möglichkeit verzichten. Aus diesem Grund ist es unter Umständen sinnvoll, eine Aufnahme sowohl als RAW- als auch als JPEG-Datei abzuspeichern. Die RAW-Datei liefert dann ein Negativ für mögliche Variationen, und das JPEG-Bild lässt sich als kreative Schnellentwicklung ohne weitere Bearbeitungen nutzen.

Einen eigenen Bildstil anlegen
SCHRITT FÜR SCHRITT

1 Ins Bildstil-Menü navigieren

Mit einem selbst kreierten Bildstil ersparen Sie sich jede Menge Nachbearbeitungszeit und geben Ihren Bildern einen ganz eigenen Look. Gehen Sie über die Taste ⁂ ❶ oder das entsprechende Piktogramm ⁂ in das Menü **Bildstil**.

2 Einen Speicherplatz auswählen

Sie können einen existierenden Bildstil ändern oder – was empfehlenswerter ist – einen der mit **Anw. Def.** bezeichneten anwenderdefinierten Speicherplätze belegen. Drücken Sie die **INFO**-Taste oder die entsprechende Touchscreen-Fläche ❷, um Veränderungen vorzunehmen.

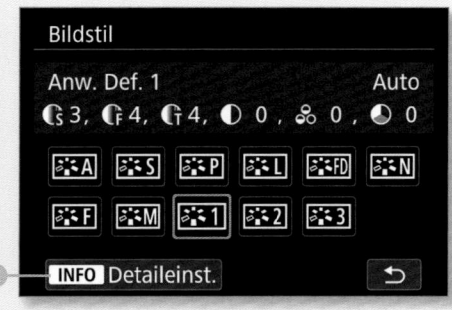

3 Die Parameter einstellen

Im Menü **Bildstil** ist es möglich, einen grundlegenden Bildstil auszuwählen. Die dazugehörigen Parameter lassen sich per Touchscreen oder nach einem Druck auf die **SET**-Taste mit den Pfeiltasten oder dem Schnellwahlrad individuell anpassen, zum Beispiel der **Kontrast**. Was die Werte genau bedeuten, sehen Sie in Tabelle 5.3 auf Seite 128. Bei der Wahl von **Monochrom** können Sie, anstatt Farbsättigung und Farbton zu verändern, einen **Filtereffekt** und einen **Tonungseffekt** aktivieren.

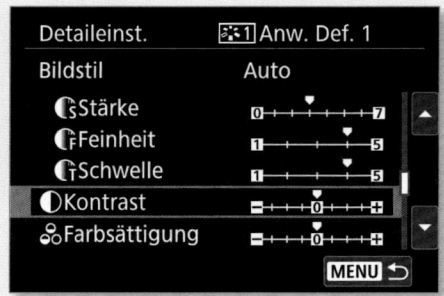

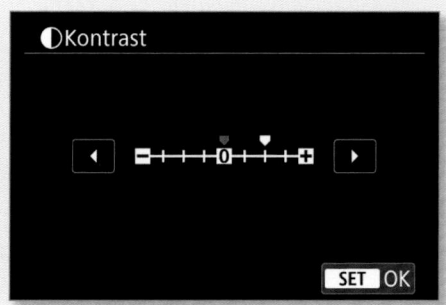

Schnelles Schwarzweiß mit Bildstilen

Schwarzweißaufnahmen sollten immer erst am Computer in ihre endgültige Form gebracht werden. Dort haben Sie bei der Bearbeitung die Wahl, welche Farbanteile von Rot, Grün und Blau zu Graustufen zwischen Schwarz und Weiß verwandelt werden. Die **Monochrom**-Einstellung der EOS 77D kann dennoch helfen, »in Schwarzweiß zu sehen«. Ein Blick auf das Display genügt, um zu überprüfen, ob ein Motiv auch auf diese Weise funktioniert.

Es ist allerdings empfehlenswert, als Speicherart **RAW+JPEG** zu wählen. So landet neben dem schwarzweißen JPEG-Bild auch eine RAW-Datei mit den Farbinformationen auf der Speicherkarte. Diese können Sie dann mit sämtlichen Möglichkeiten der Nachbearbeitung in ein ausdrucksstarkes Schwarzweißbild verwandeln.

Abbildung 5.11 >
*Mit dem Bildstil **Monochrom** können Sie leicht herausfinden, ob ein Bild in Schwarzweiß die gewünschte Wirkung hat. Wenn Sie es zusätzlich im RAW-Format abspeichern, haben Sie immer noch die Farbvariante als Alternative.*

[18 mm | f8 | 1/400 s | ISO 200 | Stativ]

[18 mm | f8 | 1/400 s | ISO 200 | Stativ]

< Abbildung 5.12
Ein solch farbenfrohes Bild verliert in Schwarzweiß seine Wirkung.

Bildstile von Canon nutzen

EXKURS

Auf der Webseite *http://web.canon.jp/imaging/ picturestyle* finden Sie unter **Picture Style File** ❶ acht weitere Bildstile von Canon. Der Bildstil **Autumn Hue** etwa bringt die herbstlichen Farbtöne schön zur Geltung, mit **Twilight** bekommen Abendstimmungen eine purpurne Note. Mit den folgenden Schritten übertragen Sie die Bildstile auf Ihre EOS 77D.

△ **Abbildung 5.13**
Picture Style auf der Canon-Website

1 Einen Bildstil auswählen

Wählen Sie einen Bildstil aus, und klicken Sie in der jeweiligen Übersicht auf **Download** ❷.

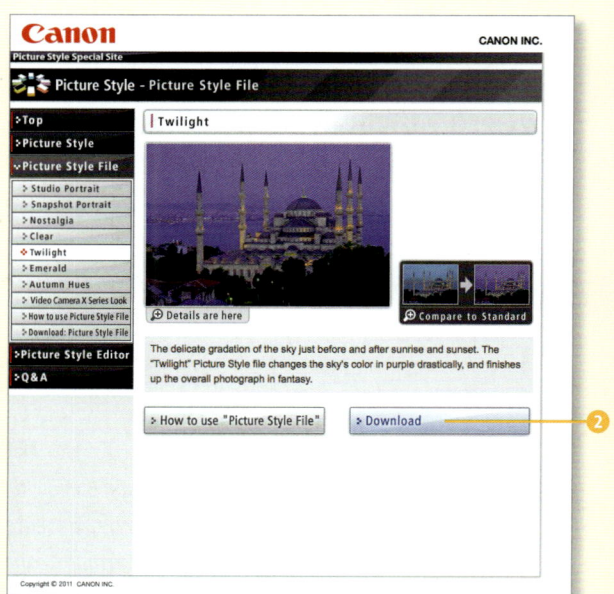

2 Den gewünschten Bildstil herunterladen

Stellen Sie ein, ob Sie einen Mac oder PC besitzen ❸, und klicken Sie dann auf den gewünschten Bildstil ❹. Er landet im Normalfall als **pf2**-Datei im **Download**-Verzeichnis Ihres Rechners.

EXKURS

4 Benutzerdefinierte Bildstile aufrufen
Wählen Sie im nächsten Fenster die Option **Bildstildatei registrieren** ❻ aus.

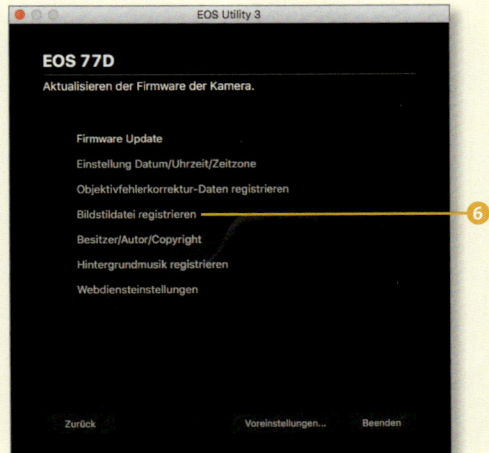

3 Die Kamera an den Rechner anschließen
Verbinden Sie die EOS 77D über ein USB-Kabel mit dem Computer, und starten Sie das Programm *EOS Utility*. Klicken Sie auf **Kamera-Einstellungen** ❺.

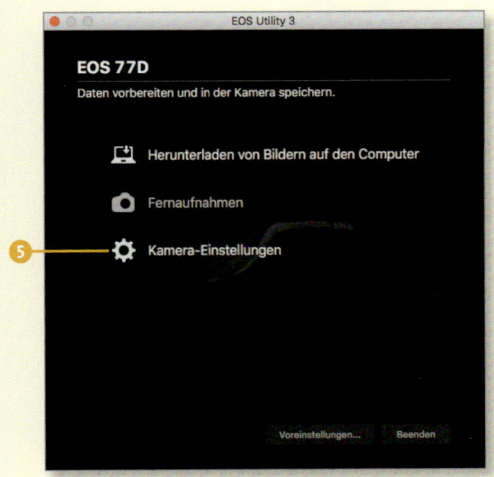

5 Bildstil speichern
Sie können sich einen von drei Speicherplätzen für anwenderdefinierte Bildstile aussuchen ❼. Bestehende dort abgelegte Bildstile werden im nächsten Schritt überschrieben. Klicken Sie auf das **Öffnen**-Symbol ❽. Geben Sie den Speicherplatz der im ersten Schritt heruntergeladenen Datei an, und klicken Sie auf **Öffnen**. Klicken Sie dann auf **OK**, um den Bildstil in der EOS 77D zu registrieren. Sie können ihn nun wie gewohnt im **Bildstil**-Menü aufrufen.

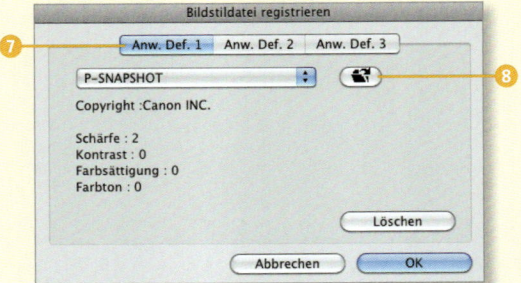

Kapitel 6
Perfekt scharfstellen mit der EOS 77D

Automatisches Scharfstellen: die Autofokusmodi 136

Die Auswahl des Autofokusbereichs 139

So vermeiden Sie unscharfe Bilder 148

Scharfstellen im Livebild-Modus 152

Mit Stativ und Fernauslöser zur maximalen Schärfe 153

Schärfe und Unschärfe mit Stil: Mitzieher aufnehmen 154

EXKURS: So funktioniert der Autofokus der EOS 77D 156

Automatisches Scharfstellen: die Autofokusmodi

Wie sich durch die Wahl der Blende unterschiedlich scharfe Bildbereiche erzeugen lassen, haben Sie bereits in Kapitel 3, »So nutzen Sie die Kreativprogramme«, erfahren. In diesem Kapitel geht es um die Bildschärfe ganz allgemein. Auf den folgenden Seiten spielt deshalb die Schärfentiefe eine untergeordnete Rolle. Stattdessen dreht sich alles um die Einstellungen der 45 Autofokusmessfelder, mit deren Hilfe der EOS 77D das Scharfstellen gelingt. Doch zunächst lernen Sie die verschiedenen Autofokusbetriebsarten der Kamera kennen: Wie alle Canon-Spiegelreflexkameras bietet die EOS 77D die drei Varianten **One Shot**, **AI Servo** und **AI Focus**. In den Kreativprogrammen (also **P**, **Tv**, **Av** und **M**) zeigt ein Druck auf die **AF**-Taste ❶ die gerade eingestellte Autofokusbetriebsart. Mit dem Finger, den Pfeiltasten oder dem Haupt- oder Schnellwahlrad treffen Sie eine Auswahl.

▲ Abbildung 6.1
Ein Druck auf die Taste AF ❶ führt ins Menü der Autofokusmodi.

Gutes Gedächtnis

Der jeweils aktivierte Autofokusmodus gilt für alle Kreativprogramme. Wenn Sie also mit aktiviertem **AI Focus** vom **Av**- in den **Tv**-Modus wechseln, ändert das nichts am Autofokusmodus.

One Shot für unbewegte Motive

Der Modus **One Shot** ist für statische Motive – oder zumindest solche, die stillhalten – die beste Wahl. Beim Antippen des Auslösers startet der Fokussiervorgang. Ist das anvisierte Motiv scharfgestellt, leuchten ein oder mehrere Fokuspunkte im Sucher rot auf, und ein Bestätigungston ist zu hören. Der einmal gefundene Schärfepunkt bleibt so lange erhalten, bis die EOS 77D ausgelöst hat oder der Auslöser wieder losgelassen wird. Das gilt auch, wenn sich das Motiv zwischenzeitlich aus dem fokussierten Bereich herausbewegt hat. Dieses Verhalten ist bei vielen fotografischen Genres sehr angenehm. So ist es vor dem eigentlichen Auslösen nämlich möglich, den Ausschnitt ein wenig zu verändern, ohne dass sich die Schärfe verstellt.

AI Servo für bewegte Motive

Bei der Fokussierung im Modus **AI Servo** startet das Autofokussystem beim Antippen des Auslösers einen Dauerbetrieb und hört erst mit dem kontinuierlichen Scharfstellen auf, wenn die Aufnahme beendet ist. Anders als bei **One Shot** wird also bei einem bewegten Motiv der Fokus nachgeführt.

Wenn sich das Motiv bewegt, wird der Fokus, falls nötig, an andere Messfelder innerhalb des aktivierten Bereichs übergeben. Das bringt vor allem bei der Action-Fotografie Vorteile. Sie fokussieren zum Beispiel einen Sportler mit einem Autofokusmessfeld an und können mit der Kamera seiner Bewegung folgen. Die Scharfstellung bleibt dabei bestehen. Näheres zu dieser Funktion erfahren Sie im Abschnitt »Die automatische Messfeldwahl« auf Seite 142.

◂ Abbildung 6.2
Sobald Bewegung ins Spiel kommt, zeigt der AF-Modus **AI Servo** *seine Stärken.*

Die Betriebsart **Reihenaufnahme** und der Fokusmodus **AI Servo** sind eng miteinander verbunden. So nutzen Sportfotografen ihre Kameras in der Regel mit diesen beiden Einstellungen. Gerade wenn eine Bewegung mit mehreren schnell hintereinander geschossenen Bildern eingefangen wird, soll der Fokus schließlich sitzen. Um das zu erreichen, ist das Autofokussystem sogar in der Lage, die Entfernung eines bewegten Motivs vorausschauend zu berechnen. Die Elektronik steuert den Verschluss und den Autofokus so, dass jedes einzelne Bild scharf eingefangen wird.

Ob fahrende Autos, spielende Kinder oder rennende Tiere: Der Modus **AI Servo** ist für fast alle Arten von Bewegung die richtige Wahl. Aus diesem Grund wird er auch standardmäßig aktiviert, sobald Sie das Motivprogramm **Sport** wählen.

> **Lautlos**
>
> Beim Fokussieren mit **AI Servo** ertönt in den Kreativprogrammen kein Bestätigungston, und auch der runde Schärfeindikator unten rechts im Sucher leuchtet nicht auf.

Wie gut der Autofokus auf ein sich bewegendes Motiv reagieren kann, hängt auch vom verwendeten Objektiv ab. Modelle, in denen ein schneller Ultraschallmotor die Scharfstellung erledigt, sind hier klar im Vorteil. Bei Canon tragen diese Objektive die Abkürzung *USM* für »Ultraschallmotor« im Namen. Schrittmotoren, wie sie in STM-Objektiven Verwendung finden, sind nicht per se langsamer als ihre Ultraschall-Pendants. Die Canon-Objektive mit dieser Technologie erreichen jedoch nicht die Geschwindigkeit eines USM-Modells. Beim relativ neuen Objektiv *EF-S 18–135 mm 1:3,5–5,6 IS USM* verwendet Canon erstmals Nano-Ultraschallmotoren. Diese verbinden die Vorteile des schnellen USM-Systems mit der leisen und fürs Filmen optimalen STM-Technik. Weitere Informationen zu Objektiven finden Sie im Abschnitt »Objektive für Ihre EOS 77D« ab Seite 184.

AI Focus: der Hybrid-Modus

Der Autofokusmodus **AI Focus** ist im Prinzip eine Mischung aus den Betriebsarten **One Shot** und **AI Servo**. Bei statischen Motiven wird – wie im Modus **One Shot** – nur einmal fokussiert. Sobald die EOS 77D eine Bewegung des anvisierten Objekts registriert, verhält sich der Autofokus allerdings wie im Modus **AI Servo**. Das geschieht jedoch meist erst nach einer gewissen »Bedenkzeit« der Kamera. Weil diese Zeit für ein scharfes Bild zu lang ausfallen kann, ist diese Autofokusart für sehr schnell bewegte Motive eher weniger geeignet. Diese Art des Autofokus ist übrigens auch in den Motivprogrammen Vollautomatik, CA und **Blitz aus** aktiviert.

Bleibt die Frage, warum Sie nicht einfach permanent im Modus **AI Servo** fotografieren sollten. Bei dieser Autofokusart – wie auch bei **AI Focus** – schaltet die EOS 77D in die sogenannte *Auslösepriorität*. Das bedeutet, dass beim Durchdrücken des Auslösers auf jeden Fall ein Foto geschossen wird, auch wenn das Objektiv noch arbeitet und die endgültige Scharfstellung noch nicht erreicht ist. Das ist so gewollt, denn bei bewegten Motiven ist ein leicht unscharf geratenes Bild oft besser als gar keines. Wenn es sich allerdings um weitgehend unbewegliche Motive handelt, ist dieses Verhalten oft unerwünscht. Hier möchte der Fotograf lieber auf den Bestätigungston (falls aktiviert) und das Blinken im Sucher warten. Beide Signale geben Sicherheit für ein perfekt scharfgestelltes Foto. Porträt- und Naturaufnahmen sollten also sinnvollerweise mit dem Autofokusmodus **One Shot** aufgenommen werden.

Die Auswahl des Autofokusbereichs

Wichtig für scharfe Bilder ist auch die Wahl des Autofokusmessfelds. Die EOS 77D bietet dafür vier verschiedene Methoden, die AF-Bereich-Auswahlmodi. Um diese abzurufen, müssen Sie zunächst einmal die Taste AF-Messfeldwahl ❷ oder die Taste AF-Bereich-Auswahl ❶ drücken. Auf dem Monitor erscheint eine Übersicht wie in Abbildung 6.4 zu sehen. Beim Blick durch den Sucher leuchten je nach gerade aktivem Modus sämtliche Messfelder beziehungsweise die aktive Zone auf. Mit einem Druck auf die Taste AF-Bereich-Auswahl wechseln Sie zwischen den vier Optionen ❸ (siehe Abbildung 6.4 auf der folgenden Seite) hin und her. Das jeweils aktive Messfeld beziehungsweise die dazugehörige Erweiterung oder die Zone leuchtet dabei auf ❹.

Die Bedienung mit Hilfe der Tasten funktioniert sehr gut ohne den Blick auf das Display: Mit ein wenig Übung brauchen Sie die Kamera beim Umschalten nicht mehr vom Auge zu nehmen.

∧ **Abbildung 6.3**
Mit diesen beiden Tasten ❶ *und* ❷ *steuern Sie die Auswahl des Autofokusbereichs.*

Der Einzelfeld AF

Bei der Einstellung **Einzelfeld AF** entscheiden Sie sich für eines der 45 Autofokusfelder der Kamera. Nur mit diesem versucht die Automatik dann eine Scharfstellung zu erreichen. Der **Einzelfeld AF** ist zum Beispiel bei der Porträtfotografie besonders nützlich, wenn die Schärfe ganz gezielt auf die Augen gelegt werden soll.

[190 mm | f5,6 | 1/20 s | ISO 800 | Stativ]

Nach dem Druck auf die AF-Messfeldwahl-Taste ⊞ erscheint im Sucher und auf dem Monitor eine Auswahl der 45 Autofokusmessfelder. Eines davon können Sie mit dem Finger und über die Pfeiltasten auswählen. Alternativ drehen Sie einfach am Hauptwahlrad für den horizontalen Wechsel und am Schnellwahlrad für die vertikale Auswahl (siehe Abbildung 6.5). Diese Art der Navigation ermöglicht den schnellen Wechsel des AF-Messfelds, ganz ohne den Blick vom Sucher nehmen zu müssen.

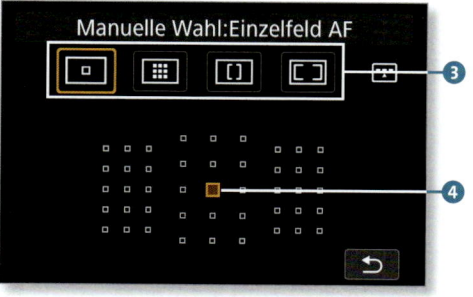

<⌃ Abbildung 6.4
*Mit dem **Einzelfeld AF** können Sie den Fokus gezielt auf einen Bildbereich legen – im linken Bild die Augen der Eule.*

Mit der **SET**-Taste springen Sie schnell zum mittleren Messfeld. Verlassen Sie die Einstelloptionen mit einem Antippen des Auslösers. Es erscheint anschließend nur noch das aktive Messfeld im Sucher.

Beim Verfolgen von bewegten Motiven mit aktiviertem **Einzelfeld AF** müssen Sie sich anstrengen. Sobald sich das anvisierte Objekt nicht mehr genau unter dem Messfeld befindet, springt der Fokus womöglich auf den Bildhintergrund. Für die Sport- und Action-Fotografie sind deshalb die anderen Autofokusbereich-Einstellungen wesentlich besser geeignet.

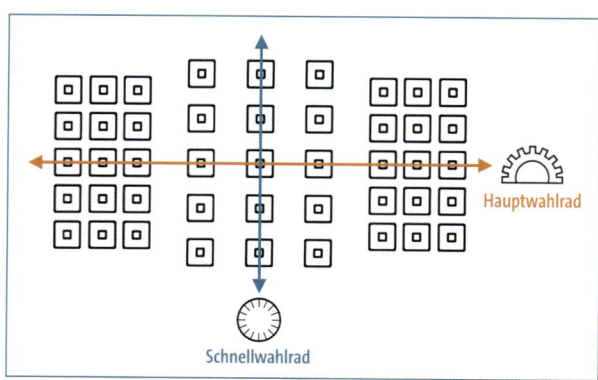

< Abbildung 6.5
Zur schnellen Auswahl des AF-Messfeldes haben Sie verschiedene Möglichkeiten.

Die Auswahl des Autofokusbereichs

> **⌶⌷ Blinkende Autofokusmessfelder**
>
> Falls Sie ein wenig lichtstarkes Objektiv verwenden, blinken einige Autofokusmessfelder bei der Auswahl auf. Bei diesen Feldern kann die Automatik beim Fokussieren nur waagerechte Strukturen erkennen. Mehr dazu finden Sie im Exkurs »So funktioniert der Autofokus der EOS 77D« auf Seite 156.

Die Messfeldwahl in AF-Zonen: ⊞ und [ ]

Mit der Messfeldwahl in einer Zone können Sie den Bereich eingrenzen, in dem eine Scharfstellung versucht wird. Dabei entscheiden Sie sich bei **AF-Messfeldwahl in Zone** ⊞ für eine von neun kleinen Zonen. Mit der Option **AF-Messfeldwahl in großer Zone** [ ] muss sich das Motiv in einer von drei größeren Zonen befinden.

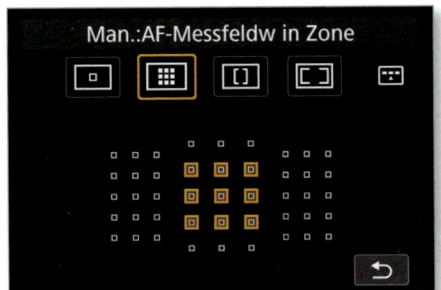
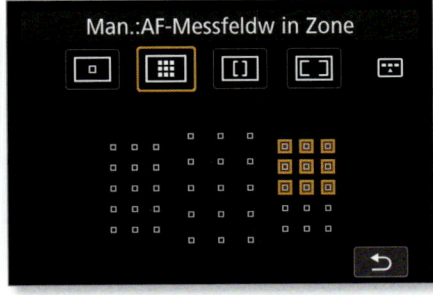

◀ **Abbildung 6.6**
Bei der **AF-Messfeldwahl in Zone** sind mehrere AF-Felder vereint. Auf dem Monitor und im Sucher lässt sich die AF-Zone in festen Bereichen verschieben.

Dabei sind innerhalb der Zone alle Messfelder gleichberechtigt. In der Regel wird dabei auf den Teil des Motivs fokussiert, der der Kamera am nächsten liegt. Die Automatik entscheidet sich jedoch bisweilen für andere Felder, sofern erkannte Hauttöne auf ein Gesicht unter dem Messfeld deuten. Falls gleich mehrere Fokusfelder aufleuchten, hat die Automatik für alle diese Bildteile eine Scharfeinstellung erzielt.

▼ **Abbildung 6.7**
Die möglichen Zonen bei der Option **AF-Messfeldwahl in großer Zone**

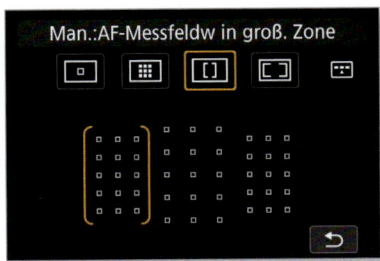

Im Modus **AI Servo** wird das Motiv innerhalb der Zone automatisch erfasst und, falls nötig, von Feld zu Feld innerhalb dieses Bereichs weitergegeben. Sofern sich innerhalb der Zone allerdings ein weiteres Motiv vor das Hauptmotiv schiebt, wechselt der Autofokus möglicherweise auf dieses andere Motiv. Manchmal hilft es in diesem Fall, den Auslöser noch einmal anzutippen und damit die Schärfesuche neu zu starten.

∧ Abbildung 6.8
Beim Schwenken der Kamera blieb der Pelikan in der großen Zone.

Die automatische Messfeldwahl

∨ Abbildung 6.9
Automatische Messfeldwahl

Die **Automatische AF-Feld-Wahl** kennen Sie bereits von der Vollautomatik. Sie ist hier zuletzt angeführt, weil sie komplexer und leistungsfähiger ist, als es auf den ersten Blick den Anschein hat. Grundsätzlich sind zwei Fälle zu unterscheiden: Im Autofokusmodus **One Shot** sucht die Kamera vorrangig den nächstgelegenen Punkt, bei dem eine Scharfstellung möglich ist, und wählt das entsprechend passende Autofokusfeld aus. Wie bei der Zonen-AF-Messfeldwahl leuchten gleich mehrere Autofokusfelder auf, wenn dabei für mehrere Bereiche eine optimale Schärfemessung erzielt wurde.

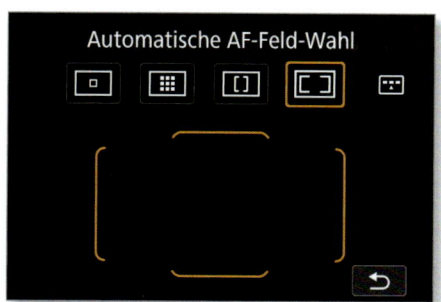

Ein wenig komplizierter wird es im Modus **AI Servo**. Hier können Sie – ähnlich wie beim **Einzelfeld AF** – ein Hauptfokussierfeld vorgeben, auf dem zunächst der Fokus liegen soll. Es leuchtet im Sucher und auf dem Monitor auf. Sobald sich Ihr Motiv unter einem der umliegenden Felder befindet, wird der Fokus an dieses übergeben. Auch diese Änderung ist im Sucher erkennbar. Im Rahmen der 45 Autofokusmessfelder ist es also möglich, ein Motiv sehr präzise nachzuverfolgen. Nur bei sehr kleinen Motiven, die das Hauptfokussierfeld verlassen, ohne dass die Kamera erkennen kann, bei welchem der umliegenden Felder es wieder auftaucht, kommt die Automatik der Nachverfolgung an ihre Grenzen.

 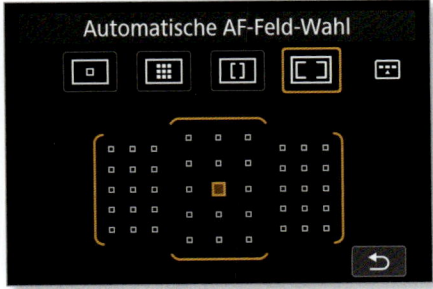

^ **Abbildung 6.10**
*Im Autofokusmodus **AI Servo** verändert sich bei der automatischen Messfeldwahl vieles. Nur dort lässt sich ein Ausgangsmessfeld frei wählen.*

Falls die Kamera bei einem kompletten Durchlauf des Fokus unter dem Hauptfokussierfeld keine Scharfstellung erzielen kann, werden auch die übrigen 44 Autofokusfelder herangezogen. Wie im Modus **One Shot** wird dann der nächstgelegene Punkt gewählt. Bei einer Bewegung des Motivs startet der beschriebene Automatismus von Neuem, und von dort aus erfolgt eine Übergabe an die umliegenden Autofokusfelder.

Abbildung 6.11 >
*Im **AI-Servo**-Betrieb bleibt der **Einzelfeld AF** dem Motiv auf den Fersen.*

Das Auslösen vom Fokussieren entkoppeln

Wenn Sie den Auslöser antippen, wird die Scharfstellung gestartet und die Belichtung gemessen. Diese beiden Vorgänge, das Fokussieren und die Belichtungsmessung, können Sie bei der EOS 77D trennen und das Fokussieren beispielsweise ausschließlich auf die Taste **AF-ON** legen. Ein Antippen des Auslösers startet dann nur noch die Belichtungsmessung, und beim Durchdrücken erfolgt die Aufnahme.

Einen praktischen Vorteil bringt diese Einstellung vor allem in Kombination mit dem Autofokusmodus **AI SERVO**. Bei gedrückter **AF-ON**-Taste wird der Fokus permanent nachgeführt, beim Loslassen stoppt der Vorgang. Das ist zum Beispiel nützlich, wenn sich kurzzeitig ein Hindernis durchs Bild schiebt.

Zudem herrscht bei dieser Einstellung auch im Modus **ONE SHOT** die Auslösepriorität. Der Druck auf den Auslöser erzeugt also auf jeden Fall ein Bild, auch wenn die Kamera keinen Fokuspunkt ermitteln konnte.

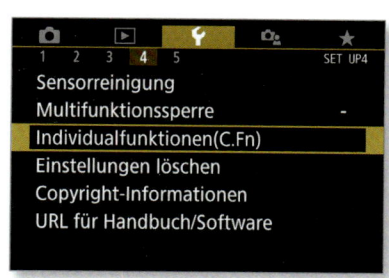

Abbildung 6.12 >
*Einige Fotografen nutzen zum Fokussieren ausschließlich die **AF-ON**-Taste* ❶.

In der Grundeinstellung liegen Fokus und Belichtungsmessung auf dem Auslöser, die **AF-ON**-Taste bietet nur eine zusätzliche Möglichkeit des Fokussierens. Die beschriebene Trennung nehmen Sie über die **Custom-Steuerung** vor. Sie ist im Menü unter **Funktionseinstellungen 4 > Individualfunktionen (C.Fn) > C.Fn IV:Operation/Weiteres > Custom-Steuerung** zu finden.

^ Abbildung 6.13
*In der **Custom-Steuerung** können Sie die Tastenbelegung Ihrer EOS 77D anpassen. Die jeweils aktive Taste ist in der schematischen Darstellung markiert.*

An dieser Stelle lassen sich viele Tasten der EOS 77D individuell belegen. Sobald Sie mit **SET** in das Menü vordringen, erscheint eine Darstellung, auf der die jeweils zu belegenden Tasten hervorgehoben sind.

Für den Auslöser 👁 finden Sie drei mögliche Varianten:
- Mit der Option 👁AF liegen Belichtungsmessung und Autofokus zugleich auf dem Auslöser. Bei der Mehrfeldmessung 👁 bleiben die einmal gemessenen Belichtungswerte so lange unverändert »eingefroren«, wie der Auslöser gedrückt gehalten wird. Bei allen anderen Messmethoden werden die Werte dynamisch angepasst, etwa wenn Sie einen neuen Bildausschnitt wählen oder den Ausschnitt verändern.
- Die Option 👁 arbeitet wie 👁AF, allerdings liegt der Autofokus nun nicht mehr auf dem Auslöser.
- Die Einstellung ✱ arbeitet ebenfalls wie 👁AF, aber über den Auslöser wird nur die Belichtungsmessung – nicht die Scharfstellung – vorgenommen. Die einmal gemessenen Belichtungswerte bleiben jedoch bei allen Messmethoden (Mehrfeld- 👁, Selektiv- ⊙, Spot- • und Mittenbetonte Messung ▭) gespeichert, solange der Auslöser gedrückt gehalten wird.

< Abbildung 6.14
Mögliche Belegungsoptionen für den Auslöser

  Zurück auf Start
Mit einem Tipp auf das Icon 🗑 oder die Löschtaste 🗑 setzen Sie die Tastenbelegung der Kamera wieder in den Ausgangszustand zurück.

Selbstverständlich startet bei jeder dieser Optionen bei durchgedrücktem Auslöser die Aufnahme. Auch der Bildstabilisator des Objektivs ist nicht betroffen. Er aktiviert sich stets bei halb heruntergedrücktem Auslöser.

Weitere Tasten neu belegen

Wie den Auslöser können Sie auch die **AF-ON**-Taste mit verschiedenen Funktionen belegen. Die sehr sinnvolle Standardeinstellung 👁AF kennen Sie bereits vom Auslöser. Falls Sie diesen vom Fokussieren entkoppelt haben, müssen Sie zwingend die Taste **AF-ON** drücken, um eine Scharfstellung zu erreichen. Sobald Sie loslassen, wird die Fokusnachführung beendet.

Interessant ist die Option **AF-OFF**. Dabei unterbricht der Autofokus im AF-Modus **AI SERVO** so lange den Betrieb, wie Sie die **AF-ON**-Taste gedrückt halten. Das ist zum Beispiel nützlich, wenn Sie absehen können, dass sich ein Hindernis durch das Bild bewegt. Sobald es den Ausschnitt passiert hat, lassen Sie die Taste wieder los, und der Autofokus kann ohne Irritationen, von der ursprünglichen Stelle aus, seine Arbeit fortsetzen.

▲ Abbildung 6.15
Mögliche Belegungen für die **AF-ON**-Taste

▲ Abbildung 6.16
Mögliche Belegungen für die Sterntaste

Auch die Einstellung ✷ wurde bereits vorgestellt. Mit der Einstellung **FEL** wird nach einem Tastendruck beim Blitzbetrieb ein Messblitz gezündet. Über diesen wird die erforderliche Blitzleistung ermittelt. Anschließend können Sie den Bildausschnitt verändern und trotzdem mit ebendiesen Werten den Blitz zünden. Die Einstellung **AEL FEL** ist eine Kombination aus den Einstellungen ✷ und **FEL**. Beim normalen Betrieb verhält sich die Taste wie bei ✷, beim Blitzbetrieb wie bei **FEL**.

Als letzte Option können Sie in diesem Menü mit **OFF** festlegen, dass ein Druck auf die **AF-ON**-Taste keinerlei Folgen hat.

Bei den Tastenbelegungsoptionen für die Taste **AE Lock** ✷ (Sterntaste) finden Sie die gleichen Einträge wie bei der **AF-ON**-Taste. Die Einstellungen ✷, **FEL** und **AEL FEL** sind auf dieser Taste der EOS 77D wesentlich besser aufgehoben als auf der Taste **AF-ON**.

Während des eigentlichen Fotografierens bleibt ein Druck auf die **SET**-Taste folgenlos, das ist die Standardeinstellung (**OFF**). Sie können dieser Taste jedoch auch allgemeine

Abbildung 6.17 ▶
Mögliche Tastenbelegungen für die **SET**-Taste

Kamerafunktionen zuweisen. Möglich sind eine Auswahl der Bildqualität, der Wechsel des Bildstils, der Weißabgleich **WB**, die Menüanzeige **MENU**, die Veränderung des ISO-Wertes **ISO**, die Blitzbelichtungskorrektur, die Belichtungskorrektur sowie die Blitzsteuerung.

Manuell fokussieren

Der Autofokus kann über die Messfeldwahl an viele Motivsituationen angepasst werden. Trotzdem gibt es Fälle, in denen er nicht oder nur schlecht funktioniert. Sobald sich zwischen dem Objektiv und dem eigentlichen Motiv Bereiche mit einem hohen Kontrast befinden, wird sich die Kamera an diesen orientieren und darauf fokussieren. Typische Beispiele sind die Maschen eines Drahtzauns oder der Schmutz auf einem ungeputzten Fenster. Es ist in diesen Situationen fast unmöglich, den Autofokus dazu zu bringen, auf das eigentliche Motiv scharfzustellen. Der einzige Weg zu scharfen Bildern führt dann über das Ausschalten des Autofokus am Objektiv.

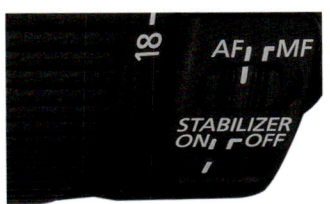

< Abbildung 6.18
*Zwischen Autofokus (**AF**) und manuellem Fokus (**MF**) schalten Sie direkt am Objektiv um.*

[100 mm | f8 | 1/100 s | ISO 200]

< Abbildung 6.19
Auch im Makrobereich ist das manuelle Fokussieren der sicherste Weg zu scharfen Bildern.

Das manuelle Fokussieren ist mit einer modernen Spiegelreflexkamera wie der EOS 77D gar nicht so leicht. Schon ein leichter Dreh am Fokusring des Objektivs reicht, und der gewünschte Schärfepunkt ist wieder überschritten.

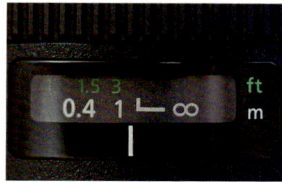

Abbildung 6.20
Bei diesem Objektiv zeigt eine Skala an, in welcher Entfernung die Schärfeebene liegt.

Einige Objektive sind mit einer Entfernungsskala versehen, die anzeigt, auf welche Distanz fokussiert wird. Der praktische Nutzen dieser Information ist für das genaue Scharfstellen allerdings begrenzt.

Vergrößerter Bildausschnitt zum Fokussieren

Am einfachsten ist das manuelle Fokussieren im Livebild-Betrieb. Hier lässt sich die Schärfe über die mit der AF-Messfeldwahl-Taste ⊞ (die hier als Lupentaste 🔍 fungiert) zuschaltbare fünf- oder zehnfache Vergrößerung sehr gut abschätzen.

So vermeiden Sie unscharfe Bilder

Unscharfe Fotos sind ärgerlich und oft vermeidbar. Die Ursachen für solche Bilder lassen sich relativ klar eingrenzen. Manchmal ist auch eine Kombination dieser Umstände verantwortlich:

- Fokussierung auf den falschen Fokuspunkt
- Wahl einer ungeeigneten Blende und damit mangelnde Schärfentiefe
- Wahl einer zu langen Belichtungszeit – weil aus der freien Hand nicht möglich oder unpassend zur schnellen Bewegung des Motivs

Falscher Fokuspunkt

Bei Abbildung 6.21 hat sich der Autofokus am Baum orientiert, das Eichhörnchen aber ist so nicht mehr in der Schärfeebene. Gerade in solchen Situationen ist es für die Kamera schwer, die richtige Fokuseinstellung zu finden. Es hilft dann, ein anderes AF-Messfeld zu wählen. Der Bereich, der von diesen Feldern erfasst wird, ist übrigens größer, als es die Darstellung im Monitor vermuten lässt. Gerade bei sehr fein strukturierten Mustern im Motiv ist die Automatik der Kamera darum überfordert. Manchmal helfen Reihenaufnahmen, bei denen dann hoffentlich auf wenigstens einem der Fotos der Fokus sitzt. Alternativ haben Sie natürlich stets die Möglichkeit, den Autofokusschalter am Objektiv auf **MF** zu stellen und manuell zu fokussieren.

< **Abbildung 6.21**
Die AF-Messfeldwahl hat sich für den Baum entschieden. Dadurch ist das Eichhörnchen unscharf.

[100 mm | f2,8 | 1/160 s | ISO 320]

Das verwendete Messfeld anzeigen
Nutzen Sie die Möglichkeit der **AF-Feldanzeige** im Menü **Wiedergabeeinstellungen 3**, um das verwendete Autofokusfeld bei der Bildwiedergabe zu sehen. Möglicherweise kommen Sie dadurch der Ursache eines unscharfen Bildes einfacher auf den Grund.

Falsche Blende

Ein typisches Beispiel für eine falsch gewählte Blende sind Gruppenaufnahmen, bei denen die einzelnen Personen versetzt zueinander stehen. Ist die Blende weit geöffnet (kleine Blendenzahl), reicht die Schärfentiefe häufig nicht aus, um alle Beteiligten scharf abzubilden. Je näher Sie den Motivteilen sind, je weiter diese auseinanderliegen und je weiter die Blende geöffnet ist, desto stärker zeigt sich dieses Problem. Betrachten Sie zum Beispiel Abbildung 6.22: Bei Blende 8 und einer Fokussierung auf das zehn Meter entfernte Boot startet der scharfe Bereich bei 7,65 Metern Distanz von der Kamera und endet bei 14,45 Metern. Der Hügel in größerer Entfernung kann so unmöglich scharf abgebildet werden.

Abbildung 6.22
In dieser Konstellation war es nicht möglich, mit Blende 8 das ganze Motiv scharf abzubilden.

Keine Sorge: Mit ein wenig Erfahrung bekommen Sie im Laufe der Zeit ein gutes Gefühl für die richtige Blendenwahl. In der Zwischenzeit hilft der prüfende Blick auf den Kameramonitor. Auch Experimente mit einem Rechner für die Schärfentiefe bringen Sie voran. Im Abschnitt »Die Tücken der Schärfentiefe« auf Seite 82 finden Sie dazu weitere Informationen.

Hyperfokale Distanz

Mit einem Abstand von 33 Metern zum Boot hätte der Fotograf bei gleicher Blendeneinstellung sämtliche Motivteile scharf abbilden können. Bei diesen 33 Metern handelt es sich um die *hyperfokale Distanz*. Der Abschnitt »Was ist die hyperfokale Distanz?« auf Seite 240 liefert Ihnen dazu weitere Informationen.

Zu lange Belichtungszeit

Das Problem der zu langen Belichtungszeit gibt es beim Fotografieren aus der freien Hand, also ohne Stativ: Bei einer Belichtungszeit von 1/35 s und einer Brennweite von 135 mm ist ein unscharfes Bild leider vorprogrammiert. Nutzen Sie die Kehrwertregel 1 ÷ (Brennweite × 1,6), um eine ausreichend kurze Belichtungszeit einzustellen und Verwackler zu verhindern. Weitere Informationen zur Kehrwertregel finden Sie im Abschnitt »Sicher belichten, ohne zu verwackeln« auf Seite 76. Nach der Kehrwertregel wäre im Beispielbild mit der Katze eine Belichtungszeit von mindestens 1/250 s angebracht. Wenn das Bild dann zu dunkel gerät, hilft das Öffnen der Blende (also ein Verringern des Blendenwertes), ein höherer ISO-Wert oder – als letztes Mittel und bei unbewegten Motiven – ein Stativ.

◁ **Abbildung 6.23**
Die Belichtungszeit war zu lang, um das Bild aus freier Hand zu schießen. Eine kürzere Belichtungszeit hätte zu einer verwacklungsfreien Aufnahme geführt.

☑ Schärfe ist relativ

In einigen Bereichen der Fotografie sind scharfe Bilder essenziell, in anderen weniger wichtig. Eine durchgehend unscharfe Landschaftsaufnahme etwa wird den Betrachter kaum begeistern. Ganz anders sieht es zum Beispiel bei einem Fußballspiel aus, dessen entscheidenden Moment der Fotograf eingefangen hat. Hier wird man über kleinere technische Unzulänglichkeiten eher hinwegsehen – komplett unscharf darf natürlich auch ein solches Bild nicht sein.

Scharfstellen im Livebild-Modus

▲ **Abbildung 6.24**
Diese Taste ❶ *bringt Sie zum Livebild.*

Falls die Kamera auf einem Stativ steht und Sie genügend Zeit für die Bildkomposition haben, spielt der Livebild-Modus seine Vorteile aus. Dabei kommt der sehr leistungsstarke *Dual Pixel CMOS AF* zum Einsatz (weitere Informationen dazu finden Sie im Exkurs »So funktioniert der Autofokus der EOS 77D« auf Seite 156).

Der große Vorteil des Livebild-Modus: Sie können den Autofokus ganz gezielt auf einen gewünschten Bereich des Motivs legen und sind dabei nicht durch die Lage der Autofokusmessfelder beschränkt. Noch bevor Sie überhaupt irgendeine Taste gedrückt haben, stellt der Autofokus sogar eine gewisse Grundschärfe ein. Dazu muss der Autofokusschalter am Objektiv aber auf **AF** stehen. Auch die kontinuierliche Autofokusnachführung im Modus **AI Servo** ist möglich.

Abbildung 6.25 ►
Die verschiedenen Arten der Scharfstellung ❷ *im Livebild-Modus*

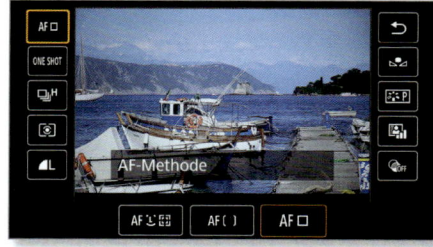 

▼ **Abbildung 6.26**
Der **Smooth-Zone-AF**-*Betrieb mit eingegrenztem Fokusgebiet. Innerhalb dieses Bereichs trifft die EOS 77D eine Auswahl.*

Beim Fokussieren im Livebild-Betrieb haben Sie die Wahl zwischen verschiedenen Autofokusbetriebsarten. Sie wechseln zwischen diesen, indem Sie im Livebild-Modus Q drücken oder antippen. In allen Kreativ- und Motivprogrammen stehen die Optionen **Gesichtserkennung+Verfolg.** AF, **Smooth Zone AF** AF( ) und **Live-Einzelfeld-AF** AF □ zur Auswahl. Wie bei allen Monitor-Menüoptionen können Sie auch hier mit dem Finger, den Pfeiltasten oder dem Haupt- oder Schnellwahlrad eine Auswahl treffen.

Die Gesichtserkennung ist eine von Kompaktkameras übernommene Technik. In diesem Modus AF wird das Gesicht sogar verfolgt, so dass ein Ausrichten des Fokuspunktes nicht nötig ist. Werden mehrere Gesichter erkannt, kann das gewünschte Gesicht mit den Pfeiltasten ausgewählt werden. Findet die EOS 77D kein Gesicht, arbeitet die Kamera wie im Modus **Smooth Zone AF**.

Im **Smooth-Zone-AF**-Betrieb AF( ) überlassen Sie der Kameraautomatik die Wahl der richtigen AF-Felder innerhalb einer Zone. Innerhalb des abgegrenzten Bereichs sucht sich die EOS 77D dann eines oder mehrere passende Autofokusbereiche aus. Das Verschieben der Zone nehmen Sie am komfortabelsten mit dem Finger oder – etwas umständlicher – den Pfeiltasten vor.

Auch die Betriebsart **Live-Einzelfeld-AF** AF ☐ funktioniert denkbar einfach: Sie verschieben einfach das weiße beziehungsweise grüne Rechteck auf dem Touchscreen an die Stelle im Bild, die scharf sein soll. Mit diesem Modus überlassen Sie nicht der EOS 77D die Wahl des passenden Fokuspunktes, sondern können selbst die Entscheidung treffen.

◂ **Abbildung 6.27**
Links: Nur im Modus ***Live-Einzelfeld-AF*** *lässt sich der Fokuspunkt völlig frei wählen. Rechts: In der Vergrößerung zeigt sich, ob der Fokus sitzt.*

Mehr Infos auf den Bildschirm

In allen Livebild-Autofokusmodi – mit Ausnahme der Gesichtserkennung – lässt sich eine fünf- oder eine zehnfache Vergrößerung des Bildausschnitts einschalten. Drücken Sie dazu einfach die AF-Messfeldwahl-Taste beziehungsweise die Lupentaste. Diese Funktion ist zur Kontrolle, aber auch zum manuellen Scharfstellen sehr hilfreich.

Mit der **INFO**-Taste bringen Sie außerdem weitere Informationen auf den Livebild-Monitor. Nach mehrmaligem Drücken erscheint sogar ein Histogramm, wie Sie es aus Kapitel 4, »Ihre Bilder richtig belichten mit der EOS 77D«, kennen. Damit lässt sich die Belichtungseinstellung sehr gut beurteilen.

Mit Stativ und Fernauslöser zur maximalen Schärfe

Wie Sie bereits gesehen haben, hilft eine kurze Belichtungszeit sehr, wenn es darum geht, scharfe Bilder zu erhalten. Alternativ ist es oft hilfreich, die EOS 77D auf ein Stativ zu stellen. Selbst wenn dieses sehr stabil ist, reicht jedoch bereits ein zu kräftiger Druck auf den Auslöser, um die Kamera in

▲ Abbildung 6.28
Die Buchse für den Fernauslöser finden Sie hinter der mit dem entsprechenden Symbol ❶ versehenen vorderen Klappe an der (von hinten betrachtet) linken Seite der EOS 77D.

Schwingungen zu versetzen. Im Livebild-Modus bei zehnfacher Vergrößerung können Sie sich davon einmal selbst ein Bild machen. Das Auslösen mit Hilfe des Selbstauslösers oder mit einem Fernauslöser verhindert solche Erschütterungen. Der Stecker des Fernauslösers passt in die dafür vorhandene Buchse ❶.

Einen weiteren Schutz vor Vibrationen bietet die sogenannte *Spiegelvorauslösung*, die Canon **Spiegelverriegelung** nennt. Damit wird verhindert, dass der Spiegel, der vor der Aufnahme hochschnellt und anschließend ausschwingt, die EOS 77D in Bewegung versetzt. Auch wenn es sich dabei um ausgesprochen kleine Impulse handelt, können sich diese zu Schwingungen aufschaukeln, die sich als Verwacklungsunschärfe im Bild wiederfinden. Die Spiegelverriegelung versteckt sich im Menü **Funktionseinstellungen 4** unter den **Individualfunktionen (C.Fn)**.

Bei aktivierter **Spiegelverriegelung** fährt der erste Druck auf den Auslöser den Spiegel nach oben, die Blende schließt sich auf den eingestellten Wert, und die Kamera erhält die Gelegenheit, zur Ruhe zu kommen. Erst der zweite Druck auf den Auslöser startet den Aufnahmevorgang durch das Öffnen des Verschlusses.

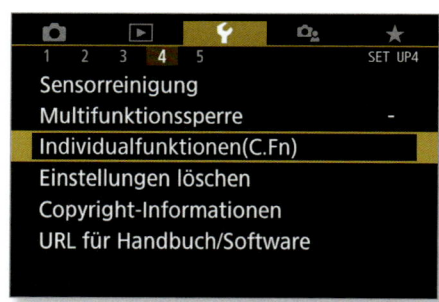 

▲ Abbildung 6.29
Der Weg zur Spiegelverriegelung ist etwas umständlich. Sie aktivieren die Funktion unter Individualfunktion (C.Fn) > C.Fn III:Autofokus/Transport: 10 – Spiegelverriegelung.

Schärfe und Unschärfe mit Stil: Mitzieher aufnehmen

Ein scharfes, ganz offensichtlich bewegtes Motiv vor einem verwaschenen Hintergrund bringt Dynamik ins Bild. Dieser als *Mitzieher* bekannte Effekt ist zum Beispiel ein beliebtes Gestaltungsmittel in der Sportfotografie, um die

Geschwindigkeit von Sportwagen oder Rennrädern besser zu verdeutlichen. Ein solcher Eindruck entsteht dadurch, dass der Fotograf mit der Kamera und einer relativ langen Belichtungszeit dem Zielobjekt folgt.

Stellen Sie den Autofokus dafür am besten in den AF-Modus **AI Servo**, und wählen Sie das **Tv**-Programm. Nun stellt sich die Frage, welche Belichtungszeit für das Mitziehen die richtige ist. Dies hängt ganz von der verwendeten Brennweite und der Geschwindigkeit des verfolgten Objekts ab. Hier gilt es, sich durch Versuch und Irrtum an den idealen Wert anzunähern. Ausgehend von der Faustregel **Belichtungszeit = 1 ÷ (Geschwindigkeit in km/h) s**, können Sie sich schnell an den optimalen Wert herantasten. Ist der Wischeffekt nicht ausgeprägt genug, muss die Belichtungszeit verlängert werden. Wirkt das gesamte Bild verschwommen, steht eine Verkürzung an. Zudem gilt, dass die Belichtungszeit umso kürzer sein muss, je näher Sie sich an Ihrem Motiv befinden.

Das Geheimnis guter Mitzieher liegt neben der richtigen Belichtungszeit auch in einer ruhigen, gleichmäßigen Schwenkbewegung. Verfolgen Sie das Motiv schon eine Weile vor der Aufnahme, und drücken Sie in einer fließenden Bewegung auf den Auslöser, ohne dabei zu stocken oder gar mit dem Schwenken aufzuhören. Insofern hat ein sauberer Mitzieher viel von einer Tai-Chi-Übung. Mit vielen Versuchen, Geduld und etwas Erfahrung werden sich Ihre Ergebnisse schnell verbessern.

[35 mm | f13 | 1/20 s | ISO 200]

⌃ **Abbildung 6.30**
Beim Mitzieher ist das bewegte Motiv möglichst scharf. Im Hintergrund ist die Bewegungsunschärfe in Form unscharfer Streifen zu sehen.

Mitzieher und Bildstabilisator

Die Bildstabilisatoren aktueller Objektive erkennen, dass es sich um einen Mitzieher handelt, und schalten die Verwacklungskorrektur automatisch aus. Sie würde ansonsten den Wischeffekt zerstören. Ältere Modelle verfügen über zwei unterschiedliche Bildstabilisatoreinstellungen, bei denen eine (Modus 2) speziell auf diese Fälle ausgerichtet ist. Die Schwenkbewegung in die eine Richtung wird dann nicht stabilisiert. In der jeweils anderen Bewegungsrichtung dagegen erfolgt eine Korrektur.

So funktioniert der Autofokus der EOS 77D
EXKURS

Die EOS 77D nutzt wie alle modernen Spiegelreflexkameras den sogenannten *Phasenautofokus*. Bei diesem sind im Hauptspiegel ❶ der Kamera kleine, halbtransparente Öffnungen, durch die das Licht auf einen weiteren Spiegel ❷ und anschließend auf Autofokussensoren ❹ fällt. Bevor es dort ankommt, wird es allerdings über eine Reihe von Mikroprismen ❸ aufgesplittet und auf die versetzt angeordneten Messfelder der Autofokussensoren geworfen.

Indem dort die Abweichung (die »Phase«) von einem deckungsgleichen Bild gemessen wird, kann berechnet werden, ob der Fokus zu weit vorn oder hinten sitzt. Dabei liefert die Elektronik sogar einen konkreten Wert, um den der Motor im Objektiv nach links oder rechts drehen muss. Ein Hin- und Herfahren des Autofokus ist deshalb eigentlich nicht nötig. In der Praxis hat jedoch die Mechanik ein gewisses Spiel, und auch die Messung arbeitet nur im Rahmen gewisser Toleranzen. Deshalb wird der Prozess für die Feineinstellung zyklisch wiederholt.

Abbildung 6.31 >
Die Funktionsweise des Autofokus

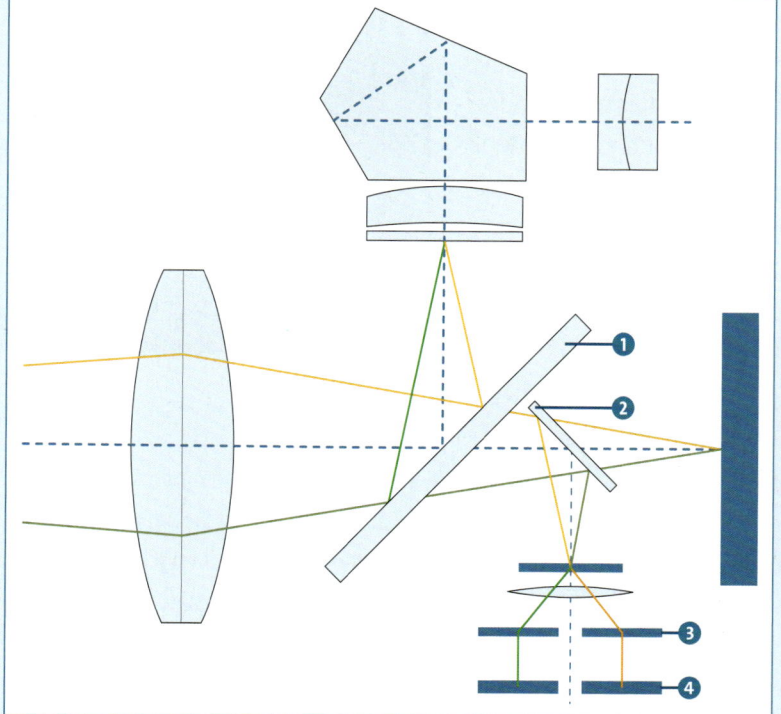

EXKURS

Die Messfelder der Autofokussensoren bestehen aus Pixelreihen, die sich kreuzen. Insgesamt 45 dieser Kreuzsensoren sind in der EOS 77D verbaut. Über diese können sowohl horizontale als auch vertikale Strukturen sicher fokussiert werden. Allerdings gilt dies nur für Objektive, die eine Anfangsblende von 2,8 oder besser bieten. Bei allen anderen Modellen müssen Sie mit gewissen Einschränkungen leben. In der Bedienungsanleitung als PDF-Datei finden Sie (in der ausführlichen Version) auf den Seiten 131 bis 138 eine Aufteilung sämtlicher Canon-Objektive in acht verschiedene Gruppen – mit von A bis H immer größeren Einschränkungen. In der Praxis erkennen bei den meisten Objektiven die Messfelder in der linken und rechten Zone nur waagerechte Linien. Sie blinken bei der Auswahl auf.

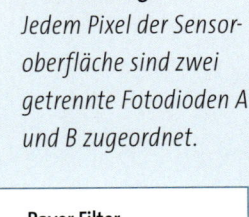

▲ Abbildung 6.32
Alle Autofokussensoren der EOS 77D sind leistungsstarke Kreuzsensoren, die auf horizontale und vertikale Motivelemente anspringen.

Die Sensoren arbeiten mit dem Licht, das vor dem eigentlichen Auslöseprozess durch das Objektiv fällt (siehe auch den Exkurs »Die digitale Kameratechnik« auf Seite 33). Da die Blende in diesem Stadium noch komplett geöffnet ist, profitiert der Phasenautofokus von einem lichtstarken Objektiv. Ab einer Blende von 2,8 spielt der mittlere Autofokussensor darüber hinaus seine volle Stärke aus: Objektive mit einer solch großen Blendenöffnung liefern so viel Licht, dass dieser Autofokussensor in einen empfindlicheren Modus schaltet. Eine zweite diagonal angeordnete Doppelreihe aus Sensoren nimmt dann zusätzlich die Arbeit auf.

Neben den klassischen Autofokussensoren ist die EOS 77D mit dem *Dual Pixel CMOS Autofokus* ausgestattet. Dieser spielt im Livebild-Betrieb und beim Filmen seine Vorteile aus: eine Geschwindigkeit, die der des klassischen Spiegelreflexautofokus kaum nachsteht. Das liegt daran, dass auch hier eine auf Phasenverschiebung basierende Technik zum Einsatz kommt. Alle effektiven Pixel auf der Sensorfläche der Kamera besitzen nämlich zwei getrennte Fotodioden, die zum einen für den Phasenerkennungs-AF und zum anderen zum Erzeugen der Bilddaten ausgelesen werden. Für die Phasenerkennung liest die Elektronik die rechte und die linke Fotodiode separat aus. Anschließend werden die Unterschiede der beiden Parallaxenbilder ermittelt.

▽ Abbildung 6.33
Jedem Pixel der Sensoroberfläche sind zwei getrennte Fotodioden A und B zugeordnet.

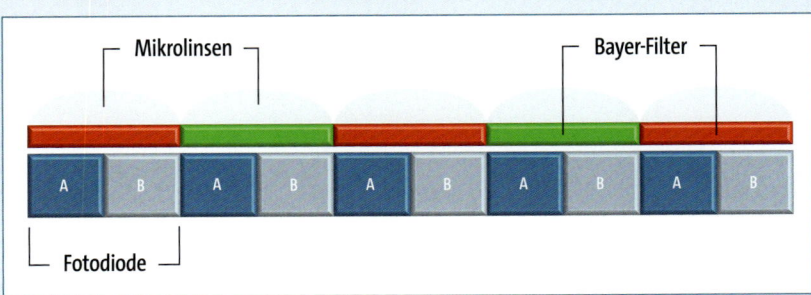

Kapitel 7
Besser blitzen mit der EOS 77D

Der bequeme Einstieg mit der Blitzautomatik 160

Den internen Blitz als Aufheller nutzen 163

Blitzen in den Kreativprogrammen 166

Die Grenzen des internen Blitzes der EOS 77D 172

Die Blitzalternative: der Aufsteckblitz 173

Die Königsklasse: entfesselt blitzen 174

Die Zukunft des Blitzens: Blitzdatenübertragung per Funk 179

EXKURS: Blitzen auf den zweiten Verschlussvorhang 181

Der bequeme Einstieg mit der Blitzautomatik

Das Blitzlicht hat bei manchen Fotografen ein schlechtes Image. Hart und unnatürlich sind die typischen Attribute, die ihm für gewöhnlich zugeschrieben werden. Das liegt auch daran, dass einige dabei vor allem an totgeblitzte Nachtaufnahmen denken. Schließlich hat das Blitzlicht für viele nur einen Zweck: in der Dunkelheit für genügend Beleuchtung zu sorgen. In diesem Kapitel werden Sie sehen, dass dies den Möglichkeiten des künstlichen Lichts nicht gerecht wird. Denn nicht nur wenn es dunkel ist, kann ein Blitz dem Bild den richtigen Schliff geben. Auch als effektvoller Aufheller ist das Blitzlicht ausgesprochen gut zu gebrauchen.

Mit dem Aufklappblitz hat die EOS 77D ihre eigene Lichtmaschine an Bord. Dieser kleine Helfer schaltet sich in einigen Motivprogrammen automatisch zu. In den Kreativprogrammen dagegen müssen Sie ihn selbst durch einen Druck auf die Blitztaste ❶ aktivieren.

Abbildung 7.1
Den internen Blitz können Sie mit Hilfe der Blitztaste ❶ aufklappen.

> **Blitzen in den Motivprogrammen**
> In einzelnen Motivprogrammen aktiviert sich der Blitz zwar automatisch, Sie können ihn über Q und das Displaymenü jedoch auch gezielt ein- oder ausschalten.

So ermittelt der Blitz seine Leistung

Die Blitzautomatik der EOS 77D nimmt Ihnen sowohl in den Motiv- als auch in den Kreativprogrammen viel Arbeit ab. Sie komponieren Ihr Bild und lösen aus, die 77D kümmert sich um den Rest. Der interne Blitz der Kamera wie auch entsprechend ausgerüstete externe Aufsteckblitze arbeiten dabei mit dem Canon E-TTL-II-System (TTL = *Through The Lens* = durch das Objektiv). Dieses sorgt dafür, dass der Blitz nicht einfach nur mit voller Leistung abgefeuert, sondern entsprechend der Aufnahmesituation fein dosiert wird.

Sobald Sie den Auslöser halb herunterdrücken, erfolgt eine Messung des Umgebungslichts. Beim Durchdrücken des Auslösers startet zunächst ein Vorblitz, der die Szene erhellt. Dabei erfolgt eine zweite Messung. Die Kameraelektronik weiß nun, wie hell es ohne Hilfsmittel ist und wie viel Licht der Blitz ins Spiel bringen könnte. Mit dieser Information ist es anschließend möglich, den Blitz so zu dosieren, dass eine ausgewogene Mischung aus noch vorhandener Beleuchtung und Blitzlicht erreicht wird. All diese Schritte laufen so schnell hintereinander ab, dass der Vorblitz nicht zu sehen ist – es sei denn, Sie blitzen auf den zweiten Verschlussvorhang. Mehr dazu erfahren Sie im Exkurs »Blitzen auf den zweiten Verschlussvorhang« ab Seite 181).

[55 mm | f5,6 | 1/200 s | ISO 100]

◀ **Abbildung 7.2**
Der interne Blitz entfaltet sein Potenzial vor allem beim Aufhellen von Motiven im Schatten.

 Blitz und Distanz

Wird der Blitz frontal abgefeuert, wie es beim internen Blitz zwangsläufig der Fall ist, berücksichtigt das E-TTL-II-System sogar die Entfernung zum fokussierten Motiv. Dazu wird die Entfernungseinstellung des Objektivs an die EOS 77D übertragen. Einige ältere Objektive wie das *EF 50 mm f/1,4 USM* und das *EF 50 mm f/1,8* unterstützen diese Funktion allerdings nicht.

Die Blitzautomatik übertrumpfen: die Blitzbelichtungskorrektur

Wie jede andere Kameraautomatik ist auch das E-TTL-II-System nicht unfehlbar: Der Blitz kann zu hell oder zu dunkel für Ihr Empfinden ausfallen. Über die Blitzbelichtungskorrektur können Sie dann die Blitzintensität manuell justieren.

Die Blitzbelichtung in den Kreativprogrammen korrigieren
SCHRITT FÜR SCHRITT

1 Blitzbelichtungskorrektur aufrufen
Gehen Sie bei aktiviertem Blitz über Q ins Monitormenü. Wählen Sie das Symbol für die Blitzbelichtungskorrektur ❶.

3 Korrektur einstellen
Bei reiner Tastenbedienung müssen Sie nicht einmal das Menü aufrufen. Drehen Sie das Haupt- oder Schnellwahlrad der 77D einfach nach rechts, wenn stärker geblitzt werden soll, und nach links, wenn Sie schwächer blitzen möchten. Die Schritte sind jeweils in Drittel-Blendenstufen angegeben. Ein Fingertipp auf das Symbol ❷ führt zur Displaydarstellung ❸. Mit einem solch gezielten Eingriff lassen sich in vielen Fällen Fehleinschätzungen der Automatik beheben. Gerade wenn der Blitz als Aufhelllicht genutzt wird, ist diese Funktion hilfreich.

2 Alternative
Sofern Sie den Aufnahmebildschirm in der Einstellung Mit Anleitung betreiben (siehe die Schritt-für-Schritt-Anleitung »Einstellungen für einen guten Start« auf Seite 30) drücken Sie die Blitztaste ⚡ und ein Menü erscheint. Dort haben Sie unter **Bel.korrekt.** ebenfalls eine Möglichkeit, die Blitzbelichtung zu korrigieren.

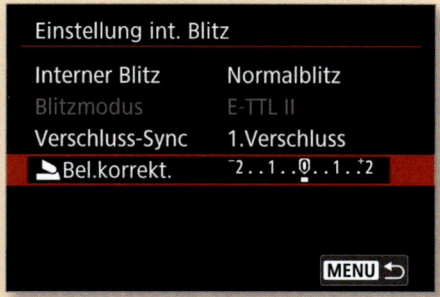

Den internen Blitz als Aufheller nutzen

Der integrierte Blitz der EOS 77D eignet sich vor allem gut als Aufhellblitz, um gezielt Licht auf Schattenpartien zu werfen. Die typische Situation dafür sind Aufnahmen im leichten Gegenlicht. Am natürlichsten wirkt das Bild, wenn der Aufhellblitz fein dosiert ist, so dass nicht zu viel Kontrast entsteht.

> **Das Hilfslicht deaktivieren**
>
> Sind beim Blitzen kurze, mitunter etwas nervende Blitzimpulse zu sehen, ist es vermutlich recht dunkel. In solchen Situationen muss die Kamera für ein wenig Licht sorgen, damit der Autofokus in der Dämmerung einwandfrei arbeiten kann. Sie können dieses Verhalten über **Individualfunktionen > C.Fn III:Autofokus/Transport 5 – AF-Hilfslicht Aussendung** abstellen. Sie finden die Individualfunktionen im Menü **Funktionseinstellungen 4**.

[44 mm | f5 | 1/20 s ISO 400 | Stativ]

[50 mm | f1,8 | 1/60 s | ISO 200 | Stativ]

^ Abbildung 7.3
Da der Blitz in diesem Foto (oben) zu stark war, wurde die Blitzbelichtung nach unten korrigiert (unten).

[50 mm | f2,8 | 1/200 s | ISO 100 | Stativ]

^ Abbildung 7.4
Über den Blitz wurde zusätzlich eine gelbe Folie gezogen. Dadurch entsteht die warme Lichtstimmung im Bild.

So erzielen Sie eine harmonische Beleuchtung

Liegt der betroffene Bildteil dagegen im dunkelsten Schwarz, ist der Blitz die einzige Lichtquelle. In diesem Fall lässt sich der typische Blitz-Look zumindest beim internen Blitz kaum vermeiden. Es hilft allerdings häufig, die Blitzstärke ein wenig zu verringern. Die Schritt-für-Schritt-Anleitung »Die Blitzbelichtung in den Kreativprogrammen korrigieren« auf Seite 162 zeigt, wie das geht. Tasten Sie sich schrittweise an eine ausgewogene Belichtung heran.

Beim Blick durch den Sucher auf die Belichtungs- und Blendenwerte, die Ihnen die Kamera vorschlägt, fällt Ihnen unter Umständen auf, dass nicht mehr alle Zeiteinstellungen verfügbar sind. Sie können im **Tv**-Programm am Hauptwahlrad drehen, so viel Sie wollen, die Belichtungszeit kann niemals kürzer als 1/200 s sein. Bei diesem Wert handelt es sich um die maximale Blitzsynchronzeit, die auch *X-Synchronzeit* genannt wird. Mit dieser Einschränkung müssen Sie beim Blitzbetrieb leben – es sei denn, Sie verfügen über einen Aufsteckblitz mit Highspeed-Synchronisation. Damit fällt die Grenze von 1/200 s, und Belichtungszeiten von bis zu 1/4000 s werden möglich.

[55 mm | f16 | 1/200 s | ISO 200]

▲ Abbildung 7.5
Auch bei Nahaufnahmen ist der Aufhellblitz sehr gut geeignet, um an trüben Tagen mehr Licht aufs Motiv zu bringen.

Wichtig: die Blitzsynchronzeit

Die Blitzsynchronzeit ist die kürzeste Belichtungszeit, mit der ein Foto mit Blitzeinsatz geschossen werden kann. Warum es nicht möglich ist, ein Bild mit einer Verschlusszeit von 1/1000 s zu schießen und dabei zu blitzen, wird schnell klar, wenn Sie die Funktionsweise der Kamera betrachten: Beim Auslösen fährt der Spiegel nach oben, und der erste Verschlussvorhang öffnet sich. Jetzt muss der Blitz zünden. Der zweite Vorhang schiebt sich von oben nach unten und verschließt den Sensor wieder. Bei höheren Verschlussgeschwindigkeiten ist der erste Vorhang noch nicht ganz offen, während der zweite schon den Schließvorgang startet. Dies ist an der EOS 77D bei kürzeren Belichtungszeiten als 1/200 s der Fall. Bei kürzeren Zeiten liegt der Sensor also niemals komplett frei, sondern es schiebt sich während der Belichtung nur ein Schlitz von oben nach unten über den Sensor – daher auch der Name

Schlitzverschluss. Der Blitz, der ja nur während einer sehr kurzen Zeitspanne sein Licht verbreitet, könnte bei diesen kurzen Verschlusszeiten niemals das komplette Bild belichten. Der zweite Vorhang würde in diesem Fall für einen schwarzen Balken im Bild sorgen.

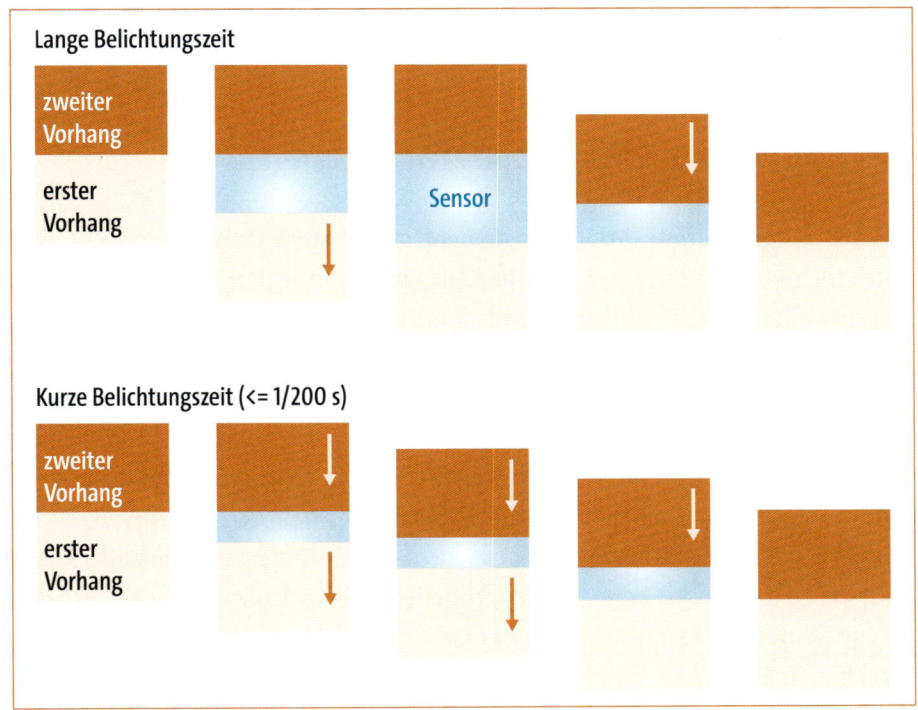

< Abbildung 7.6
Funktionsweise des Schlitzverschlusses bei langen (oben) und bei kurzen Belichtungszeiten (unten)

 Das Zusammenspiel optimieren
Experimentieren Sie beim Aufhellblitzen auch mit der »normalen« Belichtungskorrektur, indem Sie nach dem Antippen des Auslösers am Schnellwahlrad drehen. Denkbar ist es zum Beispiel, die Umgebung durch die Belichtungskorrektur um ein bis zwei Blenden unterzubelichten. Das angeblitzte Motiv sticht so stärker hervor.

So speichern Sie die Blitzbelichtung

In Kapitel 4, »Ihre Bilder richtig belichten mit der EOS 77D«, haben Sie die Belichtungsmessspeicherung über die Sterntaste ✱ kennengelernt. Sie können damit einen wichtigen Bereich des Motivs anmessen, die Belichtung speichern und den Ausschnitt verändern. Beim Auslösen wird trotzdem der richtige Wert verwendet. Wenn der Blitz ins Spiel kommt, gelten andere Regeln. Schließlich soll die bei seinem Einsatz gemessene Helligkeit berücksichtigt werden. Ein Druck auf die Sterntaste startet bei Blitzbetrieb deshalb einen Messblitz. Der dabei für die Blitzleistung ermittelte Wert wird dann für die nächste Auslösung verwendet.

Blitzen in den Kreativprogrammen

Je nach eingestelltem Programm mischt die Kamera Umgebungslicht und Blitzlicht mit verschiedenen Anteilen und gibt damit den beiden Lichtarten eine jeweils unterschiedliche Gewichtung: In den Motivprogrammen etwa fungiert der Blitz als Hauptlichtquelle. Entsprechend totgeblitzt sehen die Aufnahmen in vielen Fällen aus. In den Kreativprogrammen **P**, **Tv**, **Av** oder **M** gelten für die Abstimmung zwischen dem natürlichen und dem künstlichen Licht jeweils ganz unterschiedliche Regeln. Je nach Einstellung betrachtet die Automatik den Blitz als zentrale Lichtquelle oder dezenten Aufheller. So ist es möglich, die Lichtstimmung eines Abends oder Morgens zu erhalten. Das durch die Sonne oder andere Quellen gelieferte Licht hat bei dieser Art des Blitzens einen größeren Anteil an der Gesamtbelichtung. Die Wirkung ist natürlicher, im Idealfall ist überhaupt nicht zu sehen, dass ein Blitz zum Einsatz kam.

Blitzstärke und Belichtung aufeinander abstimmen

Beim Blitzen bleiben die Funktionen von Blende und Belichtungszeit bestehen: Mit der Blende steuern Sie die Schärfentiefe, mit der Verschlusszeit haben Sie Einfluss auf das Verwacklungsrisiko. Dort, wo das Blitzlicht ins Spiel kommt, gelten allerdings teilweise etwas andere Regeln: Wenn es völlig dunkel ist, ist es problemlos möglich, mit einer Belichtungszeit von zwei Sekunden ein völlig scharfes Bild einer sich bewegenden Person zu schießen. Bei ausreichender Helligkeit wäre eine solch lange Verschlusszeit auf jeden Fall ein »Verstoß« gegen die sogenannte *Kehrwertregel* aus dem Abschnitt »Sicher belichten, ohne zu verwackeln« auf Seite 76. Eine unscharfe Aufnahme wäre die Folge.

Die Erklärung dafür: Der Blitz selbst zündet nur etwa 1/800 s lang und erreicht damit eine extrem kurze »Belichtungszeit«. Wie lange vor oder nach dem Blitz der Verschluss der Kamera geöffnet ist, hat bei Dunkelheit für die Lichtwirkung keine Bedeutung. Beim Fotografieren passiert nämlich Folgendes: Der Verschluss öffnet sich, und der Blitz beleuchtet kurz, aber intensiv alles in seiner Reichweite. In der darauffolgenden Dunkelheit spielen Kameraverwackler keine Rolle mehr. Jedenfalls gilt dies, wenn ein Motiv in völliger Dunkelheit angeblitzt wird.

Da jedoch die wenigsten Blitzbilder in pechschwarzer Nacht entstehen, gibt es eine wichtige Einschränkung: Alles, was im Bild noch von einer natürlichen oder anderen Lichtquelle dauerhaft beleuchtet wird, unterliegt den bekannten Gesetzen: Ist die Belichtungszeit zu lang, entstehen an diesen Stellen verwackelte Bildbereiche. Bei Blitzfotos sind diese meist in Form von Schleiern zu sehen.

Die an der Kamera eingestellte Belichtungszeit ist also vorrangig dafür verantwortlich, andere Lichtquellen – etwa das Licht der untergehenden Sonne oder der Straßenlaternen – im Bild sichtbar zu machen.

◂ **Abbildung 7.7**
Die Lichtstimmung des Abends blieb durch die Kombination aus relativ langer Belichtungszeit und hohem ISO-Wert erhalten.

[70 mm | f3,5 | 1/100 s | ISO 3200 | Stativ]

Über die Blende lässt sich beim rein manuellen Blitzen ebenfalls bestimmen, wie viel eines natürlich beleuchteten Hintergrunds auf dem Bild erscheint. Schließlich regelt die Blende, ob viel oder wenig Licht durch das Objektiv kommt – egal, ob es sich dabei um Blitz- oder Umgebungslicht handelt.

Die E-TTL-Automatik kompensiert jedoch alle Ihre Änderungen der Blende durch eine entsprechend höhere oder niedrigere Blitzintensität. Wenn Sie die Blende also weiter schließen (den Blendenwert erhöhen) und infolgedessen der Hintergrund weniger vom Blitz erhellt wird, regelt die Automatik der EOS 77D den Blitz hoch, so dass die Justage von natürlichen Lichtquellen und Blitz recht schwierig ist. Der entscheidende Parameter, mit dem sich die Gewichtung des Umgebungslichts beeinflussen lässt, ist beim Blitzen mit der E-TTL-Automatik deshalb die Verschlusszeit.

 Versuch und Irrtum
Indem Sie eigene Erfahrungen sammeln, werden Sie die folgenden Abschnitte besser verstehen. Die Lektüre und eigene Versuche mit dem Blitz in der Dämmerung bringen Ihnen also hoffentlich in jeder Hinsicht die Erleuchtung.

Blitzen im P-Programm

Der **P**-Modus ist auf eine Verschlusszeit hin optimiert, bei der keine Verwacklungen auftreten. Ist das Umgebungslicht hell, wird von einem Aufhellblitz ausgegangen, der mit niedriger Intensität abgefeuert wird. Handelt es sich dagegen um eine insgesamt dunkle Situation, wird eine Belichtungszeit von mindestens 1/60 s bis maximal 1/200 s gewählt. In der Folge erscheint der angeblitzte Motivteil hell, der übrige Teil des Bildes bleibt sehr dunkel. Je kürzer die Belichtungszeit ist, desto eher tritt dieses für viele Blitzfotos typische Muster auf.

< Abbildung 7.8
Die Umgebung versinkt im Dunkel, unter dem Kinn entsteht ein schwarzer Schatten Dieses Bild ist »totgeblitzt«.

Blitzen im Tv-Programm

Im **Tv**-Modus versucht die EOS 77D, zur eingestellten Belichtungszeit eine passende Blende zu finden. Sofern dies ohne Unterbelichtung gelingt, agiert der Blitz als Aufhelllicht. Praktisch relevant ist dies zum Beispiel draußen in der Natur zur Abendzeit, wenn durchaus noch Licht vorhanden ist. Droht allerdings eine Unterbelichtung, obwohl die Blende so weit wie möglich geöffnet ist, blinkt der Blendenwert im Display. Schalten Sie den Blitz hinzu, füllt dieser den entstandenen Lichtmangel auf. Er wird zur Hauptlichtquelle und mit entsprechend höherer Leistung ausgelöst.

Im **Tv**-Modus können Sie über die Wahl der Verschlusszeit die Mischung zwischen Blitz- und Umgebungslicht sehr gut bestimmen. Bei kurzen Verschlusszeiten kommt sehr wenig von der natürlich beleuchteten Umgebung ins Bild. Im Extremfall ist der Hintergrund vollkommen schwarz. Das kann etwa im Fall einer Makroaufnahme durchaus ein interessanter Effekt sein. Bei langen Verschlusszeiten dagegen kommt sehr viel von der Umgebung mit auf das Bild – vorausgesetzt natürlich, diese wird vom vorhandenen Licht noch erhellt. Gleichzeitig kann eben dieser Teil des Bildes verwackeln, wie oben beschrieben.

Verwacklungen durch Bewegungsunschärfe können jedoch auch ein bewusst eingesetztes Stilmittel sein. Ebenso wie bei einer offenen Blende wird die Aufmerksamkeit des Betrachters gezielt auf das Motiv gelenkt. In diesem Fall allerdings ist es nicht durch eine niedrige Schärfentiefe hervorgehoben, sondern vom Blitz angestrahlt.

< **Abbildung 7.9**
Unschärfe kombiniert mit Blitzlicht kann für interessante Bildeffekte sorgen (Bild: Ivo Gretener, www.istockphoto.com).

[17 mm | f1,6 | 0,6 s | ISO 100 | Blitz]

Blitzen im Av-Programm

Im **Av**-Programm geht die Kamera davon aus, dass das natürliche Licht dominiert und lediglich durch den Blitz sparsam aufgehellt werden soll. Die Umgebung im Hintergrund wird durch eine entsprechend lange Belichtungszeit ausreichend hell abgebildet, das Motiv im Vordergrund durch den Blitz. Dabei kann es allerdings passieren, dass die Kamera eine so lange Belichtungszeit vorgibt, dass Verwacklungen unvermeidbar sind. Andererseits lässt sich dies für kreative Effekte nutzen.

Wenn die Belichtungszeit nicht zu lang werden soll, können Sie diese im **Av**-Modus durch eine gezielte Unterbelichtung verkürzen. Mit einer dadurch kürzeren Belichtungszeit wird das Bild insgesamt dunkler. Der Blitz wird allerdings zur Kompensation mit größerer Leistung gezündet. Dies wirkt jedoch nur auf die Objekte in seinem unmittelbaren Einflussfeld. Nach hinten hin fällt das Licht immer stärker ab, was für einen dunkleren Hintergrund sorgt.

v **Abbildung 7.10**
Bei viel Umgebungslicht ist die Belichtungszeit bei offener Blende sehr kurz. Durch den Blitz lässt sich das Motiv besser vor dem ohnehin dunklen Hintergrund hervorheben.

[84 mm | f1,8 | 1/100 s | ISO 3200 | Stativ]

Sie können das Blitzverhalten der EOS 77D im **Av**-Programm noch genauer steuern. Unter **Blitzsteuerung** im Menü **Aufnahmeeinstellungen 2** finden Sie dazu die Option **Blitzsynchronzeit bei Av**. Ist dort **Automatisch** eingestellt, nutzt die Kamera eine Belichtungszeit zwischen 1/200 s und 30 s, je nach Helligkeit des Motivs. Eine grundsätzliche Philosophie des Blitzens im **Av**-Programm ist schließlich, dass dabei der Blitz nur als moderater Aufheller zum Einsatz kommt. Die Folge ist ein möglicherweise verwackelter Hintergrund. Mit der Option ❶ dagegen sinkt der mögliche Belichtungszeitwert auf 1/200 s bis 1/60 s. Damit besteht zwar weniger Verwacklungsrisiko, der Hintergrund erscheint jedoch unter Umständen zu dunkel. Noch stärker in diese Richtung wirkt die letzte Option ❷: Die Belichtungszeit beträgt dann bei allen Blendeneinstellungen 1/200 s. Damit sind verwackelte Porträts sehr unwahrscheinlich, der Hintergrund versinkt jedoch ziemlich sicher in Dunkelheit.

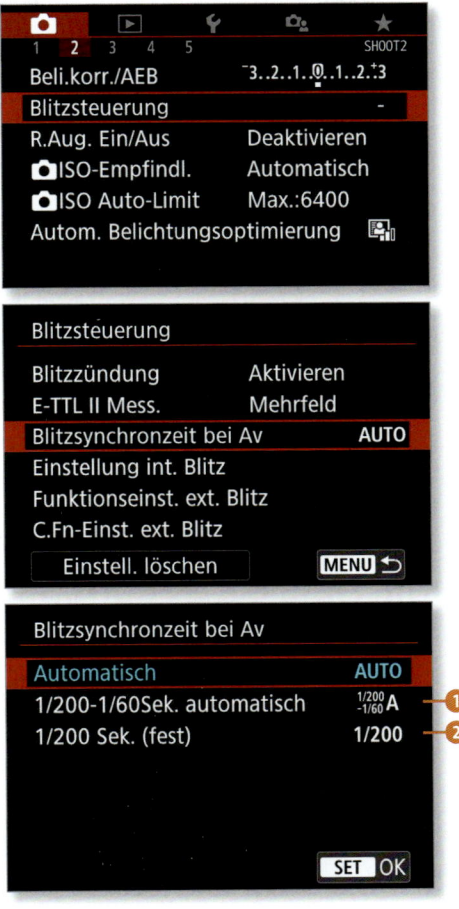

< Abbildung 7.11
Wie sich der Blitz im Av-Betrieb verhalten soll, lässt sich im Menü der EOS 77D genau einstellen.

Schnellzugang zur Blitzsteuerung

Der schnellste Weg in die **Blitzsteuerung** führt über die Blitztaste ⚡. Drücken Sie diese einfach bei ausgefahrenem Blitz, und das Menü erscheint. Allerdings handelt es sich dabei nur um eine reduzierte Fassung, in der ausgerechnet die Option **Blitzsynchronzeit bei Av** fehlt.

Blitzen im M-Modus

Auch im **M**-Modus arbeitet der Blitz als Aufhelllicht. Die Blende kann beliebig, die Belichtungszeit bis zur Synchronzeit von 1/200 s eingestellt werden. Ein

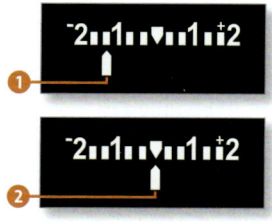

Abbildung 7.12
Die Belichtungsanzeige. Oben: Ohne Blitz wäre dieses Bild viel zu dunkel. Unten: Das Bild wäre auch ohne Blitz perfekt belichtet. Der Blitz kommt nur als moderater Aufheller zum Einsatz.

guter Anhaltspunkt für die Arbeit mit dem Blitz ist die Belichtungsanzeige im Display. Die Angaben dort beziehen sich auf die Belichtung ohne Blitz. Ist der Anzeiger ❶ links und zeigt dadurch eine Unterbelichtung an, wird der Blitz versuchen, diese zu kompensieren. Bei einer ausgewogenen Belichtung steht der Zeiger in der Mitte ❷ oder sehr nahe daran. Der Blitz wird mit minimaler Stärke blitzen, sofern Sie nicht über die Blitzbelichtungskorrektur gegensteuern.

> **Der ISO-Wert beim Blitzen**
>
> Wie die Blende und die Belichtungszeit spielt auch der ISO-Wert beim Blitzen eine wichtige Rolle. Das natürliche Licht erhält bei einer höheren ISO-Zahl mehr Gewicht, der Blitz muss weniger stark arbeiten oder erreicht mit gleicher Kraft ein weiter entferntes Ziel. Anstatt die Verschlusszeit weiter zu verlängern, können Sie also auch durch eine Erhöhung des ISO-Werts zum gleichen Ergebnis kommen.

Die Grenzen des internen Blitzes der EOS 77D

Vielleicht sind Sie bei Ihren Versuchen mit künstlichem Licht bereits an die Grenzen des internen Blitzes gestoßen. Dieser hat nämlich gleich zwei Eigenschaften, die für eine gute Beleuchtung eher hinderlich sind.

1. Kleine Lichtquelle: Der interne Blitz der EOS 77D ist recht klein. Kleine Lichtquellen aber werfen harte Schatten, wie Sie mit einer Taschenlampe leicht selbst überprüfen können. Das in der Fotografie häufig gewünschte weiche Licht kommt dagegen aus einer großen Lichtquelle.
2. Die Nähe zur optischen Achse: Je näher sich die Lichtquelle am Objektiv befindet, desto härter sind die Schattenränder. Außerdem kommt das Licht des internen Blitzes so sehr aus Richtung der Kamera, dass jegliche Plastizität des Motivs verloren geht. Mit diesem Punkt hängen auch die für viele Blitzbilder typischen roten Augen zusammen. Wenigstens dagegen gibt es allerdings Abhilfe: Im Menü **Aufnahmeeinstellungen 2** können Sie über die Funktion **R.Aug. Ein/Aus** einstellen, dass bei Blitzbetrieb ein Hilfslicht ausgesendet wird. Es sorgt dafür, dass sich die Pupille des Auges durch einen Vorblitz schließt und die stark durchblutete Netzhaut nicht im Bild zu sehen ist.

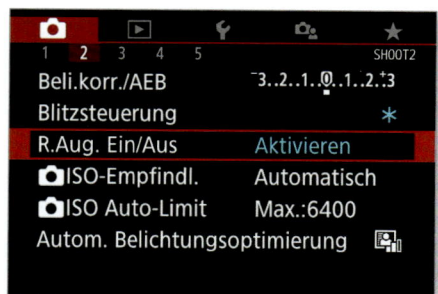

Abbildung 7.13
Roten Augen beugen Sie vor, indem Sie die Einstellung **R.Aug. Ein/Aus** aktivieren.

Die Blitzalternative: der Aufsteckblitz

Ein Aufsteckblitz kann die im vorangegangenen Abschnitt beschriebenen Probleme zumindest teilweise aus der Welt schaffen. Neben Canon selbst bietet eine ganze Reihe von Fremdherstellern preiswertere Modelle an. Mittlerweile erreichen die Blitze des chinesischen Herstellers Yongnuo durchaus die Qualität ihrer japanischen Vorbilder. Mehr dazu finden Sie im Abschnitt »Blitze von Canon und Fremdherstellern« auf Seite 207.

∧ Abbildung 7.14
Ein externer Blitz liefert deutlich mehr Leistung als der eingebaute Blitz der EOS 77D (Bild: Canon).

Der Profitipp für schönes Blitzlicht: indirekt blitzen

Auf jeden Fall ist ein Blitzgerät mit schwenkbarem Kopf empfehlenswert. Mit einem solchen erweitern sich die Blitzmöglichkeiten ganz erheblich. So können Sie durch das Blitzen über Eck – das sogenannte *indirekte Blitzen* – ganz einfach für weiches Licht sorgen. Dafür richten Sie den Blitzkopf in Richtung Decke. Diese fungiert dann als Reflektor, der das Licht diffus, also in alle Richtungen, streut. Das Ergebnis ist ein viel besser ausgeleuchtetes Bild.

 **Farbreflexion**
Wenn Sie das Licht über eine farbig angestrichene Fläche reflektieren lassen, hinterlässt dies im Bild einen entsprechenden Farbstich.

Abbildung 7.15 >
Mit Hilfe des drahtlosen Blitzes können Sie das Licht gezielt aus der gewünschten Richtung kommen lassen.

[100 mm | f3,5 | 1/250 s | ISO 500]

Wofür steht die Leitzahl?

Die Stärke eines Blitzgeräts wird mit dem Begriff *Leitzahl* beschrieben. Während der interne Blitz der EOS 77D eine Leitzahl von 12 bietet, können die Canon-Modelle *Speedlite 270EX II*, *430EX III-RT* und *600EX II-RT* mit der Leitzahl 27, 43 beziehungsweise 60 blitzen. Mit dem Wert lässt sich leicht berechnen, aus welcher Entfernung ein Motiv bei ISO 100 aufgehellt werden kann: Die Leitzahl muss dafür durch die eingestellte Blende dividiert werden. Bei Blende f5,6 reicht der interne Blitz also gerade einmal 2,1 Meter weit (12 dividiert durch 5,6). Der *430EX III-RT* schafft dagegen 7,7 Meter (43 dividiert durch 5,6).

Bei vielen Blitzgeräten erscheint im Display die Blitzreichweite in Metern, sobald der Blitzkopf nach vorn gerichtet ist. Eine hohe Leitzahl ist übrigens nicht das Maß aller Dinge. In der Praxis wird ohnehin meist mit reduzierter Blitzleistung gefeuert.

[27 mm | f4 | 1/100 s | ISO 400 | Stativ]

< **Abbildung 7.16**
Ein schwacher Blitz von der Seite hellte dieses Bild auf.

Die Königsklasse: entfesselt blitzen

Der externe Blitz auf dem Blitzschuh der Kamera befreit Sie bereits von vielen Nachteilen des eingebauten Blitzes der EOS 77D. Noch besseres Licht bringt ein seitlich vom Motiv positionierter Blitz. Dafür müssen Sie diesen von der Kamera lösen — man spricht hier vom sogenannten *entfesselten Blitz*. Im einfachsten Fall funktioniert dies über ein spezielles Verlängerungskabel. Die EOS 77D ist jedoch auch in der Lage, aktuelle Canon-Blitzgeräte drahtlos auszulösen. Der externe Blitz muss also nicht auf dem Blitzschuh montiert sein, sondern kann als zusätzliche Lichtquelle zum Beispiel seitlich vom Motiv positioniert werden. Wenn Sie ein Blitzgerät eines anderen Herstellers verwenden möchten, benötigen Sie einen speziellen Auslöser, der auf dem Blitzschuh montiert wird und über Funk oder Infrarot mit dem Blitzgerät kommuniziert.

Die Vorteile sind auf jeden Fall deutlich sichtbar: Durch seitliches Blitzen lassen sich Konturen oft viel besser herausarbeiten als durch frontales Licht. Sogar eine von hinten oder der Seite scheinende Sonne kann simuliert werden. Diese Art des Blitzens ist besonders in der Porträtfotografie verbreitet, in der ein im Winkel von etwa 45 Grad zur Kopfrichtung positioniertes Licht für eine schöne Modellierung der Schatten sorgt.

Beim entfesselten Blitzen entstehen besonders schöne Bilder, wenn das Licht weich gemacht wird, etwa durch einen Diffusor, einen Schirm oder eine Softbox. Einfache Aufsteckdiffusoren sind ab etwa fünf Euro erhältlich. Ein einfacher weißer Schirm, ein Lichtstativ und eine Halterung für den Blitz kosten etwa 60 Euro.

Ein weiterer Vorteil des entfesselten Blitzens ist, dass Sie mit dem Blitz nahe an Ihr Motiv herankommen. Ähnlich wie durch eine große Lichtquelle lassen sich auch dadurch weiche Schatten erzielen. Zudem können Sie dann mit einer niedrigeren Intensität blitzen.

 Vorsicht, Spannung!

Verwenden Sie keine Blitze, die nicht explizit für Canon-Kameras gebaut worden sind. Der einzige normierte Kontakt am Blitzschuh ist der große runde in der Mitte. Alle anderen Verbindungen werden von Hersteller zu Hersteller unterschiedlich verwendet. Es kann also durchaus sein, dass ein alter Kamerablitz über einen dieser Kontakte eine recht hohe Spannung an die Kamera abgibt – mit fatalen Folgen für die Elektronik. Es gibt jedoch Adapter, die keine überflüssigen Verbindungen weiterleiten.

Einstellungen für das drahtlose Blitzen vornehmen

Für das drahtlose Blitzen finden Sie im Menü viele Optionen. Letztlich betreffen die meisten davon die Arbeit mit gleich mehreren Blitzen, deren Leistung Sie sehr genau aufeinander abstimmen können. Aber bereits die Arbeit mit nur einem externen Blitz eröffnet viele neue Möglichkeiten.

Drahtlos blitzen mit der EOS 77D
SCHRITT FÜR SCHRITT

1 Blitz einschalten
Schalten Sie den Blitz mit der **ON/OFF**-Taste an. Das drahtlose Blitzen mit E-TTL-Unterstützung funktioniert mit Canon-Speedlites der EX-Serie und vielen Nachbauten. Wie Sie den Drahtlosmodus starten, erfahren Sie in der Bedienungsanleitung des Geräts. Beim *Canon 430EX III-RT* drücken Sie die Taste ↰ und wählen mit dem Wahlrad des Blitzes den Eintrag ⚡ **SLAVE**. Beim *Canon 430EX II* aktiviert ein langer Druck auf die **ZOOM**-Taste den Empfangsmodus.

2 Mehrere Blitze nutzen
Falls Sie mehrere Blitze fernsteuern, können Sie jeden einzelnen bequem von der EOS 77D aus konfigurieren. Dazu müssen Sie die einzelnen Blitze einer von drei Blitzgruppen zuordnen. Als dazugehöriger *Master* (Hauptgerät) fungiert der Blitz der 77D. Mit der Plus- oder Minus-Taste des Blitzes lassen sich drei Gruppen (A, B oder C) definieren. Die 77D kann jedoch nur zwei Gruppen, A und B, steuern.

3 Sendekanal bestimmen
Damit Sie und andere Fotografen sich nicht gegenseitig in die Quere kommen, können Sie auf vier verschiedenen Kanälen mit Ihren Drahtlosblitzen kommunizieren. Beim *430EX III-RT* geht das bequem mit dem Wahlrad. Beim Modell *430EX II* wählen Sie mit der Plus- oder Minus-Taste den gewünschten Kanal, während die Anzeige **CH.** blinkt.

4 Blitzfunktion der Kamera aktivieren
Weiter geht es an der 77D: Fahren Sie den Blitz mit der Blitztaste ⚡ aus. Drücken Sie diese anschließend noch einmal, um in das Menü zu kommen. Wählen Sie dort den Eintrag **Interner Blitz**. Er steuert beim Drahtlosbetrieb die externen Blitze. Deshalb finden sich alle Optionen dafür an dieser Stelle.

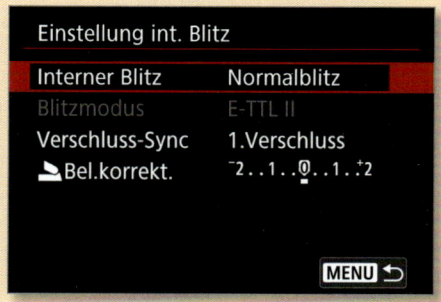

5 Funktion von internem und externem Blitz festlegen

Mit dem Finger, den Pfeiltasten, oder dem Haupt- oder Schnellwahlrad können Sie nun verschiedene Optionen auswählen.

- In der normalen Blitzzündung (**Normalblitz**) wird nur der interne Blitz gezündet.
- Beim einfachen Drahtlosblitz (**EinfDrahtlos**) werden nur der externe Blitz beziehungsweise alle Blitze auf dem eingestellten Kanal gezündet. Außer der Blitzbelichtungskorrektur haben Sie keine weiteren Änderungsmöglichkeiten. Diese bezieht sich jetzt nur auf den externen Blitz.
- Wesentlich mehr Möglichkeiten bietet Ihnen die Option manueller Drahtlosblitz (**ManuDrahtlos**). Hier können Sie den eingebauten Blitz als weitere Lichtquelle definieren, die verschiedenen Blitzintensitäten gezielt beeinflussen und mehrere externe Blitze in verschiedenen Gruppen ansteuern. Die Optionen werden im nächsten Schritt vorgestellt.

6 Blitzoptionen auswählen

Unter **Drahtlos Funkt.** können Sie nun verschiedene Optionen auswählen. Je nach Einstellung verändert sich das Menü.

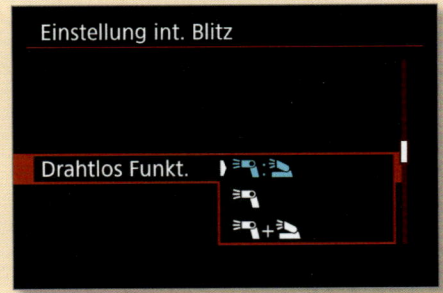

- : Externer und interner Blitz arbeiten gleichzeitig, und Sie können das gewünschte Verhältnis der beiden im Menü einstellen. In der Einstellung **8:1** etwa ist der externe Blitz wesentlich intensiver. Die Blitzbelichtungskorrektur arbeitet wie gewohnt, und zwar für beide Blitze.

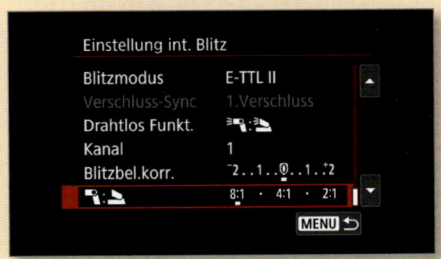

- ⚡: Nur der externe Blitz arbeitet. Bei dieser Einstellung kommen die Blitzgruppen ins Spiel. In der Einstellung ⚡ **Alle** feuern die Blitze unabhängig von ihrer Gruppenzugehörigkeit mit der gleichen Intensität. Wie gewohnt können Sie eine Belichtungskorrektur vornehmen. In der Blitzgruppeneinstellung ⚡ **(A:B)** erscheinen weitere Menüeinträge, mit denen Sie die Gewichtung der beiden Gruppen steuern und eine Belichtungskorrektur vornehmen können.

stellen und in der Blitzgruppeneinstellung ⚡ **(A:B)** 🔦 die Gewichtung der Blitzgruppe **A** zu **B** verstellen.

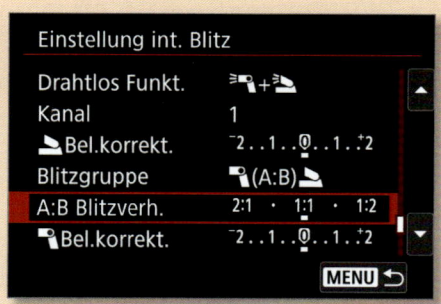

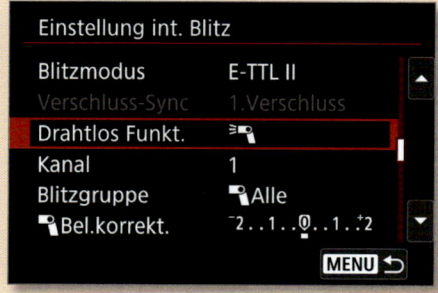

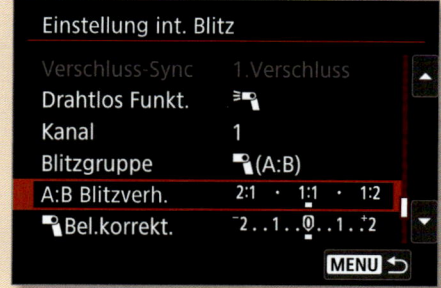

- ⚡+🔦: Diese Option folgt der gleichen Logik. Hier können Sie den internen Blitz mitarbeiten lassen, für externe Blitze und den internen Blitz eine Belichtungskorrektur ein-

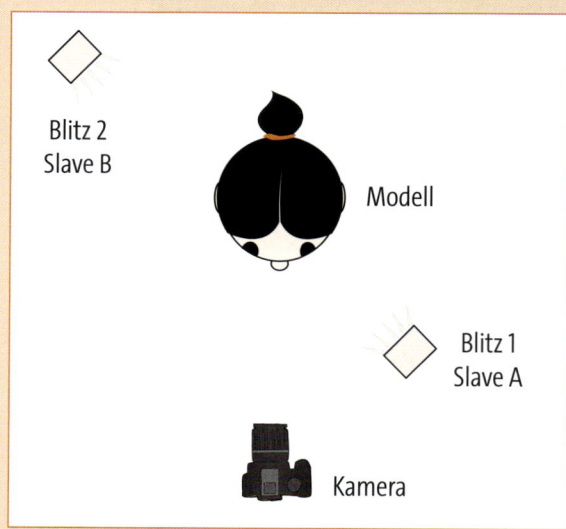

▲ Abbildung 7.17
*Ein typischer Lichtaufbau, bei dem zwei externe Blitze zum Einsatz kommen. Wird der erste Blitz als **Slave A** und der zweite als **Slave B** eingestellt, lässt sich deren Intensität von der EOS 77D aus regeln. In diesem Beispiel könnte das Licht von hinten eher schwach ausfallen.*

Manuell drahtlos blitzen

Sie können die Möglichkeiten des drahtlosen Blitzens auch ganz ohne Unterstützung des E-TTL-Systems nutzen. Dazu wählen Sie im Blitzmenü unter **Interner Blitz** die Einstellung **ManuDrahtlos** sowie unter **Blitzmodus** die Einstellung **Man. Blitz** aus. Anschließend können Sie für jeden Blitz beziehungsweise jede Blitzgruppe angeben, mit welcher Intensität diese blitzen soll.

Im Prinzip müssen Sie beim manuellen Blitzen auch Blende, Belichtungszeit und ISO-Wert manuell im **M**-Programm einstellen. Ohne E-TTL-Unterstützung liefern Ihnen die übrigen Programme schließlich nur Belichtungswerte für das Fotografieren ohne Blitz.

Durch Versuch und Irrtum tasten Sie sich an die passende Kombination sämtlicher Werte heran. Dabei stellen Sie idealerweise zunächst die Kameraparameter ohne Blitz so ein, dass die Motivumgebung in der gewünschten Helligkeit erscheint. Mit dem Blitz beleuchten Sie dann Ihr Motiv in der gewünschten Intensität. Durch eine Feinabstimmung der Parameter nähern Sie sich anschließend Ihrem gewünschten optimalen Ergebnis.

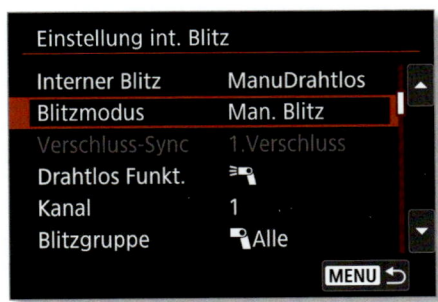 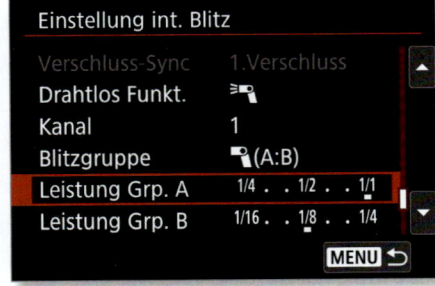

◄ **Abbildung 7.18**
Im manuellen Blitzmodus verstellen Sie die Blitzleistung. Blitzgruppe A erzeugt hier viel Licht, während die andere deutlich schwächer feuert.

Die Zukunft des Blitzens: Blitzdatenübertragung per Funk

Beim Drahtlosblitzen mit der EOS 77D werden selbst moderne Aufsteckblitze wie das *Speedlite 430EX III-RT* über Lichtimpulse gesteuert. Dieses Verfahren ist allerdings völlig veraltet. Schließlich lässt sich der Blitz auch per Funk steuern. Das geht allerdings nur mit dem Sender *ST-E3-NR*, der aktuell leider mit circa 280 Euro zu Buche schlägt.

Wesentlich preiswerter und genauso gut ist der Yongnuo *YN-E3-RT*. Er kostet nur etwa 80 Euro und sieht seinem Canon-Pendant zum Verwechseln ähnlich. Zusätzlich ist das Gerät mit einem Autofokushilfslicht ausgestattet und kann über einen eingebauten USB-Anschluss mit neuer Software und so mit neuen Funktionen versorgt werden.

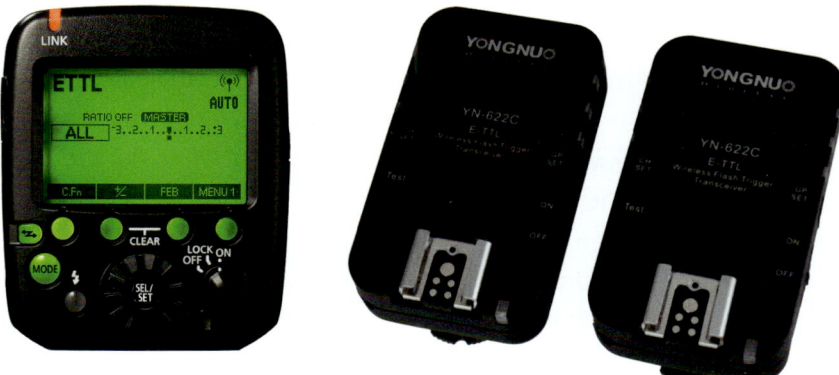

Abbildung 7.19 >
Mit Zubehör wie dem ST-E3-NR von Canon (links) oder dem YN-622C (rechts) von Yongnuo lassen sich moderne Blitze per Funk steuern (Bilder Canon, Yongnuo).

Eine weitere Alternative zum Funksystem von Canon sind die Transceiver *YN-622C* von Yongnuo, die als Paar zum Preis von etwa 70 Euro erhältlich sind. Auch diese Geräte, die entweder als Empfänger oder als Sender arbeiten können, übertragen die E-TTL-Signale per Funk. Somit ist es zum Beispiel möglich, einen älteren Blitz wie den *Canon 430EX II* entfesselt einzusetzen, ohne dabei auf die rein optische Signalübertragung setzen zu müssen. Die *YN-622C* können um den *YN-622C TX* erweitert werden. Dabei handelt es sich um einen Sender, der über ein Display und mehrere Tasten verfügt und damit etwas komfortablere Steuerungsmöglichkeiten für mehrere Blitzgruppen bietet.

Daneben gibt es noch Sender und Blitze, die per Funk zwar andere Geräte steuern können, aber nur untereinander kompatibel sind. Ein Beispiel dafür ist der *YN560-TX* von Yongnuo. Der Sender ist mit einem Preis von rund 40 Euro recht preiswert und hat sogar ein Display für die komfortable Einstellung der Blitzleistung. Allerdings lässt sich diese nur manuell regeln, E-TTL funktioniert nicht. Der Blitz muss vollkommen manuell eingestellt werden. Außerdem wird der Sender nur vom *YN-560 III* verstanden, einem 60 Euro teuren Blitz, der ebenfalls kein E-TTL unterstützt. Diese Kombination ist vor allem für diejenigen interessant, die lieber manuell blitzen, statt sich auf die E-TTL-Automatik zu verlassen.

Die preiswerteste Kategorie der Funklösungen stellen Geräte dar, die wirklich nur den Auslöseimpuls übertragen. Dazu gehört der Yongnuo *RF-603CII*, der als Sender und Empfänger fungiert und im Paar etwa 30 Euro kostet.

Blitzen auf den zweiten Verschlussvorhang
EXKURS

Verwacklungen und verwischte Bildelemente sind in der Blitzfotografie ein gutes stilistisches Mittel, um Dynamik zu erzeugen. Das ist oft nötig, denn das Blitzlicht hat grundsätzlich den gegenteiligen Effekt: Durch den kurzen Lichtimpuls wird ein sehr kurzer Moment auf dem Sensor fixiert, die Bewegung eines Motivs scheint eingefroren zu sein. Mitunter führt das zu seltsamen Effekten (siehe Abbildung 7.20).

Was ist hier passiert? Der Verschluss einer Kamera besteht unter anderem aus zwei Vorhängen, die sich nacheinander öffnen und schließen. In diesem Fall hat sich der erste Vorhang geöffnet, der Blitz zündete unmittelbar danach und fixierte damit den Radfahrer. Dieser ist währenddessen weitergefahren und hat die ganze Zeit über mit seinem Licht eine Spur gezogen.

Beim Blitzen auf den zweiten Verschlussvorhang sind die Abläufe etwas anders: Der erste Vorhang öffnet sich, und der Radfahrer zieht seine Lichtspur. Jetzt erst kommt der Blitz und fixiert ihn in seiner Bewegung. Nun verschließt der zweite Vorhang den Sensor wieder. Die Bildwirkung ist eine komplett andere.

Um die Blitzsteuerung aufzurufen, navigieren Sie bei ausgeklapptem Blitz über die Blitztaste ⚡ in das Menü. Unter dem Eintrag **Verschluss-Sync** können Sie nun zwischen den Optionen **1. Verschluss** und **2. Verschluss** wählen. Das Blitzen auf den zweiten Vorhang funktioniert nur, wenn Sie nicht drahtlos arbeiten! Unter **Interner Blitz** muss also **Normalblitz** ❶ ausgewählt sein.

▲ **Abbildung 7.20**
Oben: Beim Blitz auf den ersten Vorhang scheinen Bewegungen rückwärts abzulaufen. Unten: Beim Blitz auf den zweiten Vorhang sehen die Lichteffekte für unser Auge natürlich aus, nämlich mit der Bewegungsrichtung statt gegen sie.

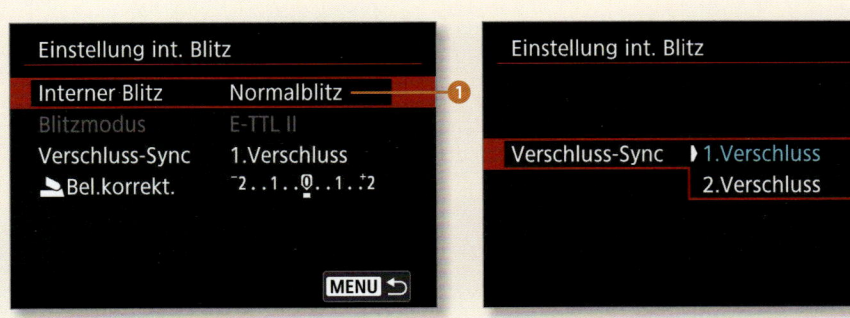

◀ **Abbildung 7.21**
So stellen Sie den Blitz auf den 2. Vorhang ein.

Kapitel 8
Das passende Zubehör finden

Objektive für Ihre EOS 77D 184

Filter für Ihre Objektive 200

Fester Halt für die EOS 77D: Stative & Co. 204

Licht und Schatten: Blitz, Reflektor oder Diffusor 207

Den Sensor und die Objektive reinigen 209

EXKURS: Testberichte von Objektiven verstehen 211

Objektive für Ihre EOS 77D

Das Objektiv ist das Auge Ihrer 77D. Entsprechend hoch ist seine Bedeutung für die Bildqualität. Mit dem Kauf der passenden Objektive können Sie also nicht nur in neue Brennweitenbereiche vordringen, sondern – mit der Wahl einer guten Linse – die technische Qualität Ihrer Bilder steigern.

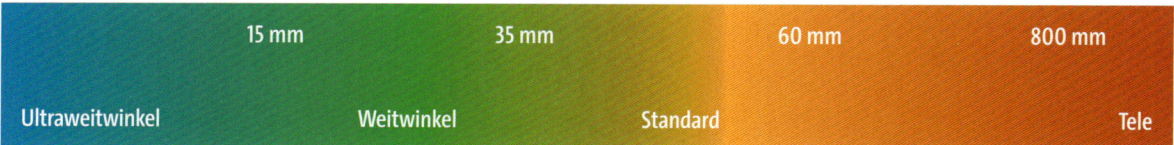

▲ Abbildung 8.1
Die Einteilung der verschiedenen Objektive wird nach ihrer Brennweite vorgenommen.

Auch Fremdhersteller wie Tamron, Tokina, Sigma und Zeiss bauen Objektive für das EF-Bajonett von Canon. Einige ältere, aus dem analogen Zeitalter stammende Modelle von Fremdherstellern sind nicht mit der EOS 77D kompatibel. Erkundigen Sie sich vor der Verwendung solcher Altkomponenten besser beim Hersteller, ob Sie das Zubehör noch verwenden können.

Die Übersicht in Abbildung 8.3 auf Seite 186 zeigt fast alle Objektive im Angebot von Canon. Angesichts dieser Vielfalt finden Sie garantiert das für Ihre Zwecke passende Modell. Die Auswahl ist jedoch gar nicht so einfach. Sie hängt von Ihrem bevorzugten Brennweitenbereich, der gewünschten kleinstmöglichen Blendenzahl, den allgemeinen Ansprüchen an die Qualität und natürlich dem Budget ab.

> **Arten von Objektiven**
>
> Objektive lassen sich nach unterschiedlichen Merkmalen klassifizieren. So gibt es die Unterteilung nach Brennweiten in Weitwinkel-, Standard- und Teleobjektive sowie Spezialobjektive wie Makroobjektive. Von eher grundsätzlicher Natur ist die Aufteilung in Festbrennweiten und Zoomobjektive. In Abbildung 8.3 auf Seite 186 sind beide Arten von Objektiven vertreten, beispielsweise das *EF 50 mm f/1,4 USM*, dessen grüner Punkt auf eine einzige Brennweite verweist, und das *EF-S 18–135 mm f/3,5–5,6 IS STM*, bei dem sich von 18 bis 135 mm alle Brennweiten frei einstellen lassen.

Objektivcodes entschlüsseln

Canon verwendet für seine Objektivbezeichnungen ein einheitliches System. Am Beispiel des Objektivs in der folgenden Abbildung 8.2 lässt sich dieser Code aus Zahlen und Buchstaben leicht entschlüsseln. Dieses Objektiv von Canon heißt:

Abbildung 8.2
Das Canon EF 70–300 mm f/4–5,6 L IS USM (Bild: Canon)

EF	70–300 mm	f/4–5,6	L	IS	USM
EF	Der EF-Anschluss von Canon, wie er an jeder EOS-Kamera des Herstellers verwendet wird. An die EOS 77D allerdings passen auch mit EF-S bezeichnete Objektive, die speziell für APS-C-Sensoren entwickelt wurden.				
70	Die kleinste Brennweite, die mit diesem Objektiv eingestellt werden kann				
300	Die größte Brennweite, die mit diesem Objektiv eingestellt werden kann				
4	Die Anfangsöffnung, also die größtmögliche Blendenöffnung, die bei der kleinsten Brennweite (hier 70 mm) möglich ist				
5,6	Die Anfangsöffnung, die bei der größten Brennweite (hier 300 mm) möglich ist. Objektive, bei denen an dieser Stelle nur eine einzige Zahl steht, ermöglichen über den ganzen Brennweitenbereich die gleiche größtmögliche Blendenöffnung.				
L	Es handelt sich um ein Objektiv aus der L-Serie von Canon, dies sind die Premium-Modelle des Herstellers.				
IS	Das Objektiv ist mit einem Bildstabilisator (*Image Stabilizer*) ausgestattet.				
USM	Das Objektiv arbeitet mit einem Ultraschallmotor (*Ultra Sonic Motor*). Dadurch arbeitet der Autofokus schnell, geräuschlos und sehr präzise.				

Tabelle 8.1
Der entschlüsselte Objektivcode

Erklärungen für weitere Abkürzungen:

- **STM:** Das Objektiv ist mit einem Schrittmotor (*Stepper Motor*) ausgestattet. Der Autofokus arbeitet geräuschlos und kann eine neue Fokusposition ohne Ruck anfahren. Damit sind diese Objektive besonders für das Filmen gut geeignet.
- **DO:** Es handelt sich um ein Modell mit Mehrfachbeugungsglied-Linsensystem. Diese Technik ermöglicht den Bau leichter und relativ kompakter Objektive.
- **Makro:** Steht für Makroobjektive. Nicht alle mit dieser Bezeichnung versehenen Objektive ermöglichen allerdings eine 1:1-Darstellung (siehe den Abschnitt »Makroobjektive« auf Seite 198).
- **I, II oder III:** Bezeichnet eine neue Variante des gleichen Objektivs.

Abbildung 8.3 >
Die Vielfalt an Canon-Objektiven für Ihre EOS 77D können Sie dieser Übersicht entnehmen.

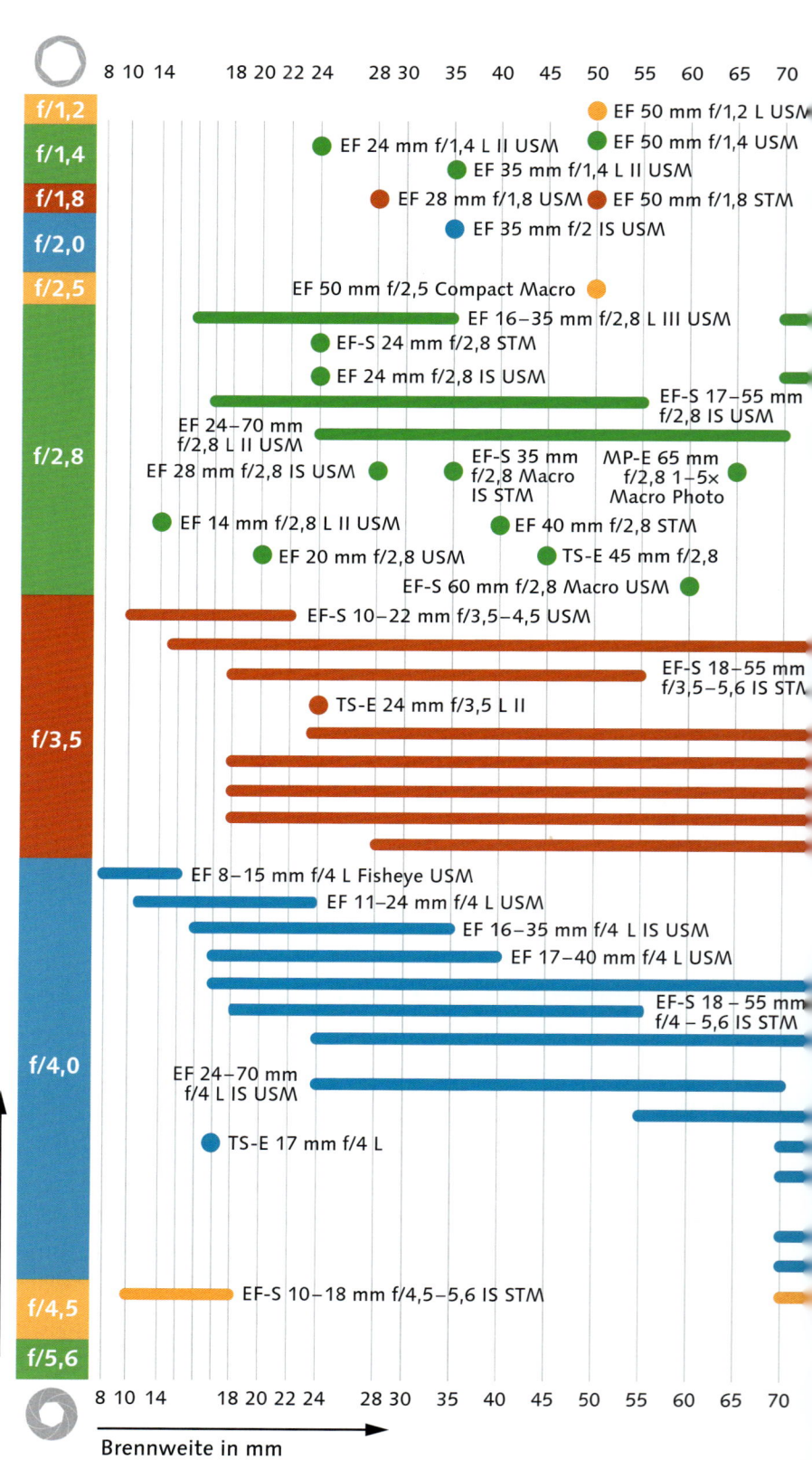

Objektive für Ihre EOS 77D

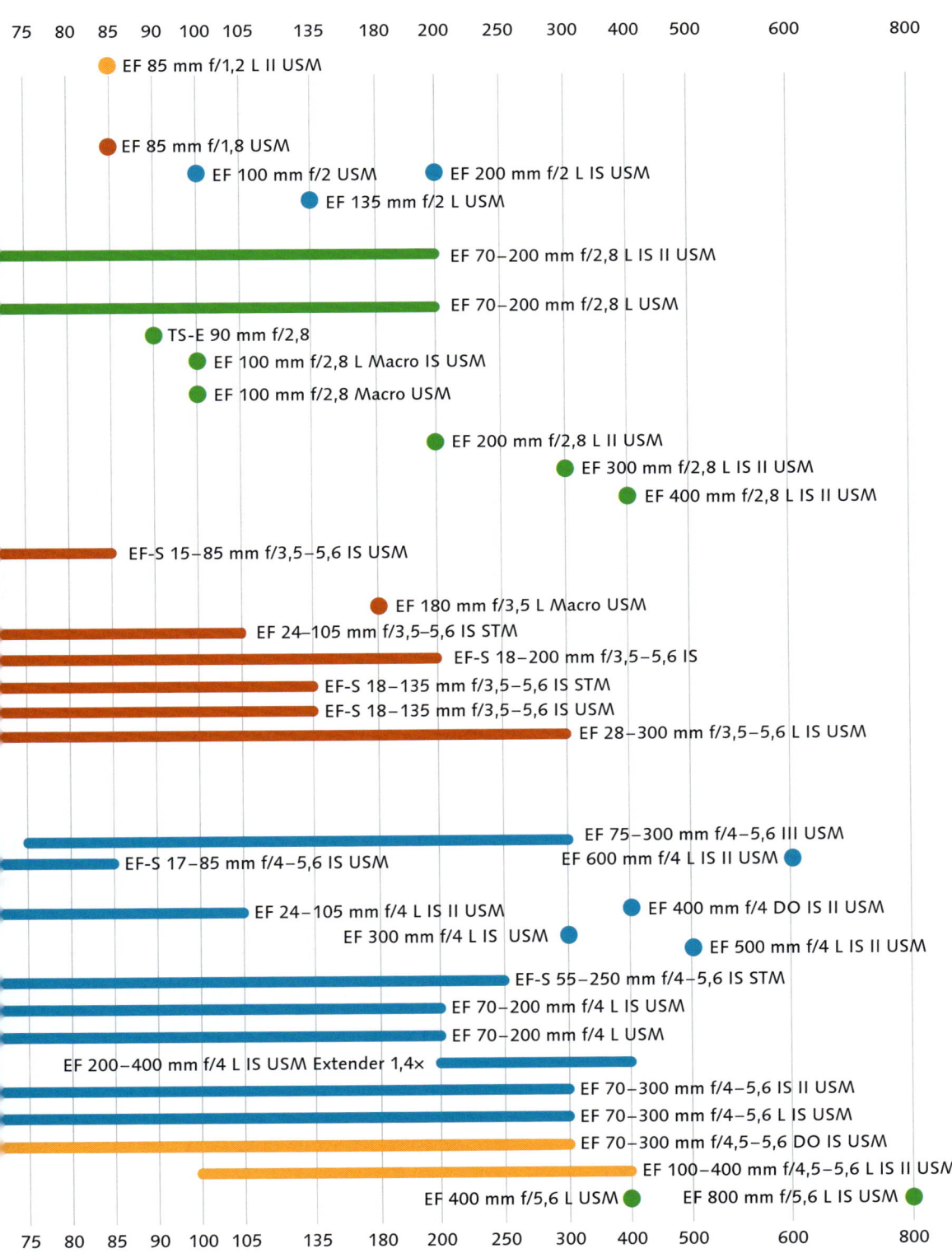

Bildstabilisierte Objektive

Viele heute erhältliche Objektive sind mit einem Bildstabilisator ausgerüstet. Canon nennt sein System *Image Stabilizer* (IS) und kennzeichnet Modelle wie das *EF-S 18–55 mm f/4–5,6 IS USM* entsprechend. Vor allem wenn mit langen Brennweiten ohne Stativ fotografiert wird, sorgen schon kleine Bewegungen des Fotografen für große Verwackler. Über die Bildstabilisierung wird dies bis zu einer gewissen Grenze kompensiert.

Bei einem Bildstabilisierungssystem messen Mikrokreiselsensoren selbst kleinste Schwankungen, die etwa schon durch das Atmen des Fotografen entstehen können. Motoren wiederum verschieben Linsengruppen im Objektiv und kompensieren damit diese Schwankungen. Das Ausmaß an Verwacklungsunschärfe, das diese Technik verhindern kann, wird meist in Blendenstufen angegeben. Beachten Sie dabei, dass der Begriff »Blende« hier als Synonym für Belichtungswert verstanden wird.

In Kapitel 3, »So nutzen Sie die Kreativprogramme«, haben Sie die Kehrwertregel kennengelernt. Mit einem 100-mm-Objektiv können Sie also ein Bild mit einer Belichtungszeit von 1/160 s verwacklungsfrei aufnehmen (1 ÷ [100 mm × 1,6]). Ein Bildstabilisator, der eine, zwei, drei oder vier Blendenstufen kompensiert, ermöglicht es also, auch eine Belichtungszeit von jeweils 1/80, 1/40, 1/20 oder 1/10 s zu verwenden, ohne dass das Bild unscharf wird.

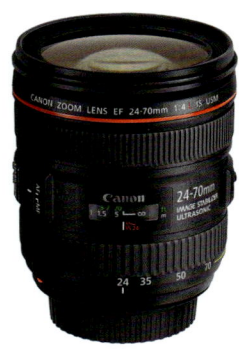

▲ Abbildung 8.4
In diesem Objektiv steckt die neueste Generation an Bildstabilisatoren. Damit lassen sich bis zu vier Blendenstufen kompensieren (Bild: Canon).

Abbildung 8.5 ▶
In Blendenstufen angegebene Helligkeiten lassen sich durch Belichtungszeiten realisieren.

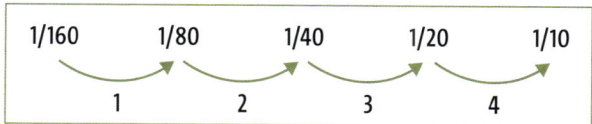

Andere Hersteller, andere Bezeichnungen

Der Bildstabilisator, der bei Canon *Image Stabilizer* (IS) heißt, wird bei Sigma als *Optical Stabilizer* (OS) und bei Tamron als *Vibration Control* (VC) bezeichnet. Weitere von diesen Firmen verwendete Abkürzungen für verbaute Linsen erlauben nicht per se ein Urteil über die Bildqualität, sorgen aber für imposant lange Bezeichnungen. Ein Beispiel ist das *AF 17–50 mm f/2,8 SP XR Di II LD Aspherical* von Tamron. Mit Ihrem Wissen können Sie nun allerdings auch diesen Code knacken: Es handelt sich um ein über alle Brennweiten hinweg mit offener Blende von f2,8 nutzbares Objektiv, das allerdings nicht mit einem Bildstabilisator (VC) ausgestattet ist. Die übrigen Kürzel stehen für spezielle Linseneigenschaften. Diese ermöglichen jedoch nicht unbedingt einen direkten Vergleich mit anderen Objektiven, die ohne diese Bezeichnungen auskommen.

Objektive mit STM- und Nano-USM-Antrieb

Bei einigen Objektiven im Canon-Programm treibt ein Schrittmotor den Autofokus an. Zu dieser relativ neuen Objektivklasse gehört zum Beispiel das *EF-S 18–55 mm f/4 –5,6 IS STM*. Die Schrittmotortechnologie ermöglicht es, sehr sanft – also ohne ruckartige Bewegungen – eine neue Fokusposition anzusteuern. Das können neuere Objektive mit USM-(Ultraschallmotor-)Antrieb zwar auch. Alle vor 2009 auf den Markt gekommenen Modelle jedoch wechseln sehr sprunghaft zu einem neuen Schärfepunkt. Was beim Fotografieren nicht stört, sieht im Film sehr merkwürdig aus. Schließlich soll zum Beispiel die Fokusverlagerung vom Sprecher auf den Hintergrund eher sanft erfolgen. Bislang setzten ambitionierte Videofilmer deshalb lieber auf das Fokussieren von Hand. Die STM-Modelle eröffnen also gerade bei bewegten Bildern völlig neue Möglichkeiten.

Das *EF-S 18–135 mm f/3,5–5,6 IS STM* zum Einzelpreis von rund 350 Euro überzeugt als universelle Allroundlösung mit attraktivem Brennweitenbereich. Das *EF 40 mm 1:2,8 STM* für etwa 230 Euro ist gerade mal 2,3 cm dick und trägt deshalb die Bezeichnung *Pancake* (englisch für »Pfannkuchen«) zu Recht. Wer gern mit offener Blende fotografiert oder filmt, wird mit diesem Objektiv sehr glücklich. Genauso dünn, teuer und gut ist das *EF-S 24 mm 1:2,8 STM*. Der neueste Vertreter im STM-Programm ist das *50 mm f/1,8 STM*, das im Abschnitt »Festbrennweiten« auf Seite 196 vorgestellt wird.

Beim *EF-S 18–135 mm f/3,5–5,6 IS USM* setzt Canon wiederum auf die erstmals in diesem Modell verbaute Nano-USM-Technologie. Diese verbindet die Vorteile des langsamen Fokussierens beim Film mit der Geschwindigkeit von USM. Gut möglich also, dass Objektive mit dem Kürzel *STM* nur eine kurze Episode in der Geschichte der Canon-Linsen sind.

◂ Abbildung 8.6
Links: Flach, preiswert und gut: Die beiden Pancakes finden in jeder Fototasche Platz. Rechts: Besonders für passionierte Filmer ist das EF-S 18–135 mm f/3,5–5,6 IS STM interessant. (Bilder: Canon).

Diffraktive Optik für geringes Gewicht

Im Jahr 2015 wurde das Objektiv *EF 400 mm f/4 DO IS II USM* vorgestellt. Zentrale Komponente dieses Modells ist ein sogenanntes Mehrfachbeugungsglied-Linsensystem. Bei dieser sogenannten *diffraktiven Optik* (DO) kommen Elemente zum Einsatz, die die Lichtstrahlen nicht brechen wie herkömmliche Linsen, sondern beugen. Durch diese Bauweise sind kürzere Objektive mit niedrigerem Gewicht möglich. Außerdem werden dadurch chromatische Aberrationen verringert. Zu den Nachteilen dieser Technologie zählt allerdings eine etwas höhere Empfindlichkeit gegenüber Streulicht.

Abbildung 8.7 >
Beim EF 400 mm f/4 DO IS II USM hat Canon auf DO-Elemente gesetzt. Darum trägt es einen grünen und keinen roten Ring (Bild: Canon).

Bokeh und Blendenflecke

Gerade in Internetforen wird oft über die Frage diskutiert, ob ein Objektiv ein schönes oder hässliches Bokeh aufweist. Bokeh ist japanisch und bedeutet »unscharf« oder »verschwommen«. Gemeint ist mit dem Begriff die Ästhetik der unscharfen Bildbereiche. Wie diese aussieht, hängt von den verschiedenen optischen Komponenten des Objektivs ab. Je mehr Lamellen zum Beispiel die Blende hat, desto eher nähert sich die Form der Bildelemente einem Kreis an. Teuren Objektiven wird – zumindest von ihren Besitzern – gern ein schönes Bokeh nachgesagt.

Eng damit zusammen hängen die Blendenflecke, die oft als *Lens Flares* bezeichnet werden. Gemeint sind damit die in der Regel kreisförmigen Muster, die sich bei frontal einstreuendem Licht zeigen. Oft versucht man, diese Reflexionen durch den Einsatz einer Streulichtblende zu vermeiden. Andererseits üben diese vermeintlichen Makel ihren ganz eigenen Reiz aus und verleihen vielen Fotos mit niedriger Schärfentiefe den nötigen Pep. In vielen Computerspielen und animierten Filmen werden Lens Flares sogar bewusst eingebaut, um Realismus vorzutäuschen.

^ Abbildung 8.8
In diesem Bild von unscharf gestellten Lichtern ist das Bokeh direkt sichtbar.

Standardbrennweiten

Als Universallinse ist ein Objektiv wie das WEF-S 18–55 mm f/4–5,6 IS STM fürs Erste sicherlich eine gute Wahl. Ihm fehlt allerdings der große Brennweitenbereich des EF-S 18–135 mm f/3,5–5,6 IS USM für etwa 440 Euro und des EF-S 18–135 mm f/3,5–5,6 IS STM für rund 350 Euro. Beide liefern eine sehr gute Bildqualität. Ebenfalls sehr gut ist das EF-S 15–85 mm f/3,5–5,6 IS USM, das mit einem Preis von rund 640 Euro allerdings ein wenig überteuert ist. Die drei Millimeter Unterschied am unteren Brennweitenende machen für Freunde von Weitwinkelaufnahmen durchaus einen Unterschied.

Wenn es Ihnen auf Lichtstärke ankommt, ist das EF-S 17–55 mm f/2,8 IS USM für 700 Euro in diesem Brennweitenbereich die beste Wahl. Mit einer Anfangsblende von f2,8 bei allen Brennweiten ist es recht lichtstark und gehört zu den besten EF-S-Zoomlinsen. Alle bislang genannten Objektive liegen in etwa auf einem ähnlichen Niveau. Ist eine noch höhere Bildqualität gefragt, wird es wesentlich teurer.

Die nächsthöhere Qualitätsstufe wird von den Objektiven aus Canons L-Klasse besetzt. Dort repräsentieren diese Brennweitenkategorie das EF 24–70 mm f/2,8 L II USM für rund 2200 Euro, das EF 24–105 mm f/4 L IS II USM (etwa 1300 Euro) und das EF 24–70 mm f/4 L IS USM (etwa 1200 Euro). Die Brennweitenspanne dieser Objektive ist auf einen Vollformatsensor ausgerichtet. Während einige Fotografen an einer APS-C-Kamera wie der EOS 77D den Weitwinkel vermissen, schätzen andere dieses Objektiv mit Blick auf die 70 mm beziehungsweise 105 mm am anderen Ende.

▲ Abbildung 8.9
Guter Partner für die 77D: das EF-S 15–85 mm f/3,5–5,6 IS USM (Bild: Canon)

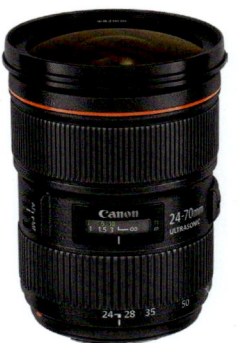 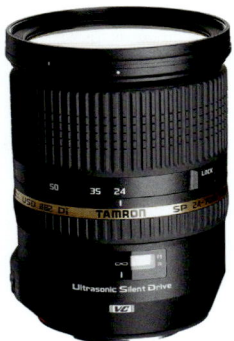

Abbildung 8.10 ▶
Links: Lichtstark, aber teuer – gegenüber der Vorgängerversion des EF 24–70 mm f/2,8 L USM II hat sich der Preis fast verdoppelt. Rechts: Die Alternative von Tamron ist preiswerter, aber nicht ganz so scharf (Bilder: Canon, Tamron).

Teleobjektive

Wer mit dem Brennweitenbereich von 18 bis 55 oder 135 mm genügend Erfahrung gesammelt hat, möchte vielleicht in höhere Brennweiten vordringen, zum Beispiel um Tiere aus der Ferne in Szene zu setzen oder um Landschaften perspektivisch verdichtet abzubilden – dann muss ein Teleobjektiv her. Die Auswahl der preiswerten Teleobjektive ist allerdings relativ begrenzt: Das *EF-S 55–250 mm f/4–5,6 IS STM* ist mit seinem Preis von rund 170 Euro derzeit der unangefochtene Preis-Leistungssieger. Das *SP 70–300 F/4–5,6 Di VC USD* von Tamron mag einen Hauch besser sein, ist mit ungefähr 300 Euro allerdings vergleichsweise teuer und dabei größer und schwerer. Das 2016 neu vorgestellte *Canon EF 70–300 mm f/4–5,6 IS II USM* für rund 400 Euro verfügt als erstes Canon-Objektiv über ein Display, auf dem die eingestellte Entfernung sowie die Schärfentiefe bei der eingestellten Blende und Brennweite angezeigt wird.

Abbildung 8.11 >
Für vergleichsweise wenig Geld bietet das EF-S 55–250 mm f/4–5,6 IS STM eine recht gute Leistung. (Bild: Canon)

Soll das Teleobjektiv höchsten Ansprüchen genügen, bietet sich eines der L-Objektive von Canon mit 70–200 mm Brennweite an, die es in insgesamt vier Versionen gibt. Für eine exzellente Bildqualität müssen Sie allerdings auch erheblich mehr zahlen. Mit 530 Euro am preiswertesten ist das *EF 70–200 mm f/4 L USM*. Angesichts des fehlenden Bildstabilisators ist es jedoch nur für das Fotografieren bei recht viel Licht oder vom Stativ aus geeignet. Die bildstabilisierte Variante *EF 70–200 mm f/4 L IS USM* schlägt mit gut 1000 Euro zu Buche. Mit seinem Gewicht von 760 g und seiner kompakten Größe ist es zudem recht gut zu transportieren. Wer ein noch lichtstärkeres Objektiv benötigt, muss zum *EF 70–200 mm f/2,8 L USM* für ungefähr 1300 Euro greifen. Das bildstabilisierte *EF 70–200 mm f/2,8 L IS II USM* für etwa 1980 Euro ist das Topmodell dieser Reihe und in Sachen Bildqualität eines der besten Zoomobjektive von Canon. Seine einzige Schwäche: Mit gut 1,5 kg ist es nicht gerade ein Leichtgewicht.

Die 70–200-mm-Objektive lassen sich hervorragend mit sogenannten *Extendern*, die auch

< Abbildung 8.12
Zwei der vier Varianten des EF 70–200 mm L (IS) USM von Canon (Bilder: Canon)

Telekonverter genannt werden, um den Faktor 1,4 oder 2 verlängern. Aus dem *EF 70–200 mm* wird also ein 98–280-mm- beziehungsweise 140–400-mm-Objektiv. Die beiden Extender *EF 1,4× III* und *EF 2× III* kosten rund 400 Euro. Beide Canon-Modelle passen nur an die vier 70–200-mm-Zoomobjektive, an das *EF 100–400 f/4,5–5,6 L IS II USM* sowie an alle L-Klasse-Festbrennweiten ab 135 mm Brennweite. Produkte von Kenko wie der *PRO 300 AF DGX 1,4X* und der *2,0X* funktionieren auch mit vielen anderen EF-Objektiven, sind jedoch für Brennweiten ab 100 mm optimiert.

Abbildung 8.13 >
Das Canon EF 100–400 mm f/4,5–5,6 L IS II USM (Bild: Canon)

˄ Abbildung 8.14
Ein Extender wird zwischen Kamera und Objektiv geschraubt und erhöht die Brennweite (Bild: Canon).

Leider kommt es mit diesen Konvertern zu einem gewissen Qualitätsverlust, der beim Einsatz von professionellen L-Objektiven allerdings hinnehmbar ist. Das *EF 70–200 mm f/2,8 L IS II USM* etwa ist so gut, dass es in Verbindung mit dem *EF 2× III* – also als 140–400-mm-Objektiv – dem *EF 100–400 mm f/4,5–5,6 L IS USM* ebenbürtig ist. Die Qualität von dessen Nachfolger, dem *EF 100–400 mm f/4,5–5,6 L IS II USM*, erreicht diese Kombination aus Konverter und Objektiv zwar nicht ganz, dafür lässt sie sich in vielen Situationen gut einsetzen. Ein generelles Problem der Extender ist allerdings, dass sich die Offenblende bei einer Brennweitenverlängerung um den Faktor 2 beispielsweise von f4 zu f8 verändert. Beim *EF 70–200 mm f/4 L IS USM* und beim Extender *EF 2× III* funktioniert der Autofokus der 77D dann zwar noch gerade so, allerdings lässt sich nur noch das mittlere Autofokusmessfeld nutzen.

Für Landschafts- und Tierfotografen, die zugunsten von mehr Schärfentiefe auf die Lichtstärke verzichten können, aber mehr Brennweite wünschen, gibt es zwei weitere interessante Modelle: zum einen das im Abschnitt »Objektivcodes entschlüsseln« auf Seite 185 in diesem Kapitel vorgestellte *EF 70–300 mm f/4–5,6 L IS*. Mit etwa 1300 Euro ist es zwar etwas preiswerter, erreicht dabei aber nicht ganz die Qualität des *EF 70–200 mm f/2,8 L IS II USM*. Es wird allerdings in dieser Klasse in Sachen Größe nur vom *EF 70–200 mm f/4 L (IS) USM* unterboten und wiegt mit 1050 g vergleichsweise wenig. Dadurch ist es für längere Touren zu Fuß ein sehr guter Begleiter. Auch deshalb ist es mittlerweile als Universalteleobjektiv der Liebling vieler Fotografen.

Alternativ steht das *EF 100–400 mm f/4,5–5,6 L IS II USM* zur Verfügung. Die Version II dieses Klassikers wurde 2014 vorgestellt und kostet mit rund 2200 Euro deutlich mehr als der Vorgänger, der mit 1300 Euro zu Buche schlug. Mit seinem Gewicht von 1,6 kg und dem relativ voluminösen Äußeren ist es allerdings nicht unbedingt leicht zu transportieren. So ist es weit eher als das *EF 70–300 mm f/4–5,6 L IS USM* ein »Safari-Objektiv«, das für den Einsatz im Fahrzeug prädestiniert ist und mit seiner hohen Brennweite punktet.

Der Vollständigkeit halber sei auch das *EF 200–400 mm f/4 L IS USM Extender 1,4×* erwähnt. Bei diesem Objektiv ist der Extender gleich fest eingebaut. Sie legen einen großen Hebel um und verwandeln damit das Objektiv in ein 280–560-mm-Objektiv mit Offenblende 5,6. Für den Zoomkomfort bei hoher Brennweite werden allerdings auch rund 11 000 Euro fällig.

^ Abbildung 8.15
Teuer, groß und gut: das EF 200–400 mm f/4 L IS USM Extender 1,4× (Bild: Canon)

Aus dem Lager der Fremdhersteller ist vor allem das *Sigma 150–500 mm F5,0–6,3 DG OS HSM* erwähnenswert. Mit rund 900 Euro ist es relativ preiswert, allerdings etwas lichtschwach und mit 1,9 kg vergleichsweise schwer. Es ist mit Blick auf die Bildqualität in etwa mit dem älteren *EF 100–400 mm f/4,5–5,6 L IS USM* vergleichbar. Dies gilt auch für das 1,6 kg schwere *Sigma 120–400 mm F4,5–5,6 DG OS HSM* für circa 760 Euro.

Interessant für den ambitionierten Fotografen sind auch die Festbrennweiten, die Canon im Telebereich bietet. Dazu zählen die Objektive *EF 300 mm f/4 L IS USM* und *EF 400 mm f/5,6 L USM*, die für etwa 1300 Euro beziehungsweise rund 1400 Euro erhältlich sind. Ist noch mehr Brennweite oder eine höhere Lichtstärke gefragt, wird es dann richtig teuer: Das lichtstarke und bei Natur- wie Sportfotografen beliebte *EF 300 mm 2,8 L IS II USM* kostet etwa 6600 Euro.

Abbildung 8.16 >
Das EF 300 mm f/4 L IS USM gehört noch zu den preiswerteren Teleobjektiven (Bild: Canon).

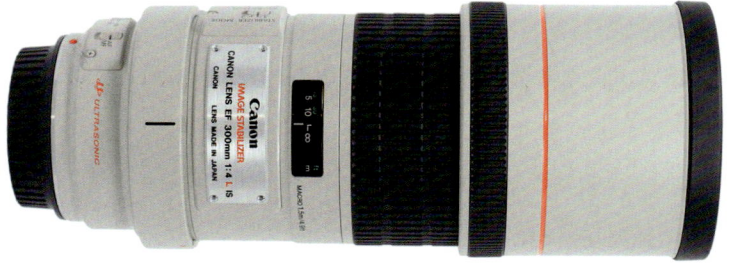

Unverzichtbar: die Streulichtblende

Wer in neue Objektive investiert, sollte sich dazu eine passende Streulichtblende – oft auch *Gegenlichtblende* genannt – kaufen. Dieses unterschätzte Zubehörteil verhindert, dass seitlich einfallendes Licht die Optik erreicht. Kontrastreichere und damit schärfer wirkende Fotos sind der Lohn. Leider liefert Canon – im Gegensatz zu fast allen anderen Herstellern – nur zu seinen L-Objektiven die passende Streulichtblende mit und verlangt für die kleinen Plastikringe recht saftige Beträge. Von Fremdherstellern gibt es Nachbauten dieser Modelle zu einem Bruchteil des Preises.

▲ Abbildung 8.17
In eine Streulichtblende sollten Sie auf jeden Fall investieren (Bild: Canon).

Die Allrounder: Superzoomobjektive

Oft beworben werden die sogenannten *Superzoomobjektive*. Dabei handelt es sich zum Beispiel um Modelle wie das *EF-S 18–200 mm f/3,5–5,6 IS* von Canon (etwa 450 Euro) oder das *18–200 mm f/3,5–6,3 DC OS/HSM* von Sigma (rund 330 Euro).

Diese Modelle decken einen ausgesprochen großen Brennweitenbereich ab. Technisch ist es enorm schwierig, unter dieser Prämisse ein Objektiv mit hoher Bildqualität für einen so großen Sensor wie den der 77D zu bauen. Bei Zoomobjektiven, die nur kleinere Bereiche des Brennweitenspektrums umfassen, ist die Abbildungsleistung jedenfalls höher. Dennoch ist die Bildqualität der Superzooms nicht so schlecht, wie sie zum Beispiel in Internetforen oft dargestellt wird. Gerade auf Reisen in staubige Gegenden, in denen ständiges Objektivwechseln nur hinderlich wäre, bieten diese Modelle eine ausgesprochen hohe Flexibilität.

▼ Abbildung 8.18
Dieses Superzoomobjektiv von Sigma deckt einen Brennweitenbereich von 18 bis 200 mm ab (18–200 mm f/3,5–6,3 DC OS/HSM, Bild: Sigma).

Weitwinkelobjektive

Am kurzen Ende des Brennweitenspektrums stehen die Weit- und Ultraweitwinkelobjektive. Mit ihnen lassen sich Landschaften in ihrer ganzen Breite einfangen. Hervorragende Leistungen liefert hier das *EF-S 10–22 mm f/3,5–4,5 USM* von Canon. Es kostet rund 500 Euro. Eine sehr ähnliche Bildqualität liefert das *EF-S 10–18 mm f/4,5–5,6 IS STM*. Angesichts des Bildstabilisators und des günstigen Preises von rund 230 Euro ist es die eindeutig bessere Wahl. Alternativen sind das *10–20 mm F4,0–5,6 EX DC/HSM* von Sigma für etwa 380 Euro und das *SP AF 10–24 mm F/3,5–4,5 Di II LD Aspherical (IF)* von Tamron (ungefähr 400 Euro). Eine Liga darüber spielen das 2017 vorgestellte *SP AF 10–24 mm F/3,5–4,5 Di II VC HLD* von Tamron für etwa 650 Euro sowie das Sigma *12–24 mm F4 DG HSM Art* für rund 1600 Euro.

Mit Weitwinkelobjektiven lassen sich faszinierende Bilder erzeugen. Allerdings ist die Komposition solcher Fotos ziemlich anspruchsvoll. Soll zum Beispiel die Natur eindrucksvoll in Szene gesetzt werden, kommt es darauf an, dem Bild Tiefe zu verleihen. Dazu müssen der Vordergrund, der mittlere Bereich und der Hintergrund sinnvoll ausgefüllt werden.

Abbildung 8.19 >
Links: Preiswert, gut und mit Bildstabilisator: das EF-S 10–18 mm f/4,5–5,6 IS STM. Rechts: das Ultraweitwinkelobjektiv Canon EF-S 10–22 mm f/3,5–4,5 USM (Bilder: Canon)

Festbrennweiten

Festbrennweite oder Zoomobjektiv? In Sachen Flexibilität sind Zoomobjektive denen mit fester Brennweite klar überlegen. Schließlich können Sie bei Festbrennweiten nur durch einen Schritt nach vorn oder nach hinten den Bildausschnitt ändern. Dennoch haben auch die Festbrennweiten ihre Berechtigung und eine große Fangemeinde.

Zum einen sprechen technische Gründe für Festbrennweiten: Diese Objektive erlauben größere Blendenöffnungen von bis zu f1,2, etwa das *EF 50 mm f/1,2 L USM* und das *EF 85 mm f/1,2 L II USM*, die derzeit lichtstärksten Objektive im Canon-Programm. Zusammen mit anderen Festbrennweiten finden sich diese Modelle ganz oben in der Übersicht aus Abbildung 8.3 auf Seite 186. Zoomobjektive sind erst ab Blende 2,8 im Canon- und ab Blende 1,8 im Programm des Objektivherstellers Sigma vertreten, das preiswerteste von ihnen ist für etwa 700 Euro zu haben. Dazwischen tummeln sich viele Objektive mit fester Brennweite, die für vergleichsweise kleines Geld das Fotografieren mit weit geöffneter Blende ermöglichen. Damit haben diese Objektive besondere Stärken in Aufnahmesituationen mit wenig Licht sowie beim gezielten Spiel mit Schärfe und Unschärfe, wie Sie es in Kapitel 3, »So nutzen Sie

^ Abbildung 8.20
Das Canon EF 50 mm f/1,8 II ermöglicht den preiswerten Einstieg in die Welt der lichtstarken Objektive (Bild: Canon).

die Kreativprogramme«, kennengelernt haben. Was diese Modelle außerdem vereint, ist die Bildqualität, die selbst bei den einfacheren Modellen schon denen der meisten Zoomobjektive überlegen ist. Fotografen, die viel Wert auf das letzte Quäntchen an Qualität legen, greifen deshalb bevorzugt zu Festbrennweiten. Jenseits der 400-mm-Grenze gibt es im Canon-Programm ohnehin nur noch Festbrennweiten, etwa mit 500, 600 und 800 mm Brennweite, die mehr als 8000 Euro kosten.

Den idealen Einstieg in die Welt der Festbrennweiten ermöglicht das *EF 50 mm f/1,8 STM*. Durch die große Offenblende von f1,8 eignet es sich gut für erste Experimente mit sehr geringer Schärfentiefe. Mit einem Gewicht von rund 160 Gramm gehört es zu den Leichtgewichten im aktuellen Canon-Programm. Unschlagbar ist auch der Preis: Gerade einmal rund 130 Euro sind für dieses Objektiv zu berappen.

^ Abbildung 8.21
Alternativlos in seiner Klasse: das Sigma 50 mm F1,4 DG HSM Art (Bild: Sigma)

Noch lichtstärker und dreimal so teuer ist das *EF 50 mm f/1,4 USM*. Das Anfang der 90er-Jahre entwickelte Objektiv ist mit seinem veralteten Motor für das präzise Scharfstellen leider nicht optimal ausgerüstet. Beim *EF 50 f/1,2* für rund 1300 Euro sitzt der Autofokus zwar meist gut. In der reinen Schärfeleistung ist es seinem Pendant mit Offenblende 1,4 aber auch nicht überlegen. Fans dieses Objektivs loben vor allem sein gutes Bokeh. Uneingeschränkt empfehlenswert ist in der 50-mm-Oberklasse nur das *Sigma 50 mm F1,4 DG HSM Art*. Es ist auch bei Offenblende sehr scharf, bietet ein schönes Bokeh und ist absolut hochwertig verarbeitet. Vor allem aber zeichnet sich der Autofokus durch eine große Zuverlässigkeit aus. Mit einem Preis von 800 Euro ist dieses Modell allerdings kein Schnäppchen.

Ebenso interessant ist das *EF 85 mm f/1,8 USM* – ein Objektiv, das an Vollformatkameras als Porträtobjektiv gute Dienste leistet, aber auch an der EOS 77D eine gut einsetzbare Brennweite bietet. Es kostet rund 380 Euro. Sein noch lichtstärkeres Pendant ist das *EF 85 mm f/1,2 L II USM* für 1700 Euro. Es gehört zu den schärfsten Linsen im Canon-Programm und wird für sein schönes Bokeh gelobt. Die preiswerteren, etwas weniger lichtstarken, aber ebenfalls sehr guten Varianten von Fremdherstellern sind das Tamron *SP 85 mm F1,8 Di VC USD* für 870 Euro und das hervorragende *Sigma 85 mm F1,4 DG HSM ART* für rund 1300 Euro.

Wer einen weiteren Winkel sucht, findet bei den Festbrennweiten eine große Auswahl. Neben den beiden im Abschnitt »Objektive mit STM- und Nano-USM-Antrieb« auf Seite 189 vorgestellten Objektiven *EF 40 mm f/2,8 STM* und *EF-S 24 mm f/2,8 STM* für jeweils rund 150 Euro gibt es das *EF 35 mm f/2 IS USM*, das *EF 24 mm f/2,8 IS USM* und das *EF 28 mm f/2,8 IS USM*. Diese drei Objektive sind ähnlich konstruiert und kosten etwa 450 Euro. Sie bieten als einzige Festbrennweiten im unteren Brennweitenbereich einen Bildstabilisator, eine hohe Bildschärfe sowie einen sehr treffsicheren Autofokus.

Für das gleiche Geld ist auch das ältere, aber lichtstärkere *EF 28 mm f/1,8 USM* erhältlich. Da es bei offener Blende in Sachen Schärfe nicht unbedingt überzeugen kann, ist die bildstabilisierte Variante die bessere Wahl. Das *EF 35 mm f/1,4 L II USM* ist mit seinem Preis von rund 1800 Euro wohl vorrangig für Festbrennweitenfans mit hohen Qualitätsansprüchen die beste Wahl. Es erzeugt ein sehr schönes Bokeh und überzeugt auch mit Blick auf die Bildschärfe. Die mit 750 Euro preiswertere und dabei besser verarbeitete Alternative ist das *35 mm F1,4 DG HSM Art* von Sigma.

In höheren Brennweitenbereichen sind als Festbrennweiten vor allem die 90- und 100-mm-Makroobjektive von Tamron und Canon interessant. Sie bieten eine hohe Schärfe bei großer Lichtstärke und sind auch für Porträts und andere Genres ideal geeignet.

Besonders erwähnenswert ist ebenfalls das *EF 200 f/2,8 L II USM*. Es ist mit einem Preis von 680 Euro für ein L-Objektiv relativ preiswert und gehört zu den schärfsten Objektiven im Canon-Programm überhaupt. Einzig der fehlende Bildstabilisator stört an diesem Objektiv, so dass ein 70–200er-Zoom (siehe den Abschnitt »Teleobjektive« auf Seite 191) womöglich doch die bessere Wahl ist.

Makroobjektive

Wer nach tieferen Einblicken in die Welt der kleinen Dinge sucht, braucht ein Makroobjektiv. Welche Brennweite dabei die richtige für Sie ist, hängt von Ihren persönlichen Präferenzen ab. Je kürzer die Brennweite ist, desto näher müssen Sie herangehen, um ein kleines Motiv formatfüllend abbilden zu können. Insekten wie zum Beispiel Schmetterlinge ergreifen dann allerdings schnell die Flucht. Eine längere Brennweite ermöglicht einen größeren Arbeitsabstand, dafür ist allerdings der Bildwinkel geringer, und es lässt sich weniger Umgebung in die Bildkomposition mit einbeziehen.

Von Canon selbst gibt es derzeit sechs verschiedene Modelle zur Auswahl. Das *EF 50 mm f/2,5 Compact Macro* bietet nur einen Abbildungsmaßstab von 1:2. Mit einem Neupreis von 290 Euro ist dieses schon 1987 eingeführte Objektiv überteuert. Gebraucht ist es jedoch schon für etwa 160 Euro erhältlich.

Wer zunächst preiswert in die Makrofotografie einsteigen möchte und auf ein echtes Makroobjektiv mit einem 1:1-Abbildungsmaßstab vorerst verzichten kann, sollte diese Alternative ruhig in Betracht ziehen.

Einige Wochen nach der EOS 77D wurde das *EF-S 35 mm f/2,8 M IS STM* vorgestellt. Es verfügt über ein eingebautes Ringlicht, dessen Helligkeit auf zwei Seiten getrennt gesteuert werden kann. Damit lassen sich die fotografierten Motive sehr plastisch ausleuchten. Das Objektiv kostet rund 430 Euro.

˄ Abbildung 8.22
Das EF-S 35 mm f/2,8 M IS STM ist das erste Objektiv mit eingebauter Makroleuchte.

Sehr gut sind auch die übrigen Makroobjektive im Canon-Programm: das *EF-S 60 mm f/2,8 Macro USM* (rund 380 Euro), das *EF 100 mm f/2,8 Macro USM* (etwa 450 Euro), das *EF 100 mm f/2,8 L Macro IS USM* (rund 800 Euro) sowie das *EF 180 mm f/3,5 L Macro USM* (etwa 1500 Euro). Alle diese Makroobjektive zeichnen sich durch eine ausgesprochen hohe Bildqualität aus.

Das *EF 100 mm f/2,8 L Macro IS USM* bietet dank seines Bildstabilisators die Möglichkeit, aus der Hand heraus, also ohne Stativ, Makroaufnahmen zu schießen. Der Bildstabilisator kompensiert dabei sogar vier Blendenstufen. Es gehört außerdem zu den schärfsten Objektiven von Canon.

˂ Abbildung 8.23
Das Makroobjektiv EF 100 mm f/2,8 L Macro IS USM (Bild: Canon)

Auch die Fremdhersteller haben sehr gute Makroobjektive im Programm. Besonders das im März 2016 vorgestellte *SP 90 mm F/2,8 Di MACRO 1:1 VC USD* von Tamron für 760 Euro ist eine interessante Alternative zum *EF 100 mm f/2,8 L Macro IS USM* von Canon. Nach wie vor eine Empfehlung ist auch der Vorgänger der neuen Tamron-Linse, das *SP 90 mm F/2,8 Di VC USD MACRO 1:1*. Während der Name verwirrend ähnlich klingt, ist der Preis mit 420 Euro ein deutlich anderer. Auch das *MAKRO 105 mm F2,8 EX DG OS HSM* von Sigma für ebenfalls rund 400 Euro ist für den preiswerten Makroeinstieg in der Brennweitenkategorie rund um 100 Millimeter Brennweite eine gute Wahl. Das Makroobjektiv *MAKRO 150 mm F2,8 EX DG OS HSM* von Sigma (900 Euro) ist gegenüber dem 180-mm-Objektiv von Canon sogar eindeutig die bessere Wahl.

Zubehör für die Makrofotografie

Für wenig Geld näher an das Motiv heran bringen Sie Zwischenringe oder Nahlinsen. Mit der Nahlinse wird dem Objektiv gewissermaßen eine Brille aufgesetzt, und alles, was vor der Linse erscheint, wird dadurch vergrößert. Der Zwischenring kommt an das andere Ende des Objektivs als Zwischenstück zur Kamera. Er verlängert den Abstand zwischen Objektiv und Sensor und erlaubt es dadurch, näher an das Motiv heranzugehen. Die Bildqualität verschlechtert sich bei beiden Varianten. Wirkungsvoller sind bei kurzen Brennweiten Zwischenringe und bei langen Brennweiten Nahlinsen.

Ganz besonders preiswert lässt sich mit einem Umkehrring für etwa fünf Euro in die Makrowelt eintauchen. Dieser ermöglicht es, das Objektiv verkehrt herum an die Kamera anzusetzen. Das Filtergewinde wird dazu über den Ring an den Objektivanschluss adaptiert. Sämtliche Einstellungen müssen Sie dann manuell vornehmen, weil der Autofokus und die Blendenverstellung damit nicht funktionieren. Bei einem STM-Objektiv funktioniert darüber hinaus nicht einmal das manuelle Fokussieren (siehe den Abschnitt »Objektive mit STM- und Nano-USM-Antrieb« auf Seite 189).

Abbildung 8.24 >
Mit Nahlinsen erschließen Sie sich für den Anfang leicht und preiswert den Nahbereich (Bild: Schneider).

Filter für Ihre Objektive

In der analogen Fotografie werden häufig Filter vor das Objektiv geschraubt. Damit lassen sich Effekte erzielen und Farben so beeinflussen, wie dies in der Dunkelkammer nur schwer möglich wäre. Beim Fotografieren mit der Digitalkamera ermöglicht die elektronische Bildbearbeitung viele weiterreichende Eingriffsmöglichkeiten auf die Bildwirkung. Noch immer gibt es jedoch Filter, die auch die beste Software nicht nachbilden kann.

Intensivere Farben mit dem Polfilter

Mit dem *Polarisationsfilter* – oder kurz *Polfilter* – lassen sich Reflexionen auf Wasser, Glas und anderen nicht metallischen Oberflächen beseitigen. Zudem kann damit die Darstellung des Blaus des Himmels und des Grüns von Laub und Gräsern ein wenig intensiviert werden. Die Erklärung für dieses Phänomen: Licht bewegt sich – in der Vorstellung als Welle – in die unterschiedlichsten Richtungen. Der Polfilter sorgt nun dafür, dass nur noch solches Licht durchgelassen wird, das in die eingestellte Richtung schwingt. Polfilter sind in verschiedenen zum Objektivdurchmesser passenden Größen erhältlich. Die zu Ihrem Objektiv passende Größenangabe finden Sie zum Beispiel auf der Rückseite des Objektivdeckels. Es empfiehlt sich der Kauf eines Filters für das größte vorhandene Objektiv und die Adaption an kleinere Exemplare über Filteradapterringe. Gute Polfilter verkauft der japanische Hersteller Marumi ab etwa 80 Euro.

▲ **Abbildung 8.25**
Für Ihre 77D benötigen Sie einen zirkularen Polfilter (Bild: Marumi).

◀ **Abbildung 8.26**
Mit Hilfe des Polfilters erzielen Sie einen sattblauen Himmel.

Schöne Effekte mit dem Graufilter

Ein weiterer Filter, der im Digitalzeitalter seine Daseinsberechtigung nicht verloren hat, ist der *Graufilter*. Er wird auch als *Neutraldichte-* oder *ND-Filter* bezeichnet und verdunkelt das Bild um eine oder mehrere Blendenstufen. Dabei verfälscht er die Farben nicht. Zum Einsatz kommt er immer dann, wenn zu viel Licht der Kreativität enge Grenzen setzt. Um bei strahlendem Sonnenschein mit weit geöffneter Blende zu fotografieren, muss die Belichtungszeit schließlich sehr kurz sein. Bei einer Belichtungszeit von 1/8000 s ist im Fall der EOS 77D allerdings Schluss.

▲ **Abbildung 8.27**
Graufilter (Bild: Schneider)

In Situationen wie diesen sorgt der Graufilter für künstliche Dunkelheit und gibt damit Spielraum bei der Belichtung. Umgekehrt hilft er auch, wenn die Belichtungszeit besonders lang sein soll. Das ist zum Beispiel dann der Fall, wenn es darum geht, fließendem Wasser einen seidigen Glanz zu verpassen. Bei Belichtungszeiten von mehreren Sekunden erreicht so viel Licht den Sensor, dass die Blende um sehr viele Stufen geschlossen werden muss. Auch hier setzt die Mechanik Grenzen. Bei Blendenwerten wie 22 oder 32 ist bei den meisten Objektiven die kleinstmögliche Öffnung erreicht.

Der Graufilter lässt weniger Licht durch und ermöglicht so, die Blende weiter zu öffnen. Das ist auch deshalb sinnvoll, weil bei weit geschlossener Blende die sogenannte *Beugungsunschärfe* auftritt: Die Bildschärfe eines Objektivs steigt von der geöffneten Blende bis zur sogenannten optimalen Blende an und sinkt von diesem Punkt an wieder ab (siehe den Exkurs »Testberichte von Objektiven verstehen« auf Seite 211).

Graufilter werden mit unterschiedlichen Stärkebezeichnungen verkauft: Ein 2-fach-Filter halbiert die Lichtmenge, ein 4-fach-Filter viertelt sie. Eine weitere Darstellungsweise sind Angaben wie *ND 0,3* oder *ND 0,6*. Auch diese geben einen Blendenfaktor an, wobei 0,3 für jeweils eine Blendenstufe steht. Ein *ND-1,2*-Filter verdunkelt das Bild also um vier Blendenstufen.

Abbildung 8.28 ▶
Der Graufilter erlaubt es, länger zu belichten. Das kann für kreative Effekte genutzt werden.

Kontraste im Griff mit dem Grauverlaufsfilter

Vor allem für die Landschaftsfotografie interessant ist der *Grauverlaufsfilter*. Bei diesem ist nicht die komplette Fläche verdunkelt, sondern meist nur die Hälfte. Wird der dunkle Bereich vor dem Himmel platziert, lassen sich überbelichtete Stellen dort sehr gut vermeiden. Das funktioniert allerdings nur dann, wenn der Horizont flach verläuft. Aus diesem Grund ist eine »elektronische« Lösung für dieses Problem häufig die bessere Wahl: mit einer HDR-Aufnahme in der Kamera (siehe den Abschnitt »Für schwierige Motive: das HDR/Gegenlicht-Programm« auf Seite 52) oder über eine entsprechende Bearbeitung am Computer. Dabei muss es sich nicht um eine HDR-Bearbeitung aus Einzelbildern handeln. Auch über einen Verlaufsfilter in einem RAW-Konverter wie Lightroom lässt sich der Himmel nachträglich gut abdunkeln.

^ Abbildung 8.29
Grauverlaufsfilter (Bild: Phottix)

< Abbildung 8.30
Zu hohe Kontraste zwischen Himmel und Landschaft können Sie mit dem Grauverlaufsfilter ausgleichen.

Empfehlenswerte Grauverlaufsfilter sind viereckig und werden mit der Hand vor der Linse in Position gebracht. Alternativ gibt es spezielle Objektivhalterungen, über die sich die Filter flexibel verschieben lassen. Bei runden Grauverlaufsfiltern zum Aufschrauben auf das Objektiv ist die Grenze zwischen hell und dunkel stets in der Mitte des Bildes. Aus gestalterischer Sicht ist das keine gute Wahl.

Ein sehr gutes Preis-Leistungs-Verhältnis bietet der Hersteller Hitech. Ein Dreifachset mit je einem *ND-0,3-*, *-0,6-* und *-0,9*-Filter kostet rund 40 Euro. Da sich leichte Korrekturen problemlos auch über die RAW-Bearbeitung vornehmen lassen, sollten Sie im Zweifel eher stärkere Filter kaufen. Wählen Sie beim Kauf eine ausreichende Größe von mindestens 85 mm, und verwenden Sie gegebenenfalls Filteradapterringe. Zum einen muss der Filter Ihr größtes Objektiv bedecken, zum anderen wollen Sie schließlich die empfindliche Plastikscheibe bequem zwischen den Fingern halten können.

UV- und Schutzfilter

Abbildung 8.31
UV-Filter (Bild: Hoya)

Ein Utensil, das Verkäufer gern mit neuen Objektiven anbieten, ist der Schutzfilter. Er wird vorn auf das Objektiv geschraubt und soll dessen Frontlinse vor Kratzern schützen. Beliebt für diese Zwecke ist der UV-Filter. Zwar ist bereits auf dem Sensor der Kamera ein Schutzfilm, der ultraviolettes Licht absorbiert, ein weiterer Filter vor der Linse richtet in dieser Hinsicht jedoch keinen Schaden an und erfüllt seinen mechanischen Zweck.

Trotzdem kann über Sinn und Unsinn dieses Zubehörteils diskutiert werden. Denn jede weitere Schicht vor der Optik hat natürlich auch Auswirkungen auf die Abbildungsqualität des Objektivs. Um diese Effekte denkbar gering zu halten, bedarf es hochwertiger Filter, die ab etwa 80 Euro erhältlich sind. Der genaue Preis richtet sich wie beim Polfilter nach dem Objektivdurchmesser. Empfehlenswert ist das Modell *Hoya HD*, das es in einer UV- und in einer reinen Schutzvariante gibt.

Es geht jedoch auch gut ohne diese Filter. Die Folgen kleiner und mittlerer Kratzer sind schließlich fast nicht zu bemerken oder zumindest ausgesprochen gering. Selbst bei tiefen Schrammen kann die Frontlinse vom Service ausgetauscht werden. Weitaus mehr Schutz zum Beispiel bei Stürzen bietet eine Streulichtblende.

Fester Halt für die EOS 77D: Stative & Co.

Die Entscheidung für das richtige Stativ ist nicht einfach: Die vier Variablen Gewicht, Stabilität, Packmaß und Preis müssen nach den eigenen Präferenzen gewichtet werden. Dabei schließen sich Punkte wie ein bombensicherer Stand und gleichzeitig ein geringes Gewicht weitgehend aus. Durch Materialien wie Carbon oder Basalt ist es allerdings möglich, dickere und damit standfestere Rohre mit einem vergleichsweise niedrigen Gewicht herzustellen.

Das passende Stativ auswählen

Ist die Entscheidung für das eigentliche Stativ gefallen, müssen Sie sich im nächsten Schritt für einen geeigneten Stativkopf entscheiden. Hier stehen die unterschiedlichsten Varianten zur Auswahl. Beim Kugelkopf hält eine starke Schraube die Kugel unter Spannung. Hochwertige Modelle arbeiten dabei mit einer ausgefeilten Mechanik mit sehr hochwertigen Komponenten. Dies verhindert, dass mit dem letzten beherzten Dreh an der Feststellschraube der sorgfältig ausgerichtete Bildausschnitt wieder verschoben wird.

Abbildung 8.32
Kugelkopf (Bild: Manfrotto)

Der Zwei- und Dreiwege- sowie der Getriebeneiger erlauben – anders als der Kugelkopf – die genaue Verstellung der einzelnen Achsen. Besonders bei der Panoramafotografie ist dies von Vorteil. Dafür dauert das Ausrichten der Kamera auch etwas länger, und das Gewicht der Komponente ist erheblich höher. Die Angebote unterscheiden sich hinsichtlich ihrer mechanischen Ausführung und in der Tragkraft. Für die EOS 77D und schwere Teleobjektive ausreichend sind Modelle, die ein Gewicht von bis zu fünf Kilogramm verkraften.

Die dritte wichtige Komponente eines Stativs ist das Schnellwechselsystem. Mit dieser Platte lässt sich die Kamera mit dem Stativ verbinden und lösen. Viele Stativköpfe sind bereits mit einem Wechselsystem ausgestattet, bei den teureren Modellen muss es extra dazugekauft werden.

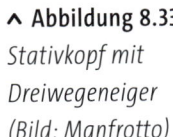

Abbildung 8.33
Stativkopf mit Dreiwegeneiger (Bild: Manfrotto)

Wenn Sie sich das mühevolle Zusammenstellen der unterschiedlichen Komponenten sparen möchten, können Sie auch ein Komplettset aus aufeinander abgestimmtem Stativ, Stativkopf und Schnellwechselsystem erwerben. Einen gravierenden Nachteil haben solche Kombiangebote für Einsteiger: Sie bieten der EOS 77D und dem Kit-Objektiv zwar einen akzeptablen, verwacklungsarmen Stand, wenn Sie aber der Fotografie als Hobby treu bleiben und vielleicht auf größere und schwerere Objektive und eventuell auch einen anderen Kamerabody umsteigen, ist ein neuer Stativkauf angesagt.

Die qualitative Oberliga repräsentieren jedenfalls die Stative des Herstellers *Gitzo* und Kugelköpfe von Firmen wie *Novoflex*, *Really Right Stuff*, *Markins* und *Linhof*. Solche Traumkombinationen kosten rund 1000 Euro, sind dafür jedoch über Jahrzehnte einsetzbar.

Abbildung 8.34 >
Stative gibt es in unterschiedlichen Größen und Ausführungen.

Ein vertretbarer Kompromiss besteht darin, beim Stativkauf zu Modellen von Firmen wie *Calumet*, *Benro*, *Sirui*, *Velbon* und *Vanguard* zu greifen. Unter den preiswerten Stativköpfen gehört der *Sirui K-20X* für rund 120 Euro zu den besten Modellen. Verbunden mit einem Stativ lässt sich so eine Gesamtlösung für rund 400 Euro zusammenstellen, die sich in Sachen Gewicht, Tragkraft und Standfestigkeit deutlich von den preiswerten Starter-Kits unterscheidet.

> **Finger weg vom Billigstativ!**
> Ausgesprochen billige Stative sind für die EOS 77D ungeeignet. Spätestens wenn Kamera und Objektiv nach einem Windstoß auf dem Asphalt landen, zeigen sich die wahren Kosten einer solchen Lösung.

Einbeinstativ und Bohnensack

Nicht immer muss es ein Dreibeinstativ sein. Gerade wenn Sie den Aufnahmeort oft wechseln, leistet ein Einbeinstativ gute Dienste. Es entlastet beim Tragen schwerer Objektive und ermöglicht längere Belichtungszeiten bei wenig Licht. Gerade Stativmuffel schätzen am Einbein die erhöhte Stabilität bei gleichzeitig maximaler Flexibilität. Einbeinstative, etwa von Benro, gibt es ab etwa 60 Euro. Hier ist der Einstieg in die Carbon-Liga wesentlich preiswerter als bei den Pendants auf drei Beinen: Ab rund 90 Euro sind Modelle zu bekommen, die nur etwa 400 g wiegen. Auch hier empfiehlt sich der Einsatz eines einfachen, in eine Richtung neigbaren Stativkopfs mit Schnellwechselplatte für etwa 20 Euro.

Abbildung 8.35 ▶
Besser eins als keins: Das Einbeinstativ bietet stabilen Halt und Flexibilität (Bild: Manfrotto).

Hilfreich zum geraden Ausrichten und Stabilisieren der Kamera ist auch ein sogenannter Bohnensack. Er kann auf Reisen leer mitgenommen und vor Ort mit Bohnen oder Reis gefüllt werden. Eine Fläche zum Ablegen findet sich fast immer, sei es ein Weidezaun, eine Astgabel oder eine Mauer, das heruntergekurbelte Autofenster oder ganz einfach der Boden im Fall von Makroaufnahmen.

Abbildung 8.36 ▶
Ein Bohnensack bringt Stabilität auf jedem Untergrund.

Licht und Schatten: Blitz, Reflektor oder Diffusor

Sind die Grenzen des internen Blitzes der EOS 77D erst einmal ausgelotet und als unbefriedigend erkannt, entsteht bestimmt der Wunsch nach einem externen Blitz. Ein solcher kann idealerweise in mehrere Richtungen gedreht werden und damit auch über Eck arbeiten.

Blitze von Canon und Fremdherstellern

Von Canon selbst gibt es unterschiedliche Modelle zur Auswahl. Das *Speedlite 270EX* ist ziemlich klein und findet in jeder Fototasche Platz, lässt sich aber nur in eine Richtung drehen. Mit 120 Euro ist der Preis für ein derart eingeschränktes Gerät relativ hoch. Mit einem Preis von rund 250 Euro sehr empfehlenswert ist das Modell *Speedlite 430EX III-RT*. Der Blitz lässt sich nicht nur durch die Lichtimpulse der 77D fernauslösen, sondern kann auch als Sender und Empfänger über Funk mit anderen Blitzen und Sendern der RT-Klasse kommunizieren. Mehr dazu erfahren Sie im Abschnitt »Die Zukunft des Blitzens: Blitzdatenübertragung per Funk« auf Seite 179.

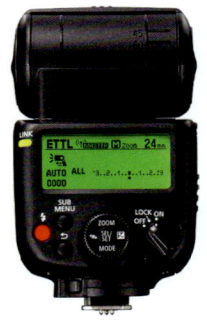 

∧ **Abbildung 8.37**
Das Speedlite 430EX III-RT und das aktuelle Topmodell unter den externen Blitzgeräten, das Speedlite 600EX-RT (Bilder: Canon)

Das Topmodell aus dem Canon-Blitz-Programm ist das *Speedlite 600EX II-RT*. Dieses Modell für rund 570 Euro bietet eine höhere Blitzleistung und damit in der Praxis vor allem eine höhere Feuerfrequenz. Eine preiswertere Alternative ist der *600EX II-RT*-Rivale *YN600EX-RT* von Yongnuo für nur 130 Euro. Mittlerweile hat sich das chinesische Unternehmen zum etablierten Anbieter von Aufsteckblitzen entwickelt. Deren Modelle entsprechen denen von Canon in vielen Fällen sehr stark, vom Design über die Tastenbelegung bis zu den Funktionen. Zu den preiswertesten Modellen des Herstellers gehört der *Yongnuo YN560IV* für etwa 70 Euro. Er ist sogar mit einem Funksender und einem Funkempfänger für die drahtlose Steuerung ausgestattet, bietet aber kein E-TTL. Der *YN565EXII* für etwa 90 Euro dagegen entspricht weitgehend dem älteren *Canon Speedlite 430EX II*, beherrscht also auch den E-TTL-Standard. Der *Yongnuo YN-568EX II* für rund 110 Euro ähnelt dem nicht mehr hergestellten *Canon Speedlite 580 EX II*. Er kann als Master auch andere Blitze per optische Übertragung fernsteuern.

> **☑ Das Canon-Original unter Druck**
>
> Mittlerweile hat neben *Yongnuo* auch der chinesische Hersteller *Shanny* mehrere Blitze im Programm, die den Canon-Modellen in nichts nachstehen und diese im Preis ganz deutlich unterbieten. Auch Firmen wie Sigma und Nissin bieten Blitzgeräte an. Der Preisunterschied zum Original ist bei diesen Geräten allerdings relativ gering.

Das Licht mit Reflektoren lenken

Wer beim Fotografieren gern auf natürliches Licht zurückgreift, statt den Blitz zu benutzen, kommt in vielen Fällen nicht um den Einsatz eines Reflektors herum. Wie der Name schon sagt, lässt sich damit das Licht auf gewünschte Motivbereiche umlenken. Es gibt Reflektoren in den unterschiedlichsten Größen und mit verschiedenen Bespannungen ab etwa 20 Euro. Silberne und goldene Reflektoren werfen viel Licht zurück, das jedoch gerade im Fall von Gold leicht einen Rotstich bei Hauttönen hervorruft. Ein guter Kompromiss ist eine Zebra-Beschichtung, bei der jeweils Silber und Gold im Wechsel verwendet werden. Weiß wiederum sorgt für einen recht neutralen Effekt, dafür ist jedoch die Aufhellwirkung eher gering.

Auch für den gegenteiligen Fall – ein Zuviel an hartem Licht – gibt es eine Lösung. Ein Diffusor wird zwischen Modell und Sonne gehalten, streut das Licht und macht es weicher und damit hautschmeichelnder. Die verschiedenen Diffusor- und Reflektorprodukte unterscheiden sich durch ihre Stoffqualität und die Robustheit der Griffe. Bekannte Hersteller sind Lastolite und das deutsche Unternehmen California Sunbounce.

◀ **Abbildung 8.38**
Mit einem Reflektor können Sie das Licht der Sonne oder eines Blitzes gezielt auf Ihr Motiv lenken.

Die meisten Diffusoren und Reflektoren lassen sich für den Transport durch Zusammenfalten in eine recht handliche Größe bringen. Dazu umfassen Sie den Reflektor einfach wie ein Lenkrad, greifen mit einer Hand um, verdrehen die beiden Seiten des Reflektors gegeneinander und schieben sie dann übereinander. Anschließend passt er problemlos in seine kleine Transporttasche.

> **Reflektor – selbst gemacht**
> Ein Stück Styropor aus dem Baumarkt leistet als Reflektor für erste Experimente ebenfalls gute Dienste und kostet erheblich weniger als die professionelle Variante.

Den Sensor und die Objektive reinigen

Sicherlich haben Sie beim Ausschalten der Kamera schon einmal die Monitoranzeige **Sensorreinigung** gesehen. Dabei wird durch hochfrequente Vibrationen der Staub von der Sensoroberfläche geschüttelt. Das ist auch nötig, denn bei jedem Objektivwechsel sammelt sich Staub aus der Luft im Gehäuseinneren. Zwar ist der Sensor der EOS 77D durch den Verschluss gut geschützt, aber letztendlich bahnen sich die kleinen Partikel doch den Weg zu ihm. Um diese Verschmutzungen zu minimieren, wechseln Sie das Objektiv deshalb besser nicht in staubiger Umgebung, und gehen Sie beim Objektivwechsel auch zügig vor. Übermäßige Angst allerdings ist nicht angebracht. Letztlich ist Staub überall, und die automatische Sensorreinigung der 77D funktioniert recht gut.

Abbildung 8.39
Gegen den klaren Himmel fotografiert, fällt Staub auf dem Sensor schnell ins Auge.

Den Sensor reinigen

Je nachdem, wie häufig Sie Ihre 77D benutzen, wird früher oder später das Ausmaß der Staubablagerungen recht groß sein. Dann kommt zwangsläufig auch die Rütteltechnik an ihre Grenzen. Bemerkbar macht sich ein verstaubter Sensor durch kleine schwarze Punkte auf dem Bild. Um gezielt nach ihnen zu suchen, empfiehlt es sich, mit einer relativ weit geschlossenen Blende wie etwa f22 gegen den blauen Himmel zu fotografieren.

Abbildung 8.40 >
Ein Blasebalg befördert Staub von der Linse und aus der Kamera (Bild: Hama).

Wenn Sie dagegen etwas unternehmen wollen, betrauen Sie lieber einen Reinigungsprofi damit. Bei »Check & Clean«-Aktionen von Canon geben Sie Ihre EOS 77D aus der Hand, um sie wenig später mit frisch gereinigtem Sensor zurückzuerhalten. Solche Veranstaltungen finden oft im Rahmen von Hausmessen von größeren Fotohändlern statt und sind meist kostenlos.

Genauso ärgerlich wie Staub auf dem Sensor sind kleine Fussel auf einem der Spiegel. Diese zeigen sich zwar nicht im Bild, können aber beim Blick durch den Sucher trotzdem nerven. Um sie loszuwerden, sollten Sie auf keinen Fall in das Gehäuse pusten. Ein kleiner Blasebalg erledigt die Aufgabe wesentlich sauberer.

Das Objektiv reinigen

Staub auf und sogar im Objektiv ist für das Bildergebnis weit weniger schlimm als vielfach angenommen. Trotzdem sollten natürlich auch die Linsen pfleglich behandelt werden. Hier empfiehlt sich erneut zunächst das Wegblasen des Staubs mit dem Blasebalg. Für hartnäckigere Fälle ist der sogenannte *Lenspen* gut geeignet, eine Art Stift mit ausfahrbarem Pinsel. Bei der Reinigung mit Mikrofasertüchern ist darauf zu achten, dass diese weitgehend unbenutzt sind. Kleine Staubpartikel, die sich im Stoff angesammelt haben, verkratzen nämlich ansonsten die Linsenoberfläche.

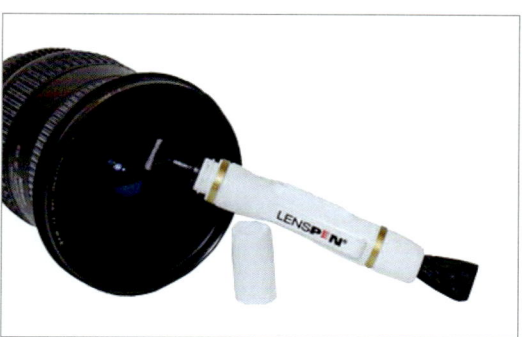

< Abbildung 8.41
Der Lenspen ist vor allem für das Entfernen von Fingerabdrücken gut geeignet.

Testberichte von Objektiven verstehen
EXKURS

Wenn es um Objektive und deren Tests geht, tauchen in Fachzeitschriften und Testseiten im Internet immer wieder die gleichen Begriffe auf. Hier erfahren Sie, was sich hinter ihnen verbirgt.

Auflösungsvermögen

Mit dem Begriff *Auflösungsvermögen* wird die Schärfeleistung eines Objektivs beschrieben. So lässt sich messen, bis zu welchem Grad auf Fotos noch ein Unterschied zwischen feinen Strukturen erkennbar ist. Dafür eignen sich besonders gut eng nebeneinanderliegende Linien. In Testberichten wird entsprechend meistens mit der Maßeinheit *Anzahl Linien pro Bildhöhe* gearbeitet.

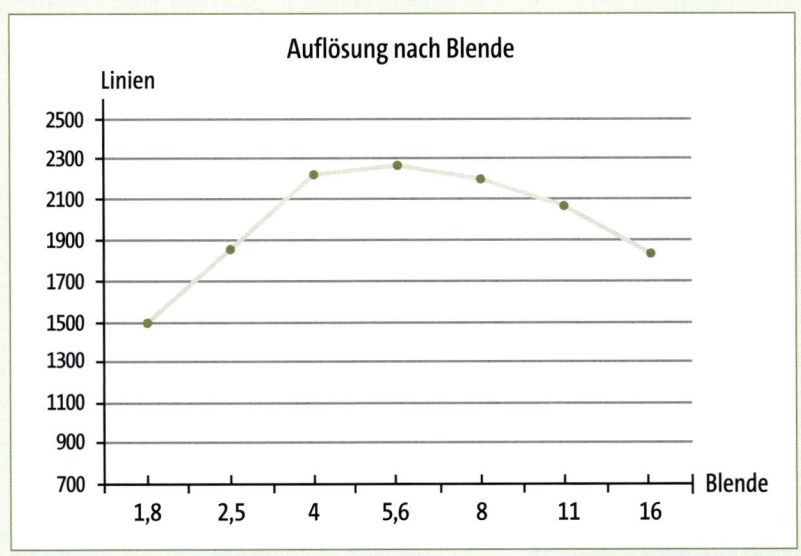

◄ **Abbildung 8.42**
Die Auflösung und damit die Bildschärfe der meisten Objektive nimmt bis zu einer bestimmten Blendeneinstellung zu und fällt dann wieder ab.

Zur Ermittlung des Auflösungsvermögens werden Testbilder abfotografiert, die zum Beispiel aus immer enger beieinanderliegenden Linien bestehen. Die Grenze, ab der nebeneinanderliegende Linien nicht mehr als solche erkennbar sind, markiert das maximale Auflösungsvermögen eines Objektivs. Dieses ist in der Regel in der Bildmitte am höchsten und nimmt zum Rand hin ab.

Dabei ist dieser Unterschied bei sehr guten Objektiven wie dem *EF 24–70 mm f/2,8 L II USM* nur minimal.

Außerdem erreichen die meisten Objektive ihr maximales Auflösungsvermögen erst bei einer leicht geschlossenen Blende (siehe die Darstellung in Abbildung 8.42). Jenseits eines bestimmten Wertes nimmt das Auflösungsvermögen dann wieder ab. Ab diesem Punkt tritt die sogenannte *Beugungsunschärfe* ein. Sehr gute Objektive überzeugen auch mit Blick auf diesen Aspekt. Sie sind bereits mit offener Blende sehr scharf.

Nicht zuletzt bieten die meisten Zoomobjektive nicht bei allen Brennweiten das gleiche Auflösungsvermögen. Ob das Maximum eher bei kurzen oder eher bei langen Brennweiten erreicht wird, ist von Modell zu Modell unterschiedlich.

Vignettierung

Mit *Vignettierung* wird die Abschattung des Bildes zum Rand hin bezeichnet. Eine Vignettierung kann meist durch Abblenden, also das Einstellen einer kleineren Blendenöffnung vermieden werden. Viele Bildbearbeitungsprogramme bieten Funktionen, mit denen sich die dunkleren Randbereiche eines Bildes wieder aufhellen lassen. Umgekehrt ist es damit auch möglich, absichtlich eine Vignettierung zu erzeugen und diese gezielt als Stilmittel ein-

Abbildung 8.43 >
Beispiel für eine Vignettierung, hier jedoch nachträglich in der Bildbearbeitung eingesetzt

zusetzen. Der Blick des Betrachters wird dadurch auf das Zentrum des Bildes gelenkt. Vignettierungen können bis zu einem gewissen Grad von der Elektronik der Kamera kompensiert werden. Die abgedunkelten Ecken werden dazu einfach künstlich aufgehellt. Sie finden diese Funktion im Menü **Aufnahmeeinstellungen 1** unter **ObjektivAberrationskorrektur**. Sofern Ihr Objektiv unterstützt wird, erscheint ein entsprechender Hinweis, und Sie können diese Funktion aktivieren.

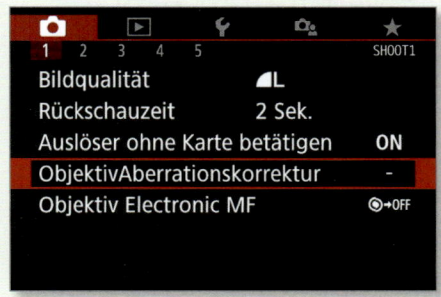

< Abbildung 8.44
Die gängigsten Abbildungsfehler lassen sich bereits in der Kamera beheben.

Falls Ihr Objektiv als nicht unterstützt gemeldet wird, können Sie die Korrekturdaten über *EOS Utility* an die Kamera übertragen. Wählen Sie dort einfach den Punkt **Kamera-Einstellungen > Objektivfehlerkorrektur-Daten registrieren**. Die Korrekturen betreffen übrigens nur JPEG-Bilder und haben auf die RAW-Erstellung keinen Einfluss. In den verschiedenen RAW-Konvertern wie Canons *Digital Photo Professional* (DPP) und Adobes *Lightroom* können Sie diesen Abbildungsfehler jedoch nachträglich automatisiert beheben lassen. Auch dort geschieht die Reparatur auf der Grundlage von Objektivprofilen, die für verschiedene Modelle in der Software enthalten sind.

Abbildung 8.45 >
Die Kamera erkennt viele, aber nicht alle Objektive. Mit dem Lens Registration Tool unter EOS Utility fügen Sie unbekannte Modelle hinzu.

EXKURS

Chromatische Aberrationen

Bei chromatischen Aberrationen handelt es sich um Abbildungsfehler, die durch eine unterschiedliche Brechung des Lichts je nach Wellenlänge entstehen. Da von einer Linse der kurzwellige blaue Lichtanteil stärker als der langwellige rote gebrochen wird, treffen die unterschiedlichen Strahlen auf verschiedenen Fokusebenen auf. Farbränder, die besonders bei großen Kontrasten im Bild störend wirken, sind die Folge. Bei guten Objektiven wird dieses Phänomen durch die Verwendung spezieller Linsen weitgehend vermieden. Wie die Vignettierung können Sie dieses Problem sowohl nachträglich in der Bildbearbeitung als auch in der Kamera selbst bekämpfen (siehe Abbildung 8.44). Im Menü **Aufnahmeeinstellungen 1** unter **ObjektivAberrationskorrektur** wird es als **Farbfehler** bezeichnet.

⌃ **Abbildung 8.46**
Die Lichtstrahlen treffen je nach Wellenlänge an unterschiedlichen Punkten auf die Sensorebene. Dadurch entstehen chromatische Aberrationen.

Abbildung 8.47 ▸
Chromatische Aberrationen zeigen sich vor allem an Hell-dunkel-Übergängen.

Auch chromatische Aberrationen zeigen sich nicht über die gesamte Bildfläche in gleichem Ausmaß, sondern sind bei vielen Objektiven besonders an den Rändern zu sehen.

Verzeichnungen

Bei Verzeichnungen werden gerade Linien in eine bestimmte Richtung verzogen dargestellt. Übliche Verzeichnungsmuster weisen kissen- und tonnenförmige Charakteristika auf. Auch Verzeichnungen kann die EOS 77D automatisch beheben. Diese Option ist allerdings in der Grundeinstellung deaktiviert, da die Auflösung bei diesem Schritt sinkt. Die beiden Verzeichnungsarten in Abbildung 8.48 zeigen dies. Bei einer elektronischen Korrektur werden kissen- und tonnenförmige Verzeichnungen durch Strecken und Stauchen wieder in Form gebracht. Dies funktioniert nicht, ohne dass an den Rändern Bildinformationen verloren gehen.

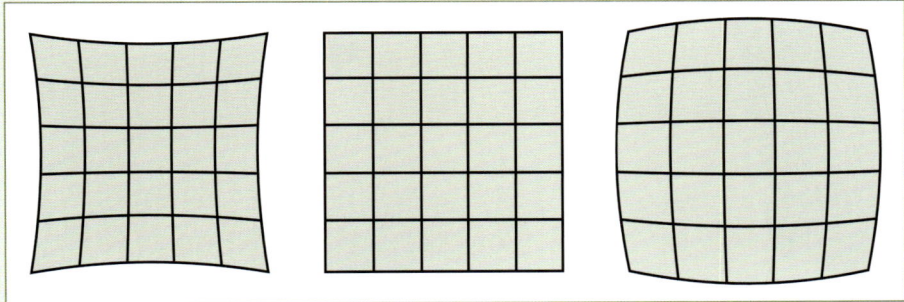

< Abbildung 8.48
Typische Verzeichnungen (von links nach rechts): kissenförmig, nicht verzeichnet, tonnenförmig

Beugungskorrektur

Für die Entstehung von Beugungsunschärfe sind komplexe Phänomene der Wellenausbreitung verantwortlich. Im Prinzip kann der Beugungseffekt durch eine andere Interpretation der Sensordaten (beziehungsweise der Daten des Tiefpassfilters) abgemildert werden. Genau das passiert, wenn Sie die Option **Beugungskorrektur** im Menü aktivieren. Canon verspricht, dass dies sogar bei einer weit geöffneten Blende wirkt. Tatsächlich sichtbar sind die Unterschiede in diesem Fall allerdings nicht.

Kapitel 9
Menschen porträtieren

Die richtige Technik für gute Porträts 218

So gestalten Sie Ihre Porträts 224

EXKURS: Der Fotograf und das Modell 233

Die richtige Technik für gute Porträts

Menschen gehören zu den beliebtesten Motiven überhaupt. Mit Porträts lassen sich schließlich intensive Momente festhalten, aber auch Geschichten erzählen. Damit Ihr Gegenüber auf Bildern gut zur Geltung kommt, müssen neben der Kameratechnik auch Licht, Perspektive und Umfeld stimmen. Schärfe und Unschärfe an den richtigen Stellen, schöne Farbstimmungen: Spiegelreflexkameras wie die EOS 77D sind für die Porträtfotografie bestens geeignet. Mit etwas technischem Know-how und einem wachsamen Blick für das Gegenüber lassen sich schnell Erfolge erzielen.

Für ansprechende Porträts ist keine anspruchsvolle Technik nötig. Mit den Tipps und Methoden aus den ersten Kapiteln dieses Buches sind Sie für schöne Aufnahmen von Menschen schon bestens gerüstet.

Brennweitenbereiche für Porträts

▲ Abbildung 9.1
Preiswert und gut: Das EF 50 mm f/1,8 STM ermöglicht das Spiel mit geringer Schärfentiefe (Bild: Canon).

Ein Blick auf die verwendete Brennweite lohnt sich dennoch. Ultraweitwinkelobjektive mit Brennweiten von 8 bis 20 mm verzerren bei ungünstiger Platzierung die Proportionen des Modells. Die Nase erscheint dann überdimensional groß, das Gesicht kreisrund. Geht es allerdings darum, die Beine extrem verlängert darzustellen oder einen Menschen in weiter Landschaft zu zeigen, können auch Ganzkörperaufnahmen mit 10 bis 20 mm Brennweite die gewünschte Wirkung erzielen. Das andere Ende der Brennweitenskala ist ebenfalls problematisch. Zwar können Sie zum Teleobjektiv mit 400 mm Brennweite greifen und Ihre Anweisungen per Megafon übermitteln – die ideale Lösung liegt jedoch zwischen diesen beiden Extremen. Die meisten Porträtfotografen entscheiden sich für Objektive mit Brennweiten zwischen 50 und 100 mm, da hier keine Verzerrungen der Proportionen auftreten und sich bei einem bequemen Aufnahmeabstand wahlweise der ganze Körper oder das Gesicht formatfüllend abbilden lässt.

> **Schöne Porträts mit Bordmitteln**
>
> Schon mit einem weniger lichtstarken Objektiv wie dem *EF-S 18–55 mm f/4–5,6 IS STM* lassen sich gute Porträts schießen. Nah ran ans Motiv, die Brennweite auf einen hohen Wert stellen und die Blende auf f5,6 öffnen sind die Erfolgsfaktoren, die zu einem unscharfen Hintergrund führen.

Eine ausführliche Darstellung der verschiedenen Objektive finden Sie im Abschnitt »Objektive für Ihre EOS 77D« ab Seite 184.

Das optimale Porträtobjektiv

Es gibt einige Objektive, die für die Porträtfotografie geradezu prädestiniert sind. Was sie eint, ist die große Offenblende, also eine sehr kleine einstellbare Blendenzahl. Somit sind sie ausgesprochen lichtstark und ermöglichen das Fotografieren mit niedriger Schärfentiefe. Da es solche Objektive mit Anfangsblende von f1,8, f1,4 oder gar f1,2 nicht als Zoomobjektive gibt, muss man mit den Einschränkungen einer Festbrennweite leben: Durch Vor- und Zurückgehen anstelle eines Drehs am Zoomring bestimmen Sie hier den Ausschnitt. Dafür ermöglichen es diese Modelle bei niedriger Blendenzahl ausgesprochen gut, den Hintergrund in Unschärfe verschwinden zu lassen. Störende und ablenkende Elemente in der freien Natur können so elegant ausgeblendet werden. In Räumen darf das Hintergrundmaterial beim Fotografieren mit kleiner Blendenzahl ruhig Makel haben. Sogar ein schlecht gebügeltes weißes Bettlaken oder eine Raufasertapete erscheinen bei genügend Abstand zum Modell auf dem Bild trotzdem als homogene weiße Fläche, wenn die Schärfentiefe gering ist.

[50 mm | f1,8 | 1/400 s | ISO 400]

▲ **Abbildung 9.2**
Positionieren Sie Ihr Gegenüber am besten nicht in der Mitte des Bildes, sondern leicht außerhalb davon.

Ein sehr empfehlenswertes Porträtobjektiv ist das *EF 50 mm f/1,8 STM* von Canon (siehe den Abschnitt »Festbrennweiten« ab Seite 196). Es kostet rund 130 Euro. Das wesentlich ältere *EF 50 mm f/1,4 USM* ist für rund 300 Euro erhältlich und kann in puncto Schärfe und Autofokustreffsicherheit mit diesem Objektiv nicht mithalten. Das *EF 85 mm f/1,8 USM* für 300 Euro bietet eine hohe Lichtstärke bei einem etwas engeren Bildwinkel. Bei der Arbeit mit diesem Objektiv liegt zwischen Fotograf und Modell also in der Regel ein wenig mehr Distanz. Dafür sind auch Details im Gesicht fotografierbar, ohne der Person allzu sehr auf die Pelle rücken zu müssen.

Auch das Porträtieren mit längeren Brennweiten wie etwa 100 mm hat seine Berechtigung. Durch den größeren Abstand vom Modell und den engeren Bildwinkel wirkt der Bildhintergrund komprimierter. In manchen Situationen ist das der gewünschte Effekt.

Gleich zwei Fliegen mit einer Klappe schlagen Sie mit einem Makroobjektiv. Mit diesem können Sie nicht nur die kleinen Dinge, sondern auch Menschen ganz vortrefflich ablichten. Alle im Abschnitt »Makroobjektive« ab Seite 198 vorgestellten Makroobjektive ab 50 mm Brennweite eignen sich auch für Porträtzwecke ganz hervorragend. Allerdings sind sie nicht ganz so lichtstark wie Festbrennweiten ohne Makrofähigkeiten.

 Reflektor zum Aufhellen

Eine gute Investition für die Porträtfotografie ist ein Reflektor. Diese gibt es mit verschiedenen Bespannungen. Goldene und gold-silberfarbene Modelle (Letztere werden auch *Zebra-Modelle* genannt) sorgen für besonders schöne Hauttöne. Für die Arbeit mit einem Reflektor benötigen Sie allerdings meist einen Assistenten.

So gelingen scharfe Porträts

Die hohe Lichtstärke der gerne als ideale Porträtobjektive gelobten Modelle hat allerdings ihre Tücken. Denn mit großen Blendenöffnungen, also kleinen Blendenzahlen, und einem Motiv in unmittelbarer Nähe der Kamera ist die Schärfeebene ausgesprochen gering. Bei einer Brennweite von 50 mm, einer Blende von f3,2 und einer Entfernung des Modells von der Sensorachse der EOS 77D von einem Meter erstreckt sich die Schärfe von 0,98 bis 1,02 Metern. Sie ist damit nur vier Zentimeter tief. Damit sind interessante kreative Effekte möglich: Die Augen sind scharf, die Ohren jedoch verschwinden bereits in der Unschärfe.

Dabei passiert es allerdings recht schnell, dass das Motiv die Schärfeebene ungewollt verlässt. Ein leichtes Pendeln von Fotograf oder Modell reicht, und anstelle der Augen sind nur die Nasenspitze oder die Ohrläppchen scharf. Bei der Arbeit mit sehr weit geöffneten Blenden wie f1,8, f1,4 oder gar f1,2 lässt sich dies kaum verhindern. Es empfiehlt sich deshalb, gleich mehrere Fotos hintereinander zu schießen. Die Serienbildeinstellung macht es möglich. Mit jedem Auslösen steigt die Wahrscheinlichkeit, dass Sie ein wirklich scharfes Bild bekommen. Möglicherweise ge-

Abbildung 9.3
Die geringe Schärfentiefe hat auch ihre Tücken. Hier liegt das rechte Auge des Modells schon außerhalb der Schärfeebene.

[55 mm | f2,2 | 1/100 s | ISO 100]

fällt Ihnen das Bild aber selbst dann noch, wenn Sie die Blende einfach ein wenig weiter schließen. Mit diesem Schritt erhöht sich schließlich die Schärfentiefe und damit die Chance, die wichtigen Motivelemente im richtigen Bereich zu haben. Alternativ können Sie das Modell etwas weiter vom Hintergrund entfernt positionieren. Auch dadurch wirkt dieser unschärfer.

> **Tricks für mehr Hintergrundunschärfe**
>
> Mehr Hintergrundunschärfe erreichen Sie mit Hilfe dieser vier Methoden:
> - Öffnen Sie die Blende weiter: Je kleiner die Blendenzahl, desto verschwommener der Hintergrund.
> - Benutzen Sie eine längere Brennweite. Damit der Bildausschnitt sich nicht verändert, müssen Sie ein paar Schritte zurückgehen. Es entsteht der Eindruck einer geringeren Schärfentiefe. Das Prinzip wird im Exkurs »So wirken sich Brennweite und Aufnahmestandort auf den Bildausschnitt aus« auf Seite 60 erklärt.
> - Verringern Sie die Entfernung zwischen der Kamera und dem Modell.
> - Erhöhen Sie die Distanz zwischen dem Modell und dem Hintergrund.
>
> Durch eine Kombination dieser Techniken verstärkt sich der Effekt jeweils.

Egal, ob Sie mit offener oder eher weit geschlossener Blende fotografieren: Der Fokus beim Porträt muss sitzen. In Kapitel 6, »Perfekt scharfstellen mit der EOS 77D«, haben Sie erfahren, wie Sie das entsprechende Messfeld über die AF-Messfeldwahl-Taste gezielt auswählen können. Bei der Porträtfotografie mit niedrigen Blendenzahlen (großen Blendenöffnungen) können Sie davon sinnvoll Gebrauch machen.

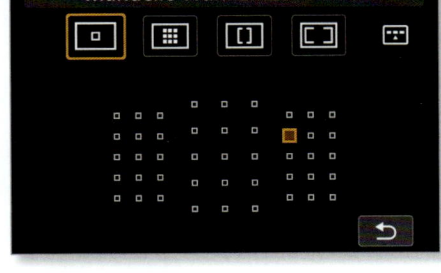

▽ **Abbildung 9.4**
Bei der Porträtfotografie sind häufig die äußeren Autofokusfelder eine gute Wahl.

Bei der Wahl eines Autofokusmessfeldes entscheiden Sie sich idealerweise für das Feld, unter dem sich die Augen befinden. Gerade wenn Sie das Bild gezielt gestalten, ist das jedoch oft nicht möglich. In diesen Fällen müssen Sie die EOS 77D nach dem Fokussieren mit dem richtigen Messfeld schwenken. Dazu drücken Sie den Auslöser halb herunter und warten den Fokussiervorgang bis zum Piepton ab. Anschließend bewegen Sie die Kamera auf den gewünschten Ausschnitt und drücken erst jetzt den Auslöser komplett durch. Diese Technik wird auch als *Focus then recompose* bezeichnet. Zu beachten ist jedoch, dass die Schärfeebene umso kleiner ist, je näher das fokussierte Motiv der Kamera ist. Ein Kameraschwenk reicht manchmal schon aus, und die Augen sind außerhalb des scharf abgebildeten Bereichs. Diese Technik sollte deshalb mit Bedacht eingesetzt werden. Im Zweifel blenden Sie lieber um eine oder zwei Blendenstufen ab. Damit erhöht sich die Schärfentiefe zwar ein wenig, zumindest bei Blenden wie etwa f2,8 oder f3,5 ist der Hintergrund allerdings noch immer wie gewünscht unscharf.

> **Wohin mit der Schärfe?**
>
> Die Schärfe sollte bei der Porträtfotografie immer auf den Augen liegen. Dieser Punkt erweckt beim Betrachter die größte Aufmerksamkeit. Sind die Augen unscharf, ist die Bildwirkung in den meisten Fällen dahin.

Schöne Farben für Porträts

Großen Einfluss auf das Bild hat der Weißabgleich, der unterschiedliche Farbtemperaturen und damit die Farbgebung des Bildes bestimmt. Dabei sind Ihrer Kreativität insofern Grenzen gesetzt, als dass Hauttöne in der Regel noch eine halbwegs natürliche Wirkung haben sollten. Warme, pastellfarbene Hauttöne lassen Gesichter deutlich vorteilhafter erscheinen als zum Beispiel rötliche oder anders farbstichige Partien.

Abbildung 9.5 >
Die höhere Farbtemperatur beim Weißabgleich sorgt für wärmere Farben beim rechten Bild.

[32 mm | f4,5 | 1/50 s | ISO 200 | +1]

Über die **WB**-Taste für den **Weißabgleich** gelangen Sie schnell in das entsprechende Menü. Experimentieren Sie zu Beginn einer Porträtreihe ruhig mit verschiedenen Einstellungen, die auf den ersten Blick falsch erscheinen. Wenn Sie den Weißabgleich bei hellem Sonnenlicht auf **Schatten** stellen, bekommen die Bilder eine sehr warme, eher abendliche Note. Vielleicht sagt Ihnen aber auch der ins Bläuliche gehende Look zu, den Sie mit der Einstellung **Kunstlicht** erreichen. Weitere Informationen dazu finden Sie im Abschnitt »So stellen Sie den Weißabgleich richtig ein« auf Seite 121.

Die **Bildstile** erlauben weitere Veränderungen, die nicht nur die Farbtemperatur, sondern auch Parameter wie die Bildschärfe und die Sättigung betreffen. Der mit der EOS 77D gelieferte Bildstil **Porträt** eignet sich natürlich besonders gut für die Aufnahme von Menschen. Er ist auf eine natürliche Darstellung von Hauttönen ausgerichtet. Wenn Sie im RAW-Format arbeiten, können Sie Bildstil und Farbtemperatur auch noch nachträglich festlegen. Weitere Informationen zu diesem Thema finden Sie im Abschnitt »Farben nach Wunsch: Bildstile einsetzen« ab Seite 124.

▲ Abbildung 9.6
Den passenden Weißabgleich im Menü auswählen

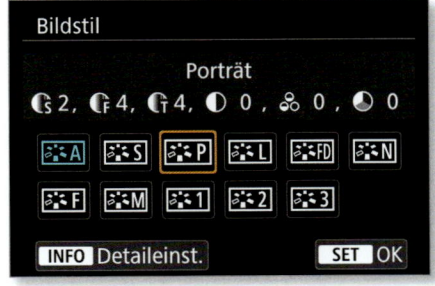

▲ Abbildung 9.7
Die Bildstimmung beeinflussen Sie am einfachsten mit dem richtigen Bildstil.

 Empfehlenswerte Einstellungen für klassische Porträtfotos

- **Av**-Modus (oder wenn es schnell gehen muss: Motivprogramm **Porträt**)
- Brennweite: 50–70 mm
- Blende: kleine Blendenzahl für niedrige Schärfentiefe
- Autofokus: **One Shot**
- Bildstil: **Porträt** oder eigener, angepasster Bildstil
- Weißabgleich: nach Bedarf (zum Beispiel **Schatten** für eine warme Lichtstimmung)
- ISO: maximal 400 (sofern das Rauschen kein Problem ist, auch höher)

▲ Abbildung 9.8
Einstellungen für ein Porträt-Shooting. Die kleine Blendenzahl 2,8 funktioniert natürlich nur bei einem lichtstarken Objektiv.

So gestalten Sie Ihre Porträts

Bei der Gestaltung ansprechender Porträts haben Sie alle erdenklichen Freiheiten und damit die Qual der Wahl. Bevor Sie loslegen, lohnt es sich, genau zu überlegen, welche Aussage Sie mit dem Bild über die abgelichtete Person treffen möchten. Dazu ist es auf jeden Fall hilfreich, mehr über ihre Persönlichkeit zu erfahren. Das ist natürlich viel verlangt und nicht immer möglich. Auf jeden Fall sollten Sie wenigstens eine klare Vorstellung von der angestrebten Bildsprache haben: Geht es um eine ernste, heitere, verträumte oder sinnliche Darstellung? Soll das Bild für Kompetenz, Kreativität, Schönheit oder ein ereignisreiches Leben stehen? Mit den Antworten auf diese Fragen ergeben sich einige weitere Entscheidungen über Faktoren wie Licht, Hintergrund und Bildaufbau wie von selbst.

Mit Licht und Schatten spielen

Wie in allen Bereichen der Fotografie kommt es auch bei Porträts auf das richtige Licht an. Die von Wind und Wetter gezeichnete Haut eines alten Seemanns verträgt eine andere Beleuchtung als die einer jungen Frau oder eines Kindes. Bei einer Charakterstudie dürfen Partien im tiefsten Schatten liegen, während in anderen Fällen das Gesicht in seiner ganzen Schönheit gezeigt werden soll. Mit der Kenntnis von Licht in all seinen Varianten und dem Wissen über Einflussmöglichkeiten darauf können Sie Ihre gestalterische Vision wesentlich besser umsetzen.

Am schmeichelhaftesten ist in der Regel weiches Licht. Dieses kommt immer dann zustande, wenn Licht aus einer beliebigen Quelle diffus und flächig gestreut wird. Dabei entstehen gar keine oder nur sehr weiche Schatten. In der Natur findet man ein solches Licht an bewölkten Tagen, die deshalb für Porträtaufnahmen gut geeignet sind. Auch an vielen leicht schattigen Plätzen dominiert weiches Licht, das über eine Vielzahl von Flächen reflektiert wird und deshalb diffus ist. Gute Bedingungen finden Sie zum Beispiel unter einem Baum oder Torbogen oder auch an einem Fenster zur Nordseite. Dort strahlt die Sonne nie mit voller Kraft auf Ihr Modell.

▼ Abbildung 9.9
Das starke Gegenlicht stört hier nicht unbedingt. Allerdings wäre ein Reflektor von vorn angebracht gewesen.

[50 mm | f2,8 | 1/200 s | ISO 100]

Das warme Abend- und Morgenlicht schmeichelt mit seiner Farbtemperatur den Hauttönen. Die Schatten sind um diese Tageszeiten zwar lang, sorgen aber auch für Konturen. Durch die weichen Schattenränder fallen diese jedoch nicht unangenehm auf. Selbst Gegenlichtaufnahmen funktionieren um diese Zeit ohne übermäßig ausgebrannte Partien am Himmel. Möglicherweise müssen Sie dabei allerdings mit einem Aufhellblitz oder einem Reflektor Licht auf das Gesicht bringen.

[50 mm | f3,2 | 1/200 s | ISO 200]

[80 mm | f5,6 | 1/250 s | ISO 100]

<< **Abbildung 9.10**
Für diese Gegenlichtaufnahme im Abendrot wurde ein Reflektor verwendet.

< **Abbildung 9.11**
Männergesichter vertragen härteres Licht als Frauengesichter (Bild: Dean Mitchell, www.istockphoto.com).

Es gibt jedoch auch Beispiele, in denen gerade die kontrastreichen Schatten des harten Lichts erwünscht sind, wie es um die Mittagszeit anzutreffen ist. Falten werden tiefer und damit sichtbarer, die Gesichtszüge markanter. Gerade bei Porträts von Männern kann dies genau die gewünschte Bildwirkung sein.

Neben der Art des Lichts spielt natürlich auch dessen Richtung eine Rolle. Direkt von oben kommendes Licht, etwa von der Mittagssonne, wirft harte Schatten und führt zu schwarzen Augenhöhlen. Vorteilhafter ist ein Aufbau, bei dem die Lichtquelle etwa im 45-Grad-Winkel auf das Motiv fällt. In dieser Konstellation geben die Schatten dem Bild die nötige Räumlichkeit. Zudem wirkt die dadurch schmalere, aber hellere Gesichtshälfte dominanter, wodurch der Eindruck von Schlankheit vermittelt wird. Kritisch sind jedoch die Schlagschatten, die besonders von der Nase ausgehen und meist unschön über den Mund verlaufen. Dagegen hilft meist eine leichte Kopfdrehung in Richtung Beleuchtung, eine Aufhellung durch einen Reflektor oder eine weitere Lichtquelle von der anderen Seite.

Hell macht glatt

Experimentieren Sie mit mehreren Belichtungsvarianten. Eine leichte Überbelichtung lässt die Strukturen der Haut verschwinden und sie glatter erscheinen. Drehen Sie dafür nach dem Antippen des Auslösers das Schnellwahlrad.

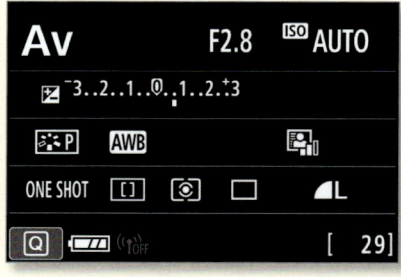

Den Bildausschnitt gestalten

Eine weitere entscheidende Frage ist die, wo genau im Bild sich die porträtierte Person befinden soll. Ausgesprochen langweilig wirken in der Regel Bilder, bei denen der Kopf einfach nur in der Bildmitte angeordnet ist, womöglich sogar zu klein oder mit viel freier Fläche über ihm. Der Hintergrund bekommt damit zwangsläufig eine Dominanz, die gegenüber dem Hauptmotiv meist nicht zu rechtfertigen ist. Eine Positionierung außerhalb der Mitte verändert die Bildwirkung enorm. Sie können zum Beispiel die Drittelregel nutzen und ein Auge auf den Schnittpunkten mit der oberen Linie positionieren. Auch ein diagonal im Bild positioniertes Modell wirkt interessant und bietet eine optimale Raumausnutzung.

Beim gestellten Porträt stehen Sie vor der Wahl, ob Sie das Modell von Kopf bis Fuß oder nur als Ausschnitt ablichten wollen. Dabei empfiehlt sich bedachtes Vorgehen, denn abgeschnittene Hände oder Füße irritieren den Betrachter sehr. Wenn es Ihnen auf eine weit-

⌄ **Abbildung 9.12**
Die diagonale Ausrichtung bringt zusätzliche Dynamik ins Spiel.

[50 mm | f3,2 | 1/200 s | ISO 100]

gehend formatfüllende Abbildung des Gesichts ankommt, ist ein klarer, harter Schnitt oft die bessere Wahl. Markante Gesichtszüge, schöne Augen oder andere charakteristische Merkmale lassen sich so besonders betonen. Achten Sie dabei darauf, die Augen nicht zu nah an den Bildrand zu legen oder genau durch den Haaransatz zu schneiden.

Die Ganzkörperaufnahme wartet mit vielen Tücken auf: Hier kommt es stark auf Ihre Fähigkeit an, das Modell in einer natürlichen, unverkrampften Position abzulichten. Es hilft dabei, wenn sich die porträtierte Person in verschiedenen Posen in Szene setzt und Sie mit unterschiedlichen Perspektiven experimentieren. Neben der Haltung und der Körpersprache müssen Sie aber auch Kleidung und Hintergrund besonders im Auge behalten.

Falls Sie sich für eine Aufnahme mit Brust und Kopf entscheiden, sieht in der Regel eine etwas gedrehte Haltung vorteilhafter für den Porträtierten aus. Dabei sollte die hintere Schulter noch im Bild zu sehen sein.

^ Abbildung 9.13
Fotos, bei denen eine Tätigkeit eine besondere Rolle spielt, können den Menschen zum Beispiel auch auf seine Hände reduzieren.

< Abbildung 9.14
Die Natur bietet für Ganzkörperporträts viele Kulissen.

Auch die Perspektive spielt für die Bildaussage eine gewichtige Rolle. Ein von unten fotografiertes Modell wirkt selbstbewusst, man blickt zu ihm auf. Umgekehrt kann der Blick von oben das Bild einer zurückhaltenden Person erzeugen, auf die man herabschaut. Unterschiedliche Bildwirkungen ergeben sich auch, wenn das Modell im Profil oder frontal von vorn aufgenommen wird.

> **Schnittverbot**
>
> Ein einfacher Merksatz mit großer Bedeutung: »Unterm Knie schneide nie!«

Gruppenbilder richtig aufnehmen

Soll nicht nur eine Person, sondern gleich eine ganze Gruppe abgelichtet werden, multiplizieren sich die genannten Herausforderungen mit der Zahl ihrer Mitglieder. Jetzt gilt es schließlich, gleich mehrere Menschen vorteilhaft abzubilden. Grundsätzlich ist es natürlich wichtig, dass jedes Gesicht auf dem Bild zu sehen ist und jeder die Augen geöffnet hält. Machen Sie deshalb gleich mehrere Aufnahmen hintereinander. So steigt die Chance, dass zumindest auf einem der Bilder alle in die Kamera blicken. Der wohl einfachste Weg, Gruppenaufnahmen mehr Pep zu verleihen, besteht in einer dynamischen Aufstellung der einzelnen Personen, so dass eine interessante Linienführung durch das Bild entsteht. Anstatt alle in Reih und Glied zu positionieren, weisen Sie den Porträtierten verteilte Plätze zu. Möglicherweise müssen Sie die Blende weiter schließen, damit die Schärfentiefe ausreichend ist.

Gerade bei großen Gruppen ist der Fotograf schnell versucht, einfach mit einer niedrigen Brennweite mehr Personen aufs Bild zu bekommen. Das führt jedoch besonders am Rand zu unvorteilhaft verzerrten Proportionen. Gehen Sie deshalb lieber ein paar Schritte zurück.

ᵥ Abbildung 9.15
Bei Gruppenbildern sollten Sie keine zu große Blendenöffnung wählen, damit alle scharf abgebildet werden.

[19 mm | f7,1 | 1/200 s | ISO 100]

> **Letzte Rettung Bildbearbeitung**
>
> Mit einer Bildbearbeitungssoftware ist es durchaus möglich, Köpfe aus mehreren Bildern so auszutauschen, dass am Ende jeder in Richtung Kamera blickt. Einfacher machen Sie sich das Leben allerdings, wenn Sie schon während der Aufnahme dafür sorgen, dass niemand die Augen zukneift.

Natürliche Kinderbilder aufnehmen

Eine besondere Herausforderung ist das Fotografieren von Kindern. Anders als Erwachsene verstellen sich Kinder nicht, sondern zeigen genau, was sie gerade denken und fühlen. Gestellte Kinderbilder wirken dementsprechend häufig sehr ausdruckslos. Im Umkehrschluss müssen Sie sich auf die Lauer legen und darauf hoffen, den passenden Moment zu erwischen. Dazu benötigen Sie viel Geduld und möglicherweise einen Partner, der das Kind beschäftigt und ablenkt. Verwickeln Sie das Kind in ein spannendes Spiel, in eine kleine Geschichte, und lassen Sie seinem Spieltrieb freien Lauf. Wichtig ist, dass Sie sich auf Augenhöhe mit dem Kind und damit zu seiner Sichtweise auf die Welt begeben. Bilder aus der Vogelperspektive wirken eher unvorteilhaft, und zugleich ist damit die Interaktion mit dem Kind weitaus schwieriger. Für viele Betrachter ist das Gesicht eines Kindes am interessantesten. Angesichts dessen ist die Verlockung groß, nur Kopf und Oberkörper abzubilden. Damit geht leider zugleich der Kontext verloren. Insbesondere wird es späteren Betrachtern schwerfallen, die Größe des Kindes einschätzen zu können. Achten Sie also bei der Dokumentation auf einen ausgewogenen Mix.

▽ Abbildung 9.16
Kinder sind dankbare Motive.

[42 mm | f3,5 | 1/160 s | ISO 1600]

Mehr als schmückendes Beiwerk: die Umgebung einbeziehen

Es passiert im Eifer des Gefechts leicht, dass Sie nur Augen für das Gegenüber haben. Ein sehr wichtiges gestalterisches Element, das einen ebenso kritischen Blick verdient, ist der Hintergrund. Egal, ob er durch eine weit geöffnete Blende nur schemenhaft erkennbar ist oder auch völlig scharf abgebildet wird: Er sollte nicht von der abgebildeten Person ablenken und die Bildaussage stützen, ohne zu dominant zu sein und den Betrachter abzulenken. Deshalb wirken besonders diejenigen Bilder gut, in denen der Hintergrund nicht willkürlich gewählt wurde, sondern zur Bildaussage passt. Ein harter Rockmusiker etwa würde auf einer romantischen Blumenwiese reichlich deplatziert aussehen, es sei denn, Sie nutzen diese Wirkung – und hier beginnt das kunstvolle Brechen von Regeln – als humorvolle Anspielung.

Eine gezielte Überprüfung des Umfelds schon während der Aufnahme verhindert böse Überraschungen, wenn Sie die Bilder später betrachten und aussortieren. Büsche, Äste oder Straßenlaternen, die scheinbar aus dem Kopf des Modells wachsen, schaden der Bildwirkung. Solche ablenkenden Elemente lassen sich ebenso wie zu dominante Farben und Formen meist durch einen Schritt zur Seite verhindern oder durch geringe Schärfentiefe ausblenden. Zu Hause am Computer jedoch ist es ausgesprochen mühselig, solche Störfaktoren mit der Bildbearbeitung zu entfernen.

Falls es nicht möglich ist, Person und Hintergrund miteinander in Bezug zu setzen, ist Homogenität eine gute Wahl. In der extremsten Form bildet eine komplett weiße oder schwarze Fläche den Hintergrund. Weitaus interessanter ist jedoch der Einsatz von Strukturen, die sich bei der Fotografie im Freien finden. Hier bieten sich Mauern, Türen, Wiesen und Wälder sowie natürlich der Himmel als mögliche Hintergründe an. Im Idealfall sind diese auf die Kleidung oder gar die Augenfarbe abgestimmt, bilden also etwa die Komplementärfarbe, oder die Farben werden aufgegriffen.

⌄ **Abbildung 9.17**
Hier sind Person und Hintergrund farblich aufeinander abgestimmt.

[50 mm | f1,8 | 1/320 s | ISO 400]

So gestalten Sie Ihre Porträts

[135 mm | f10 | 1/320 s | ISO 200]

◠ **Abbildung 9.18**
Dieses Bild wirkt durch die diagonale Linienführung und die Platzierung der Kinder im Goldenen Schnitt.

[80 mm | f2,8 | 1/100 s | ISO 3200]

◠ **Abbildung 9.19**
Die besten Aufnahmen entstehen häufig in vermeintlich unbeobachteten Momenten.

Eine hohe Kunst ist es, die Linien in der Umgebung als Hinführung zum abgebildeten Menschen zu nutzen. Dazu bieten sich etwa ein Weg, ein Geländer oder Stufen an. Aber auch alle anderen grundsätzlichen Gestaltungsmöglichkeiten lassen sich auf die Porträtfotografie anwenden. In der Regel einfach umsetzbar ist zum Beispiel ein Rahmen, der durch ein Fenster, einen Torbogen oder Äste gebildet wird.

Sehr schön anzusehen sind Bilder von Menschen in ihrem Lebensumfeld, also zum Beispiel bei der Ausübung eines Handwerks, einer Sportart oder in einem angeregten Dialog mit ihren Freunden. Solche situativen Porträts erfordern ein großes Gespür für den richtigen Augenblick und haben das Genre der Straßenfotografie begründet. Die so entstandenen Bilder wirken meist natürlicher als jedes gestellte Posieren vor der Kamera.

Dabei müssen Sie nicht wie Paparazzi auf lange Brennweiten setzen. Der berühmte amerikanische Fotograf Robert Capa prägte den Satz: »Ist das Foto nicht gut, warst du nicht nahe genug dran.« Ob er damit emotionale oder physische Distanz meinte, ist umstritten. Tatsache ist jedoch, dass aus kurzer Entfernung geschossene Bilder ein Gefühl des direkten Dabeiseins ausstrahlen, das anders kaum zu erreichen ist. Die ausdrucksstarken Bilder zu Reportagen in Tageszeitungen und Magazinen sind aus diesem Grund oft mit niedrigen Brennweiten fotografiert. Vorsicht ist allerdings bei Weitwinkelaufnahmen geboten. Die Tücken hier sind extreme Verzeichnungen. Arme und Beine, die dem Objektiv näher sind als der Kopf, werden überproportional groß. Das kann sowohl zu absurd comichaften als auch sehr dynamisch wirkenden Fotos führen.

Bei aller Konzentration auf gestalterische Fragen sollten Sie das Modell immer sehr genau betrachten: Eine umherflatternde Haarsträhne oder ein schlecht sitzender Krawattenknoten lassen sich vor Ort mit wenigen Handgriffen in Form bringen. Bemerken Sie solche Fehler erst später am Computer, droht Ihnen dagegen eine mühselige Retusche.

[39 mm | f7,1 | 1/400 s | ISO 200]

∧ **Abbildung 9.20**
Ein Moment der Ruhe

[55 mm | f5,6 | 1/400 s | ISO 1600]

∧ **Abbildung 9.21**
Beziehen Sie die Umgebung der porträtierten Person ein, um den Betrachter am Geschehen teilhaben zu lassen.

Besser fragen!

Ob buddhistischer Mönch in Nepal, Straßenkoch in Vietnam oder Indio in Südamerika – die Gesichter dieser Menschen erzählen oft von einem Leben, das mit dem eines Europäers denkbar wenig zu tun hat. Vielleicht ist es genau das, was sie als Porträtmotive so anziehend macht. Anstatt aber einfach auf den Auslöser zu drücken, fragen Sie lieber, ob Sie ein Foto machen dürfen. Oft ergeben sich so interessante Begegnungen, die sich in besseren Bildern niederschlagen.

Der Fotograf und das Modell
EXKURS

Einen Menschen zu porträtieren, den man gut kennt, ist oft leichter, als eine fremde Person abzulichten. Die Qualität eines Fotos hängt schließlich ganz entscheidend von der Chemie zwischen Modell und Fotografen ab. Sich vor den Aufnahmen gegenseitig näher kennenzulernen, ist darum ein wichtiger Schritt auf dem Weg zum perfekten Bild. Während des Fotografierens selbst ist es dagegen gar nicht so leicht, die Stimmung zu verbessern.

Wer kennt sie nicht, die Anweisung: »Jetzt guck mal ganz locker!« Mit dieser Aufforderung aber ist ein unnatürlicher Gesichtsausdruck geradezu vorprogrammiert. Zielführender ist es, das Gegenüber aufzulockern und im entscheidenden Moment auf den Auslöser zu drücken. Natürlich ist dies leichter gesagt als getan, und es handelt sich dabei um eine wahrlich anspruchsvolle Kunst. Leicht zu erlernen ist allerdings die Fähigkeit, seine eigenen Gedanken beim Fotografieren nicht nach außen dringen zu lassen: Nichts ist für die porträtierte Person irritierender als ein skeptischer Blick auf das Kameradisplay. Ein ärgerlich dahingesagtes »Oh, das sieht nicht gut aus« verunsichert das Modell nur unnötig.

Wenn Sie also nach einer Serie von Bildern feststellen, dass der ISO-Wert auf 6400 stand oder sämtliche Bilder komplett überbelichtet sind, lassen Sie sich am besten gar nichts anmerken und starten einfach eine neue Reihe an Aufnahmen.

[32 mm | f4,5 | 1/50 s | ISO 200 | +1]

▲ Abbildung 9.22
Je entspannter die Stimmung, desto natürlichere Bilder sind möglich.

[50 mm | f3,5 | 1/80 s | ISO 400]

◀ Abbildung 9.23
Lassen Sie Ihren Ideen freien Lauf!

Kapitel 10
Natur inszenieren mit der EOS 77D

Die richtige Technik für die Naturfotografie	236
Gute Begleiter für draußen: Filter	241
Naturbilder wirkungsvoll gestalten	247
Tiere vor der Kamera	258
EXKURS: Spaß mit der WLAN-Verbindung	261

Die richtige Technik für die Naturfotografie

Eine umwerfende Landschaft abzulichten gehört zu den anspruchsvollsten Aufgaben der Fotografie. Denn Berge, Täler, Flüsse und Ebenen, die sich dem Auge als wunderbare Gesamtkomposition präsentieren, wirken im Bildformat der Kamera schnell banal und langweilig. Die Naturfotografie bietet eine Fülle von Motiven, die sehr unterschiedliche Brennweiten verlangen. Für erste Ausflüge ins Grüne ist ein Standardobjektiv wie das *EF-S 18–55 mm f/4–5,6 IS STM* oder das Modell mit 18–135 mm Brennweite eine gute Wahl. Beide eignen sich gut für Weitwinkelaufnahmen und insbesondere das *EF-S 18–135 mm f/3,5–5,6 IS USM* ermöglicht interessante Teleaufnahmen.

> **Brennweiten**
> Die Wirkung unterschiedlicher Brennweiten und Motiventfernungen wird im Exkurs »So wirken sich Brennweite und Aufnahmestandort auf den Bildausschnitt aus« ab Seite 60 beschrieben.

Für viele gehört zur Landschaftsfotografie auch die kleine Brennweite eines Ultraweitwinkelobjektivs zwischen 10 und 20 mm. Mit ihm lassen sich weite Szenerien eindrucksvoll abbilden. Allerdings sind die Tücken einer solch niedrigen Brennweite nicht zu unterschätzen. Ohne eine gut durchdachte Bildgestaltung kommen besonders bei dieser Objektivart schnell ausgesprochen leere und uninteressante Bilder heraus.

Abbildung 10.1 >
Bei der Aufnahme mit einem Ultraweitwinkelobjektiv werden Motivbestandteile im Vordergrund sehr dominant dargestellt.

[17 mm | f10 | 1/250 s | ISO 100]

Wer in der Naturfotografie sein fotografisches Betätigungsfeld gefunden hat, zieht früher oder später eine Erweiterung seines Brennweitenbereichs nach oben in Betracht. Mit Teleobjektiven ist es sowohl möglich, Landschaften optisch zu »verdichten«, als auch Tiere aus großen Entfernungen formatfüllend abzulichten. Das *Canon EF-S 55–250 mm f/4–5,6 IS STM* ist für den Einstieg ein gutes Objektiv, das die Möglichkeiten erheblich erweitert.

In vielen Situationen ist natürlich auch ein Makroobjektiv sinnvoll, mit dem Motive im Nahbereich, also Blumen und Insekten, besonders gut abgebildet werden können.

[400 mm | f8 | 1/320 s | ISO 200]

△ **Abbildung 10.2**
Durch die lange Brennweite konnte die Robbe trotz der weiten Entfernung groß abgebildet werden.

Welches Kreativprogramm?

Das **Av**-Programm der EOS 77D ist für die Landschaftsfotografie ideal geeignet. Über die Einstellung der Blende haben Sie die volle Kontrolle über die Schärfentiefe. Kommt Bewegung ins Spiel, ist es sinnvoll, das **Tv**-Programm auszuwählen. Um einen Vogel im Flug oder ein Pferd im Galopp scharf zu fotografieren, bedarf es recht kurzer Belichtungszeiten, die in diesem Modus bequem eingestellt werden können.

Das A & O: scharfe Bilder erzielen

Ein für Naturfotografen besonders wichtiges Hilfsmittel ist das Stativ. Sein Einsatz ist selbst dann sinnvoll, wenn Sie bei guten Lichtverhältnissen unterwegs sind und damit keine Verwacklungsgefahr besteht. Der Vorteil des stabilen Kamerastands ist, dass er Ruhe in die Fotografie bringt: Durch den Sucher oder im Livebild-Modus können Sie in aller Ruhe das Motiv analysieren und den Ausschnitt sehr genau und überlegt justieren.

Viele empfinden den Auf- und Abbau sowie das Tragen eines Stativs allerdings als umständlich und kompliziert. Das Einbeinstativ und auch der Bohnensack sind in dieser Hinsicht gute Kompromisse zwischen der Stabilität des Stativs und der Flexibilität des Freihandfotografierens. Nähere Informationen zu diesen Stabilisierungsmöglichkeiten finden Sie im Abschnitt »Fester Halt für die EOS 77D: Stative & Co.« ab Seite 204.

In der Landschaftsfotografie ist oft eine hohe Schärfentiefe gefragt. Schließlich soll das Bild in der Regel durchgängig scharf sein. In konkreten Zahlen ausgedrückt, sind mittlere Werte, wie etwa Blende 8, dafür gut geeignet.

Experimentieren Sie mit verschiedenen Blendeneinstellungen, indem Sie das Moduswahlrad auf **Av** stellen und mit dem Hauptwahlrad den gewünschten Blendenwert einstellen. Achten Sie jedoch auf die Belichtungszeit, die Ihnen die EOS 77D zu der jeweils eingestellten Blende empfiehlt. Sie können dabei die Kehrwertregel nutzen: Die Belichtungszeit sollte nicht länger sein als (1/Brennweite) × 1,6. Das Ergebnis dieser Rechnung unterstützt Sie bei der Entscheidung, ob Sie das Foto noch aus der Hand schießen können oder ob ein Stativ nötig ist. Das Fotografieren in der Natur ist eine gute Gelegenheit, diese Faustformel praktisch auszutesten.

Je weiter der Punkt entfernt ist, den Sie anfokussieren, desto weniger sorgt eine weit geöffnete Blende für Probleme mit einer zu geringen Schärfentiefe. Bei der Naturfotografie mit ihren oft großen Distanzen zwischen Motiv und Kamera können Sie sich diesen Effekt zunutze machen. Das gilt insbesondere dann, wenn im Vordergrund keine weiteren Elemente sind, etwa bei der Abbildung eines Bergmassivs in weiter Ferne. Ähnlich hilfreich ist auch das optische Prinzip der *hyperfokalen Distanz*.

[32 mm | f8 | 1/200 s | ISO 100]

▲ Abbildung 10.3
Dank Blende 8 ist das Foto von vorn bis hinten scharf.

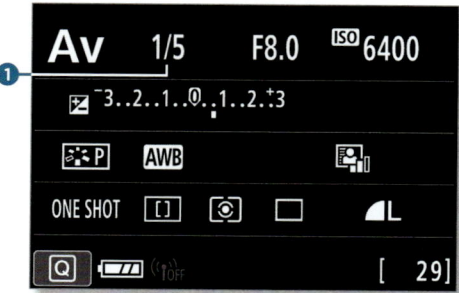

Abbildung 10.4 ▶
Bei dieser langen Belichtungszeit ❶ ist ein verwackeltes Bild nahezu unvermeidlich. Öffnen Sie die Blende (verringern Sie den Blendenwert) oder erhöhen Sie den ISO-Wert, und die Belichtungszeit sinkt.

Beste Schärfeleistung

Objektive weisen oft nicht bei jedem Blendenwert die gleiche Schärfeleistung auf. Bei offener Blende ist die Auflösung noch nicht auf ihrem höchsten Wert. Sie erreicht erst nach dem Abblenden um einige Stufen ihr Maximum, um danach von Blendenschritt zu Blendenschritt weiter abzufallen (siehe auch den Exkurs »Testberichte von Objektiven verstehen« ab Seite 211). Ihren sogenannten *Sweet Spot*, die höchste Schärfeleistung, erreicht die Mehrzahl der aktuellen Objektive bei Blende f5,6 bis f8. Genau genommen, müssten Sie auch dies in die Blendenwahl mit einbeziehen. Aber auch Meisterwerke der Fotografie wurden schon mit hoher Blendenzahl geschossen – die Unterschiede sind oft nur in starker Vergrößerung der Bilder zu erkennen.

Die richtige Blendenöffnung finden
SCHRITT FÜR SCHRITT

1 Eine Blende einstellen
Ein vom Vordergrund bis zum Hintergrund scharfes Bild: In der Landschaftsfotografie ist dies häufig das angestrebte technische Ziel. Stellen Sie im **Av**-Modus eine recht hohe Blendenzahl ein. Die Werte 8, 11 oder 16 eignen sich für den Anfang recht gut.

2 Die Belichtung messen
Fokussieren Sie das vorderste Objekt an, das scharf abgebildet werden soll. Die EOS 77D zeigt die zugehörige Belichtungszeit im Sucher an ❶. Vergleichen Sie diesen Wert mit Ihrer Brennweite, und wenden Sie die Kehrwertregel an. Denken Sie daran, dass Sie auch mit längeren Belichtungszeiten fotografieren können, wenn Ihr Objektiv einen Bildstabilisator hat. Mit dem Kit-Objektiv sind Sie bei einer eingestellten Brennweite von 55 mm zum Beispiel mit einer Verschlusszeit von 1/60 s auf der sicheren Seite.

3 Die Blende verändern
Für mehr Schärfentiefe stellen Sie einen höheren Blendenwert ein. Ab Blende 22 tritt allerdings bei jedem Objektiv eine mehr oder weniger starke Beugungsunschärfe auf. Eine solche macht besonders bei sehr hohen Blendenwerten den Schärfegewinn zunichte. Sofern jetzt der zuvor ermittelte kritische Wert für die Belichtungszeit unterschritten wird und Sie ohne Stativ arbeiten, müssen Sie die Blendenzahl wieder verringern und wohl oder übel auf Schärfentiefe verzichten, damit das Bild nicht verwackelt. Gibt es in Sachen Belichtungszeit dagegen noch weiteren Spielraum für das Schließen der Blende, können Sie sich langsam an einen optimalen Wert für diesen Parameter herantasten. Vergessen Sie nicht, dass auch über den ISO-Wert die Belichtung gesteuert werden kann. Mit dem Wechsel von ISO 200 auf ISO 400 etwa gewinnen Sie eine ganze Blendenstufe an Helligkeit. Es ist also bei gleichem Ergebnis möglich, die Blende um eine Stufe zu schließen oder die Belichtungszeit zu halbieren. Nach diesen Schritten und dem Auslösen wird ein unverwackeltes und scharfes Foto das Ergebnis sein.

Was ist die hyperfokale Distanz?

Wie Sie bereits wissen, wird über die Blende die Schärfentiefe gesteuert. In der Naturfotografie soll sich die Schärfe meistens über sämtliche Ebenen des Bildes erstrecken. Dies funktioniert oft allerdings gerade nicht, wenn Sie auf das eigentliche Hauptmotiv fokussieren.

Ein Beispiel: Sie möchten eine Person in 12 Metern Entfernung sowie die hinter ihr liegende Landschaft scharf abbilden. Das Bild soll mit Blende 8 bei einer Brennweite von 50 mm gemacht werden. Fokussieren Sie diese Person an, erstreckt sich die Schärfeebene von 7 bis 44 Meter. Jenseits dieses Bereichs erscheint alles unscharf. Fokussieren Sie jedoch einen Punkt in 17 Metern Entfernung, im Beispiel also den Hund, an, erstreckt sich die Schärfeebene von etwa 8,5 Metern Entfernung bis in die Unendlichkeit. Sämtliche Teile des Bildes sind komplett scharf. Man spricht von der *hyperfokalen Distanz*. Um den Wert für verschiedene Einstellungen von Entfernung, Brennweite und Blende zu ermitteln, können Sie auf die im Abschnitt »Die Tücken der Schärfentiefe« ab Seite 82 vorgestellten Schärfentieferechner zurückgreifen. Diese Programme gibt es auch für Smartphones wie Android-Handys oder das iPhone. Damit sind Sie auch unterwegs schnell im Bilde. Mit einigen Probeschüssen können Sie aber auch ohne diese Rechnerei zu einem guten Ergebnis kommen.

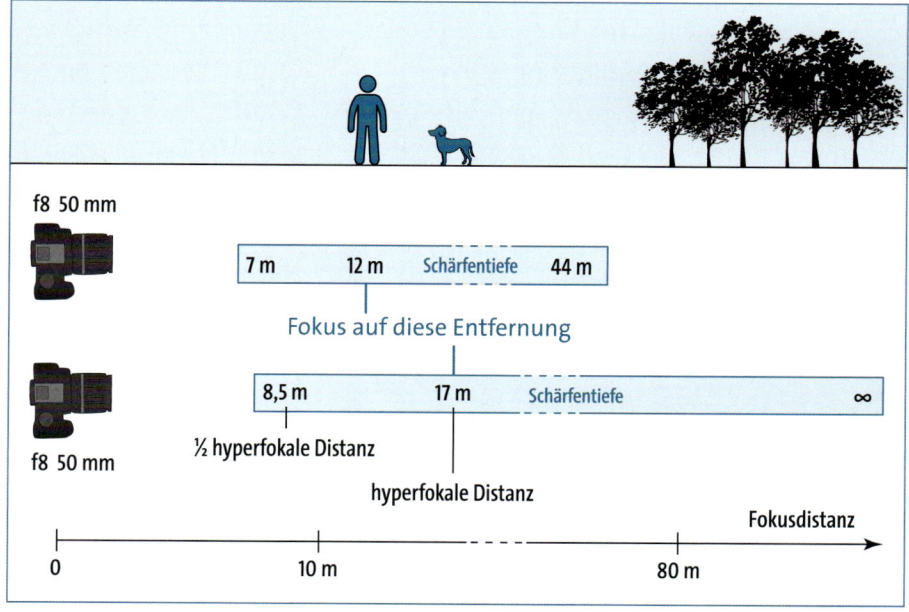

Abbildung 10.5 >
Mit einer Fokussierung auf die hyperfokale Distanz lässt sich die bei einer bestimmten Blendenöffnung maximal mögliche Schärfentiefe erreichen.

So belichten Sie Landschaftsbilder richtig

Gerade bei hellem Sonnenlicht lässt sich das Display nur schwer ablesen. Dadurch ist es kaum abzuschätzen, ob die Belichtung eines Bildes richtig oder falsch war. Das Histogramm (siehe den Abschnitt »Das Histogramm verstehen und anwenden« ab Seite 114) ist in solchen Situationen ein weitaus besserer Indikator für die richtige Wahl von Blende und Belichtungszeit. Experimentieren Sie im Zweifelsfall mit verschieden starken Über- oder Unterbelichtungen, und kontrollieren Sie jeweils deren Wirkung auf das Histogramm. Da es aber manchmal selbst mit dem Histogramm recht schwer ist, eine Entscheidung für eine eher helle oder dunkle Bildwirkung zu fällen, empfiehlt es sich, sicherheitshalber eine Belichtungsreihe aufzunehmen. Die Auswahl des besten Bildes kann dann an den heimischen Computer verlagert werden.

[25mm | f7,1 | 1/400 s | ISO 200]

▲ Abbildung 10.6
Der hohe Kontrastumfang erschwerte bei diesem Bild die Belichtung. Das Histogramm half bei der Entscheidung.

Falsche Logik

Wenn das Bild zu hell ist, sind viele Einsteiger geneigt, die Blende weiter zu schließen, um weniger Licht durch das Objektiv zu lassen. Sie hoffen auf ein insgesamt dunkleres Bild. Im **Av**-Modus hilft dies jedoch nicht. Die EOS 77D wird bei identischer Belichtungsmessung zugleich einfach die Verschlusszeit erhöhen. Im Ergebnis ist auch das neue Bild überbelichtet. Nur eine gezielte Unterbelichtung bringt das gewünschte Resultat.

Gute Begleiter für draußen: Filter

Zu den klassischen Problemen der Landschaftsfotografie gehört ein überbelichteter Himmel: Wird der Boden ausreichend hell abgebildet, sind in der oberen Bildhälfte oft keine Details mehr zu erkennen. Selbstverständlich kann in einer solchen Situation eine kürzere Belichtungszeit oder eine weiter geschlossene Blende gewählt werden. Möglicherweise versinken dann jedoch einzelne andere Bereiche des Bildes in einem tiefen Schwarz ohne Strukturen. Man spricht in diesem Fall davon, dass sie Zeichnung verlieren. Ohne weitere Hilfsmittel müssen Sie sich als Fotograf also für eine Belichtung »auf die Schatten« oder »auf die Lichter« entscheiden. Dunkle und helle Bereiche des Motivs zugleich aufs Bild zu bekommen ist wegen der beschränkten Möglichkeiten des Kamerasensors nicht möglich.

 Der Sensor und seine Grenzen

In Sachen Kontrastumfang ist der Sensor der Kamera dem menschlichen Auge klar unterlegen. Ohne Probleme sehen wir an einem hellen Sommertag den blauen Himmel genauso gut wie die Strukturen im dunklen Geäst eines Baumes. Das Auge – besser gesagt, das Gehirn – kommt erst bei einem Kontrastumfang von rund 14 Blendenstufen an seine Grenzen. Der Sensor der Kamera dagegen hat schon mit etwa neun Stufen seine Schwierigkeiten.

Landschaftsbilder verbessern mit dem Grauverlaufsfilter

Ein lohnenswertes Utensil für die Fototasche ist deshalb ein Satz Grauverlaufsfilter in verschiedenen Stärken (siehe auch den Abschnitt »Filter für Ihre Objektive« ab Seite 200). Damit dunkeln Sie den Himmel einfach um einige Blendenstufen ab und schaffen es so, das Bild innerhalb des Dynamikumfangs der EOS 77D zu belichten. Eine Nachbearbeitung des Bildes ist zwar prinzipiell möglich, der Umfang der möglichen Helligkeitsanpassung am Computer ist aber begrenzt. Mehr als 1,5 Blendenstufen lassen sich kaum nach oben oder unten verändern. Wenn Sie einen Grauverlaufsfilter bereits bei der Aufnahme einsetzen, sparen Sie sich wertvolle Zeit am Rechner.

 RAW rettet

Auch wenn die Bildbearbeitung am Computer den geringen Dynamikumfang des Sensors nur bedingt beheben kann, lassen sich bei Über- oder Unterbelichtung manchmal einzelne Bildteile retten. Das funktioniert am leichtesten, wenn Sie direkt im RAW-Format fotografieren.

Den Grauverlaufsfilter verwenden
SCHRITT FÜR SCHRITT

1 Grauverlaufsfilter vor das Objektiv setzen
Halten Sie den Grauverlaufsfilter vor das Objektiv, und legen Sie dabei den abgedunkelten Bereich sauber über den Horizont. Wenn dieser zu weit in das Bild hineinragt, sehen Sie am Übergang zwischen Landschaft und Himmel unschöne dunkle Stellen.

Ein absolut gerade auf dem Objektiv aufliegender Filter verhindert hässliche Reflexionen durch seitlich eintretendes Licht. Wahrscheinlich müssen Sie dafür die Streulichtblende abschrauben. Halterungen, in die der Filter gesteckt wird, sorgen zwar automatisch für den richtigen Sitz, sind aber wesentlich unflexibler als die Arbeit von Hand.

Besitzen Sie einen Satz Filter unterschiedlicher Stärken, machen Sie Probefotos mit den verschiedenen Varianten. Gerade in hellen Situationen ist es schwer, die richtige Verdunklung zu finden. Was am Display der Kamera noch gut aussieht, entpuppt sich am heimischen Bildschirm oft als übertrieben.

2 Die Belichtung messen
Wenn Sie mit der Spotmessung oder einer der anderen Belichtungsmessmethoden einen mittelhellen Punkt anmessen, werden Sie mit hoher Wahrscheinlichkeit eine ausgewogene Belichtung erhalten.

Sollte das Motiv durch den Grauverlaufsfilter insgesamt recht dunkel geworden sein, hilft möglicherweise eine gezielte Überbelichtung.

3 Auslösen
Nach dem Auslösen sollte ein Foto entstehen, das in puncto Belichtung ausgewogen ist und keinerlei ausgebrannte Stellen aufweist. Möglicherweise ist der Kontrastumfang jedoch auch derartig groß, dass Sie einen stärkeren Grauverlaufsfilter verwenden müssen. Mit Hilfe des Histogramms können Sie auch in hellen Umgebungen gut kontrollieren, ob Sie bei Filterauswahl und Belichtungseinstellungen richtiglagen.

▾ Abbildung 10.7
Aufgrund des hohen Kontrastumfangs war der Sensor überfordert. Am Himmel sind kaum noch Details erkennbar.

▾ Abbildung 10.8
Dank des Grauverlaufsfilters konnte in diesem Bild die Zeichnung des Himmels erhalten bleiben.

[18 mm | f16 | 1/100 s | ISO 400]

[18 mm | f16 | 1/100 s | ISO 400 | Grauverlaufsfilter]

Reflexionen im Griff mit dem Polfilter

Abbildung 10.9
Das Fotografieren mit Polfilter (rechts) ermöglicht den Blick durch das Wasser.

Ein weiterer Filter, der in der Natur gute Dienste leistet, ist ein Polfilter. Dieser beseitigt störende Lichtreflexionen, erhöht die Farbsättigung und verstärkt den Kontrast. Besonders eindrucksvoll lässt sich dies am Blau des Himmels und an spiegelnden Wasserflächen beobachten. Schrauben Sie den Polfilter auf das Objektiv, und drehen Sie ihn so lange, bis Ihnen das Ergebnis gefällt.

[27 mm | f11 | 1/80 s | ISO 100 | Stativ]

[27 mm | f7,6 | 1/80 s | ISO 100 | Stativ | Polfilter]

Weiches Wasser & Co. mit dem Graufilter

Der dritte nützliche Filter im Bunde ist der Graufilter. Mit diesem können Sie auch im hellen Sonnenlicht problemlos Belichtungszeiten von mehreren Sekunden einstellen. Das Bild wird trotzdem nicht überbelichtet, da der Filter die durchs Objektiv einfallende Helligkeit erheblich reduziert. In der Praxis lässt sich damit zum Beispiel einer Wasserfläche ein mystisch verwischtes Aussehen geben.

Abbildung 10.10
Um am helllichten Tag mit 1/5 s Belichtungszeit arbeiten zu können, war ein Graufilter nötig.

[24 mm | f13 | 1/5 s | ISO 100 | Stativ | Graufilter]

Mit dem Intervallometer arbeiten

Zeitrafferaufnahmen üben eine ganz besondere Faszination aus. Schließlich erlauben diese Filme einen ganz besonderen Blick auf eher langsam ablaufende Vorgänge. Das Verfahren dafür ist vergleichsweise einfach. So wird in regelmäßigen Abständen ein Bild geschossen. Zusammengesetzt entsteht daraus ein ganzer Film.

Die EOS 77D verfügt über eine Intervallfunktion, mit der die Kamera in frei einstellbaren Abständen ein Bild schießt. Sie finden den **Intervall-Timer** im Menü **Aufnahmeeinstellungen 5**. Nach dem **Aktivieren** ❶ drücken Sie die **INFO**-Taste. Nun können Sie mit der **SET**-Taste und dem Schnellwahlrad ein Intervall ❷ einstellen, das zwischen einer Aufnahme jede Sekunde und einer Aufnahme alle 99 Stunden, 59 Minuten und 59 Sekunden betragen kann. Außerdem lässt sich die Zahl der gewünschten Aufnahmen angeben ❸. Bei der Wahl von **00 Unbegrenzt** schießt die EOS 77D so lange Bilder, bis die Speicherkarte voll ist oder Sie die Reihe durch Ausschalten unterbrechen.

Die Wahl des Aufnahmeintervalls ist alles andere als leicht. Grundsätzlich brauchen Sie für jede Sekunde Film mindestens 24 Bilder (mehr zum Thema Bildrate erfahren Sie im Abschnitt »Eine Frage des Formats« auf Seite 266). Je nach Intervallgröße »komprimieren« Sie die Zeit mehr oder weniger. Zugleich wird die Abbildung der Bewegung bei kurzen Werten flüssiger. Bei sich schnell bewegenden Wolken sind Werte von einer Sekunde gut geeignet. Vorgänge wie Sonnenauf- und -untergang können Sie gut alle zwei bis drei Sekunden aufnehmen. Wenn Sie zeigen wollen, wie sich der Schatten langsam über die Landschaft bewegt, sind dagegen längere Intervalle zwischen 15 und 30 Sekunden eine gute Wahl. Aufnahmen mit Abständen im Minutenbereich sind eher für die Dokumentation sehr langsam ablaufender Vorgänge interessant. Jenseits der Naturfotografie, zum Beispiel bei der Dokumentation großer Bauprojekte, reicht es unter Umständen sogar aus, nur ein- oder zweimal am Tag eine Aufnahme zu machen.

Interessant werden Zeitrafferaufnahmen vor allem dann, wenn Sie Kamerafahrten und Schwenks einbauen. Verschieben Sie die EOS 77D dazu einfach

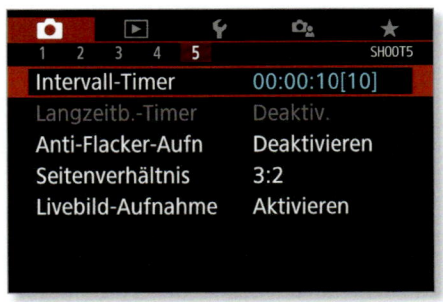

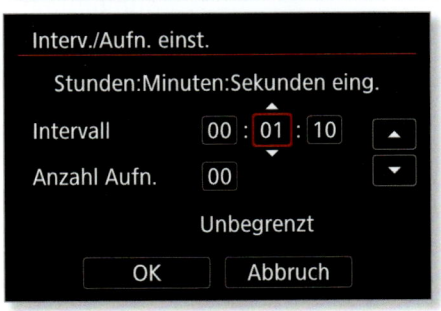

▲ Abbildung 10.11
Mit der Intervallfunktion schießt die EOS 77D in bestimmten Abständen regelmäßig ein Bild.

von Aufnahme zu Aufnahme um wenige Zentimeter. Dafür sind Kameraschienen ideal geeignet, aber selbst eine Minifahrt auf einem Makroschlitten bringt Dynamik in den Film.

Am Computer wird aus den Hunderten oder gar Tausenden Aufnahmen ein kleiner Film. Die meisten Fotografen starten den Prozess in einer Fotosoftware wie *Lightroom*. Dort können Sie ein einzelnes Bild einer Szene bearbeiten und die Korrekturschritte automatisch auf alle übrigen Bilder übertragen lassen. Im Entwickeln-Modul von *Lightroom* geht das über **Einstellungen kopieren** und **Einstellungen einfügen** im Menü **Einstellungen**. Achten Sie auch auf den passenden Beschnitt der Bilder. Schließlich haben die Aufnahmen zunächst das Kameraseitenverhältnis von 3:2 anstelle des gängigen 16:9-Formats.

Interessante Möglichkeiten tun sich bei der Wahl der Bildgröße auf. Im Prinzip bietet die Auflösung der EOS 77D genug Potenzial, um sogar Zeitrafferfilme in 4K-Auflösung, also zum Beispiel mit 3840×2160 Pixeln, zu produzieren. Sinnvoller ist es allerdings, sich auf die Full-HD-Auflösung mit 1920×1080 Pixeln zu beschränken.

Die Verwandlung der Einzelbilder in einen Film überlassen Sie am besten Programmen wie *VirtualDub*, das es kostenlos für Windows-Systeme gibt. Mac-Nutzer können auf den ebenfalls kostenlosen *Time Lapse Assembler* zurückgreifen. Dort geben Sie das Verzeichnis mit sämtlichen – idealerweise durchnummerierten – Fotos an. Die Software fügt die einzelnen Bilder dann zu einem fertigen Timelapse-Video zusammen.

^ Abbildung 10.12
Pflanzenversuch mit dem Intervallometer: Das Aufrichten der Tulpe nach der Zugabe von Wasser ist im fertigen Film gut zu sehen.

Naturbilder wirkungsvoll gestalten

Wer kennt sie nicht, die euphorischen Berichte von Freunden und Bekannten, die aus exotischen Ländern von aufregenden Landschaften berichten? »Auf den Bildern kann man das gar nicht so sehen«, heißt es dann oft. Wie schaffen es dann einige Fotografen, selbst die doch angeblich so langweiligen Mittelgebirge anregend aufs Foto zu bannen? Was ist der Trick?

Am Anfang der Gestaltung eines Landschaftsbildes steht die Frage, was genau eigentlich an der gerade gesehenen Szenerie so faszinierend ist: die Weite, die Höhe, das Farbenspiel, die Gleichförmigkeit? Gibt es eine klare Antwort auf diese Frage, fallen viele Entscheidungen leichter. Etwa die für den passenden Ausschnitt, die richtige Perspektive sowie für die ideale Brennweite und Blende.

 Satte Farben mit dem Bildstil Landschaft
Im Bildstil **Landschaft**  werden die Grün- und Blautöne optimiert dargestellt. Je nach Motiv kann es sich lohnen, diese Einstellung zu aktivieren.

Abbildung 10.13 >
Der Bildstil **Landschaft** bringt die Farben in diesem Bild gut zur Geltung.

[35 mm | f8 | 1/125 s | ISO 100]

Den Blick des Betrachters führen

Noch viel mehr als etwa in der Porträtfotografie kommt es bei Landschaftsaufnahmen auf eine gezielte Blickführung des Betrachters an. Dieser sucht ganz automatisch das Bild nach Strukturen, Linien und dominierenden Elementen ab. Sowohl ein Übermaß als auch ein Mangel daran sorgen für Verwirrung und lassen den Blick ziellos umherirren. Um dies zu vermeiden, bedarf es eines gezielten Einsatzes grafischer Elemente im Bild. Einzelne dominante Punkte, daraus entstehende Verbindungen, Ordnungen und Formen fesseln unsere Aufmerksamkeit und sorgen für einen harmonischen Bildeindruck.

Möglichkeiten, diesen entstehen zu lassen, gibt es zum Glück in Hülle und Fülle. Gerade in der Natur lassen sich zahlreiche Führungslinien nutzen, die nicht erst im Kopf des Betrachters entstehen: Wege, Zäune oder Baumreihen bilden Linien, die entweder selbst Hingucker sind oder zumindest den Blick gezielt auf einen solchen leiten.

< **Abbildung 10.14**
Durch gezielte Linienführung wird das Bild strukturiert und der Betrachter durch das Bild geführt.

Dem Betrachter Orientierung bieten

Für eine ansprechende Gestaltung leistet auch in diesem Genre die Drittelregel gute Dienste. Indem Sie bildwichtige Teile auf die wichtigen Schnittpunkte legen, lenken Sie die Aufmerksamkeit dorthin. Da uns die Natur selten den Gefallen tut, Tiere, Berge, Bäume oder andere Elemente im Sinne der Regel anzuordnen, muss diese in der Praxis etwas freier interpretiert werden. Trotzdem ist die Drittelregel natürlich kein Allheilmittel. In einigen Fällen wird das Foto dadurch interessanter, dass die Regel bewusst gebrochen wird.

Abbildung 10.15 >
Nicht immer klappt es mit der Drittelregel so gut wie hier. Die drei Schichten bringen Ordnung in das Bild und bilden einen jeweils harmonischen Vorder-, Mittel- und Hintergrund.

Ein weiteres Gestaltungselement, das in vielen Fällen gut funktioniert, ist das Einrahmen des eigentlichen Motivs. Neben dem Rahmen, den Sie bereits durch die Wahl des Ausschnitts setzen, fügen Sie also noch einen weiteren im Bild selbst hinzu, einen Rahmen im Rahmen. Bäume und Äste stehen für diese Gestaltungsmöglichkeit fast überall zur Verfügung. Aber auch in der von Menschenhand gemachten Natur finden sich immer wieder Elemente, die einen solchen Durchblick ermöglichen.

Ein anderer wichtiger Punkt sind erkennbare Proportionen. Gerade dieser Aspekt ist wichtig, wenn zum Beispiel imposante Felswände nicht wie kleine Geröllhaufen wirken sollen. Hier kommt es auf Referenzgrößen an, die dem Betrachter das Abschätzen der Größenverhältnisse ermöglichen. Bäume, aber auch Menschen sind dazu ideal geeignet.

Solch einordnende Bildelemente schaffen nicht nur die Möglichkeit eines Größenvergleichs, sondern sorgen auch für Dynamik. Oft sind es Gegensätze wie groß und klein, eckig und rund oder still und bewegt, die einem Bild den entscheidenden Schliff geben. Gerade in einer ansonsten recht gleichförmigen und symmetrischen Umgebung sorgen solche Unregelmäßigkeiten für eine interessante Bildwirkung.

▲ **Abbildung 10.16**
Hier bildet die Mauer den Rahmen für die Aufnahme.

Nicht immer alles drauf: Mut zum Detail

Viele Fotografen möchten gerne das ganze Bild einfangen. Oft empfiehlt es sich jedoch, diesen Anspruch über Bord zu werfen. Gerade formatfüllende Details sagen oft mehr als ein Sammelsurium aus visuellen Eindrücken, Formen und Farben. Durch das Ausblenden von Bildelementen lassen sich Eindrücke in einer Umgebung sehr gut auf den Punkt bringen.

Abbildung 10.17 >
Es muss nicht immer alles aufs Bild.

Quer- oder Hochformat?

Eine der zentralen Fragen vor dem Klick auf den Auslöser ist die nach dem richtigen Format. Das natürliche Sichtfeld lässt viele Fotografen instinktiv zum Querformat greifen. Interessante Bilder ergeben sich jedoch oft auch im Hochformat. Es lohnt sich deshalb häufig, auch diese Variante auszuprobieren.

∨ Abbildung 10.18
Unterschiedliche Schichten gliedern das Bild horizontal. Das Querformat unterstreicht diese Wirkung.

[170 mm | f6,3 | 1/2000 s | ISO 200]

Abbildung 10.19 >
Hier bot sich das Hochformat geradezu an: Die Reflexionen auf dem Wasser lenken den Blick zum Boot, das im Schnittpunkt der Drittelung des Bildes liegt.

[18 mm | f8 | 1/4000 s | ISO 100]

Das Bild von vorn bis hinten bewusst gestalten

Der Einsatz eines Weitwinkels – damit sind Brennweiten von 20 mm und niedriger gemeint – ermöglicht das Festhalten von Weite im Bild. Das Kit-Objektiv mit seiner Anfangsbrennweite von 18 Millimetern dringt bereits in diesen Bereich vor. Die Bildgestaltung bei dieser Brennweite ist jedoch eine echte Herausforderung. Sämtliche Landschaftselemente, die sich nur wenige Meter von der Position des Fotografen entfernt befinden, landen im Bild. Damit steigt die Gefahr, den Betrachter durch zu viele einzelne Details abzulenken. Der Blick schweift ziellos durch das Bild, ein Hauptmotiv ist schwer zu finden. Was für den Betrachter imposant erscheint, wirkt auf dem Foto klein und flach.

Führen keine sehr dominanten Linien in die Tiefe des Raums, hilft es, einen markanten Vordergrund als Blickfang einzusetzen. Dieser wird durch die typischen Verzerrungen eines Weitwinkels allerdings gehörig »aufgepumpt« und erhält dadurch eine Dominanz, die ihm vielleicht gar nicht zukommen soll. Es ist darum wichtig, den Vordergrund mit Bedacht zu gestalten und auch dabei wieder auf gestalterische Mittel zurückzugreifen. Ein Baumstumpf oder Stein im Vordergrund kann zum Beispiel mit Elementen im Hintergrund über imaginäre Linien ein Dreieck bilden oder über die Drittelregel besondere Aufmerksamkeit auf sich ziehen.

[10 mm | f10 | 1/800 s | ISO 100]

< **Abbildung 10.20**
Der Stein im Vordergrund erhält durch die Wirkung der geringen Brennweite eine große Bedeutung.

v **Abbildung 10.21**
Hier ist das Weitwinkelbild nicht gelungen. Die Berge im Hintergrund und der Mensch sind zu klein geraten, der Vordergrund ist nicht gestaltet. Das einzig Interessante ist die imposante Wolkenformation am Himmel.

[18 mm | f8 | 1/2000 s | ISO 200]

Natur im richtigen Licht

Eine nicht zu unterschätzende Rolle in der Bildgestaltung spielt auch das Wetter und damit das Licht. Hier gilt es, Bildaussage und Lichtstimmung in Einklang zu bringen. Die zur Mittagszeit hoch am Himmel stehende Sonne wirft unschöne kurze und vor allem sehr harte Schatten. Diese sind weder für Menschen noch für Bäume oder Blätter schmeichelhaft. In aller Regel liefern Morgengrauen und Abenddämmerung die interessantesten Lichtstimmungen für abwechslungsreiche Landschaftsaufnahmen.

Durch den Einsatz von Technik ist es in Maßen möglich, das harte Licht der Mittagssonne im Zaum zu halten. Nicht ohne Grund heißt es jedoch: »Von zwölf bis drei hat der Fotograf frei«. Viel schönere Bilder entstehen nämlich, wenn Sie einfach zu den lichttechnisch besseren Tageszeiten auf Motivsuche gehen. Am Morgen und Abend ist der Eintrittswinkel des Sonnenlichts flacher und der Weg durch die Atmosphäre länger. Das energiearme Spektrum des Lichts hat eindeutig die Oberhand und taucht die Landschaft in gefällige Morgen- beziehungsweise Abendröte. Das Licht ist zudem insgesamt weicher, was nicht nur der menschlichen Haut, sondern auch Strukturen in der Landschaft schmeichelt. Die Morgenstunde bietet dabei zusätzlich den Vorteil, dass sich der Boden noch nicht so stark erhitzt hat. Schönere Farben sind die Folge und manchmal auch Nebel. Ist die Sonne schließlich untergegangen, beginnt die sogenannte *Blaue Stunde*, und der Himmel zeigt sich noch einmal für kurze Zeit in einem kräftigen Blauton.

▾ **Abbildung 10.22**
Das Licht kurz nach Sonnenaufgang bietet schöne Farben.

[150 mm | f7,1 | 1/4000 s | ISO 400]

[67 mm | f7,1 | 1/125 s | ISO 800 | Stativ]

◂ **Abbildung 10.23**
Alpenglühen pur: Das Bergmassiv ist am Abend in ein warmes rötliches Licht gehüllt.

↑ Abbildung 10.24
Kurz nach Sonnenuntergang ist noch genügend Licht da, das die Landschaft in ein tiefes Blau taucht.

Landschaft und Himmel: Wetterkapriolen

Um besonders wirkungsvolle Naturbilder zu schießen, lohnt es sich, früh aufzustehen und am Abend länger aktiv zu bleiben. Während Letzteres wohl niemandem wirklich schwerfällt, stellt Ersteres Langschläfer vor schier übermenschliche Herausforderungen. Trotzdem haben auch Morgenmuffel ihre Chance, das Spiel zwischen Licht und Schatten für fotografische Zwecke zu nutzen. Immer dann, wenn Wolken ins Spiel kommen, steigen dafür die Chancen. Länder wie Irland und Schottland mit ihren wilden Wetterkapriolen machen es dem Fotografen sogar relativ leicht. Aber auch hierzulande gibt es immer wieder interessante Lichtstimmungen, etwa nach sommerlichen Regenschauern mit anschließendem Regenbogen.

Überhaupt ist auch ein verhangener Himmel nicht unbedingt ein Grund, die Fotoausrüstung eingepackt zu lassen. Durch die Wahl einer anderen Perspektive lässt sich der Himmel als störendes Bildelement ausblenden. So können Sie sich an solchen Tagen zum Beispiel Detailaufnahmen wie Strukturen von Wurzeln und Baumstämmen widmen.

Die Landschaftsfotografie gehört zu den am schwierigsten zu meisternden fotografischen Disziplinen. Sowohl das Licht als auch das Motiv selbst entziehen sich in der freien Natur der Kontrolle des Fotografen. So gibt es immer wieder Situationen, in denen sich selbst fantastische Landschaften partout nicht recht in ein aussagekräftiges Bild übersetzen lassen. Perspektivwechsel sind nur durch beschwerliche Wanderungen möglich, dann aber ist unter Umständen das Licht nicht mehr passend. Manchmal soll es halt einfach nicht sein. Dies gilt es, wohl oder übel zu akzeptieren.

Andererseits hat der Fotograf mit der Natur ein geduldiges Übungsobjekt. Mit dem Lauf der Jahreszeiten bietet sie stets neue Motive, Formen und Farben und lädt zum Erkunden und Ausprobieren der unterschiedlichen fotografischen Möglichkeiten ein. Außerdem ist jeder schöne Tag in einer ansprechenden Umgebung ein Erlebnis, Speicherkarten-Output hin oder her.

Abbildung 10.25 >
Wenn sich ein wenig Sonne den Weg durch die Wolken bahnt, ist die Lichtstimmung auch tagsüber spannend.

[235 mm | f9 | 1/500 s | ISO 200 | Stativ]

Naturbilder wirkungsvoll gestalten

Natur gar nicht pur

Menschen leben in, mit und von der Natur und greifen dabei allzu oft stark in sie ein. All diese Aspekte können Sie auch in Ihren Bildern thematisieren.

▲ Abbildung 10.26
In diesem Bild ist viel Energie zu sehen: Diese liefern nicht nur die Windräder und der Raps, sondern auch das gerade aufziehende Gewitter.

Sonnenuntergänge richtig fotografieren

Fotos von Sonnenuntergängen gehören für viele zu den Pflichtmitbringseln eines jeden Urlaubs. Sowohl die Stimmung eines solchen Abends als auch die Faszination des Farbenspiels auf ein Bild zu bringen ist nicht unbedingt leicht. Schließlich ist es nicht nur die Sonne selbst, sondern auch die Umgebung, die zur erlebten Stimmung beiträgt. Ist diese wenigstens noch als Silhouette erkennbar, trägt dies wesentlich zur Wirkung des Bildes bei.

Weniger gut wirken Fotos, bei denen Sonne und Horizont in der Mitte des Bildes liegen. Ein im unteren Drittel platzierter Horizont verbessert die Bildwirkung enorm und legt den Bildschwerpunkt auf den Himmel. Das lohnt sich besonders, wenn dort interessante Wolkenformationen und Farbspiele zu sehen sind. Sofern das Licht noch ausreichend hell ist, um Details am Boden zu beleuchten, kann auch der im oberen Drittel positionierte Horizont interessant sein. Es zahlt sich also aus, in der kurzen zur Verfügung stehenden Zeit die verschiedenen Möglichkeiten auszuprobieren und dabei auch das Hochformat nicht zu vergessen.

▲ Abbildung 10.27
Eine Unterbelichtung sorgte hier für den kontrastreichen Effekt.

Oft ist bei Sonnenuntergängen auch der Blick in die andere Richtung interessant: Die von den letzten Sonnenstrahlen des Tages beleuchteten Landschaftselemente leuchten dann noch einmal in den schönsten Farben.

Abbildung 10.28 ▶
Der Blick in die von der Sonne angestrahlte Richtung lohnt sich fast immer.

Vom romantischen Sonnenuntergang zu den technischen Fakten: Mit dem **Av**-Programm können Sie die Schärfentiefe auch in einer solchen Aufnahmesituation gut steuern, sollten dabei aber die Verschlusszeit nicht aus den Augen verlieren beziehungsweise ein Stativ benutzen. In der Dämmerung lässt sich die Kameraautomatik zudem leicht irritieren. Sie schlägt eine Belichtungszeit vor, die das Bild zu hell erscheinen lässt. Mit einer gezielten Unterbelichtung über einen Dreh am Schnellwahlrad steuern Sie dagegen an.

An dieser Stelle sind mehrere Versuche oder Belichtungsreihen mit mehreren Blendenstufen Unterschied hilfreich. Gut verwendbare Ergebnisse liefert oft eine Belichtungsmessung leicht oberhalb der Sonne, ohne dass diese noch im Sucher zu sehen ist. Messen Sie dort also an, und schwenken Sie die 77D zum Auslösen wieder in die gewünschte Position zurück.

Abbildung 10.29 >
Das Schnellwahlrad an der EOS 77D

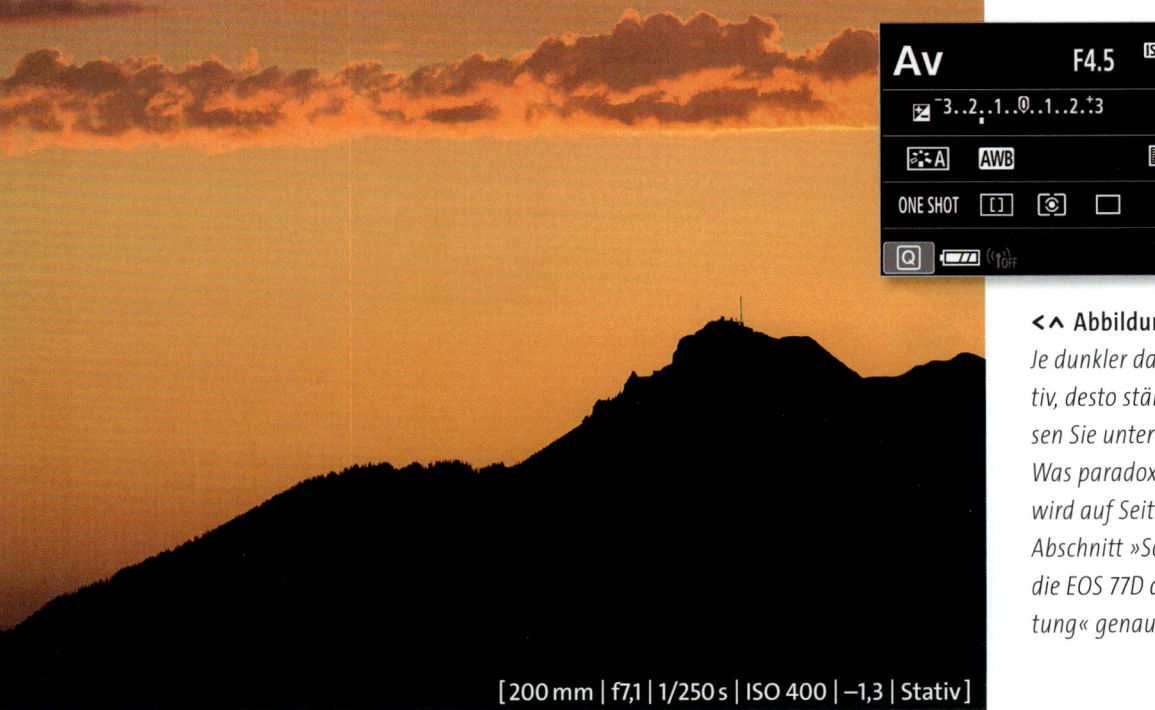

<^ **Abbildung 10.30**
Je dunkler das Motiv, desto stärker müssen Sie unterbelichten. Was paradox klingt, wird auf Seite 100 im Abschnitt »So misst die EOS 77D die Belichtung« genauer erklärt.

> **⌷ Belichtungsmessung**
>
> Zum Speichern der Belichtungsmessung drücken Sie die Sterntaste ✱. Nur bei der Mehrfeldmessung reicht es, den Auslöser halb herunterzudrücken. Wenn die EOS 77D anders reagiert, haben Sie vielleicht die Individualfunktion **C.Fn IV: Operation/Weiteres 14 > Custom-Steuerung** verstellt. Im Abschnitt »Das Auslösen vom Fokussieren entkoppeln« auf Seite 144 erfahren Sie mehr dazu.

Eine wichtige Rolle spielt auch der Weißabgleich. Dabei kommt es weniger auf eine realistische Darstellung, sondern eher auf eine Dominanz der warmen rötlichen Farbtöne an. Mit einer Einstellung auf **Schatten** ⌂ lassen sich diese verstärken. Wer im RAW-Format fotografiert, kann durch Anheben des Weißabgleichs am Computer das Bild ganz nach Belieben noch wärmer gestalten.

Tiere vor der Kamera

Für gute Tierbilder müssen Sie nicht erst auf Safari in Afrika gehen. Schon Nachbars Katze, Vögel im Stadtpark, die Tiere eines Bauernhofs oder Wildparks geben interessante Motive ab, mit denen Sie wertvolle Erfahrungen für größere Expeditionen sammeln können.

Ein Objektiv mit einer Brennweite ab 200 mm, mit der Sie aus großer Distanz arbeiten können, ist dabei von Vorteil. Durch langsames Anpirschen und mit viel Geduld kommen Sie jedoch auch mit weniger umfangreichem Equipment recht nahe an viele heimische Tiere heran, ohne sie zu verscheuchen. Sind diese jedoch erst einmal in Bewegung, ist ein schneller Autofokus gefragt. Stellen Sie die EOS 77D am besten auf den AF-Modus **AI Servo** oder **AI Focus**, und fotografieren Sie im **Tv**-Modus mit einer kurzen Belichtungszeit.

[330 mm | f6,3 | 1/400 s | ISO 200]

< Abbildung 10.31
Auch bei Tierfotos macht das richtige Licht den Unterschied.

> **Abbildung 10.32**
> Um die Biene im Anflug abzubilden, wurde an der EOS 77D der AF-Modus **AI Servo** gewählt. Diese Autofokuseinstellung eignet sich gut für bewegte Motive.

[100 mm | f9 | 1/250 s | ISO 100]

Auf die Gestaltung von Tierbildern können Sie viele allgemeine Prinzipien der Fotografie übertragen. Vermeiden Sie zum Beispiel einen ablenkenden Hintergrund, und experimentieren Sie mit Stilmitteln wie der Drittelregel. Bei Gruppen von Tieren lohnt es sich meist, die Aufmerksamkeit auf ein einzelnes Exemplar zu richten, das sich von den übrigen durch den Blick oder ein anderes Merkmal unterscheidet.

> **Abbildung 10.33**
> Der Kopf des Pfaus liegt genau im Goldenen Schnitt und wird durch den engen Bildausschnitt ansprechend betont.

[160 mm | f8 | 1/250 s | ISO 3200]

Bedenken Sie bei der Wahl des Ausschnitts, dass Sie das Tier nicht wie in einem Bestimmungsbuch komplett ablichten müssen, sondern sich auch kreativ auf Details konzentrieren können. Dafür geht dann allerdings die Darstellung der Umgebung verloren. Besonders interessant sind Tierfotos, auf denen ein natürliches Verhalten abgebildet wird, also etwa die Jagd oder die Nahrungsaufnahme. Je besser Sie die Tiere kennen, desto eher gelingen solche Bilder. Der Blick ins Biologiebuch oder Internet lohnt sich deshalb ebenso wie das ausführliche Beobachten.

[300 mm | f8 | 1/125 s | ISO 3200 | Stativ]   [300 mm | f8 | 1/125 s | ISO 3200 | Stativ]

∧ **Abbildung 10.34**
Ein Kaninchen beim Putzen. Mit der Serienbildfunktion der EOS 77D erwischen Sie hier einen fotogenen Moment.

Wohin mit dem Fokus?

Wenn die Schärfentiefe nicht für eine komplett scharfe Darstellung des ganzen Tieres ausreicht, fokussieren Sie auf seine Augen.

Spaß mit der WLAN-Verbindung
EXKURS

Sie können über eine WLAN-Verbindung Bilder der EOS 77D an alle Arten von Geräten schicken und sie darüber sogar fernsteuern. Die spezielle Anleitung zu diesem Thema hat rund 170 Seiten, und dieser Umfang spiegelt die Möglichkeiten wider. Viele davon sind jedoch für die Praxis eher weniger tauglich. So ist der Upload an Canons eigenen Online-Bilderdienst vom Computer aus wesentlich komfortabler als über die Kamera.

Es gibt jedoch zwei Konstellationen, in denen eine WLAN-Verbindung ausgesprochen nützlich ist. Zum einen ist es hilfreich, die Kamera mit einem Rechner zu koppeln ❷. Über diese Verbindung können die Bilder direkt nach der Aufnahme am PC erscheinen, ohne dass eine Kabelverbindung nötig ist. Zum anderen lässt sich die Kamera ferngesteuert auslösen. Wenn Sie, beispielsweise in der Food-Fotografie, ein Stillleben vom Stativ aus aufnehmen, können Sie am Rechner die Blende verändern, auf den Auslöser drücken und das Ergebnis direkt auf dem Bildschirm begutachten.

▲ Abbildung 10.35
Per WLAN verbinden Sie Ihre Kamera mit allen Arten von Diensten, wie beispielsweise mit einem Smartphone oder einem Computer.

Die Zusammenarbeit zwischen den Geräten funktioniert, wenn beide sich im gleichen WLAN-Netz befinden. Sie können jedoch auch mit Ihrem Rechner oder der Kamera ein sogenanntes Ad-hoc-Netz aufbauen. Dadurch wird das jeweilige Gerät zum eigenen WLAN-Hotspot. Insbesondere wenn Sie unterwegs sind und sich nicht auf ein fremdes Netz verlassen wollen, ist das eine gute Wahl.

Eine zweite, sehr interessante Möglichkeit besteht darin, die EOS 77D mit einem Apple- oder Android-Smartphone zu koppeln ❶. Damit können Sie die Kamera beispielsweise vor einem Vogelnest positionieren und aus der Entfernung das Bild kontrollieren und auslösen. Die Software dazu finden Sie unter dem Namen *EOS Remote* im *Apple App Store* bzw. bei *Google Play*.

Im Test war die drahtlose Verbindung zwischen Kamera und Smartphone übrigens alles andere als zuverlässig. Es bleibt zu hoffen, dass Canon diese Funktion über eine neue Firmware-Version nachbessert.

Die EOS 77D per Smartphone steuern
SCHRITT FÜR SCHRITT

1 Optional: Drahtlosverbindung zurücksetzen
Im Folgenden wird davon ausgegangen, dass die Kamera zuvor nicht für den Drahtlos-Betrieb genutzt wurde. Sie können diesen Zustand wiederherstellen, indem Sie bei den allgemeinen **Wireless-Kommunikationseinstellungen** auf **Einstellungen löschen** klicken.

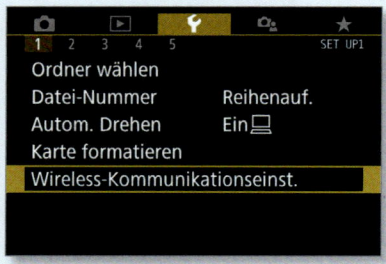

2 Bluetooth aktivieren
Wählen Sie im Menü **Funktionseinstellungen 1** die Option **Wireless-Kommunikationseinst**. Wenn Sie die WLAN-Taste ((ɪ)) drücken, sieht das Menü unter Umständen ein wenig anders aus. Gehen Sie im Menü unter **Bluetooth** auf die Option **Aktivieren**, und wählen Sie anschließend **Smartphone**.

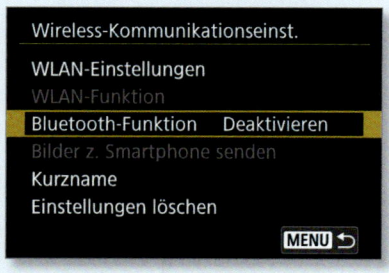

Die Kamera kann nicht über Bluetooth allein mit dem Smartphone kommunizieren. Der Kommunikationsstandard ist beim Aufbau einer WLAN-Verbindung jedoch eine große Hilfe.

3 Einen Namen vergeben
Sie können den Kurznamen der Kamera ändern. Wenn Sie einfach die Taste **MENU** drücken, bleibt es bei der Voreinstellung.

4 Mit dem Smartphone Kontakt aufnehmen
Starten Sie am Smartphone die App *Canon Camera Connect*. Wählen Sie an der Kamera den Eintrag **Pairing**. Die QR-Code-Darstellung benötigen Sie nicht. Kamera und App stellen nun eine Bluetooth-Verbindung her. Sie müssen an beiden Geräten einige Bestätigungen antippen.

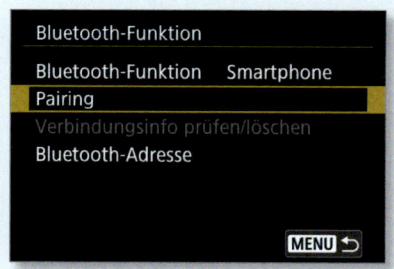

5 Dem WLAN-Netz beitreten

Weiter geht es mit der WLAN-Einwahl am Smartphone. Die Kamera legt automatisch ein WLAN-Netzwerk an und liefert ihnen per Bluetooth in der App das Kennwort dafür. Klicken Sie auf **Kennwort kopieren**. Im WLAN-Menü Ihres iPhones oder Android-Geräts finden Sie nun den WLAN-Zugang ❶. Sie fügen das zuvor kopierte Passwort ein und loggen sich ein.

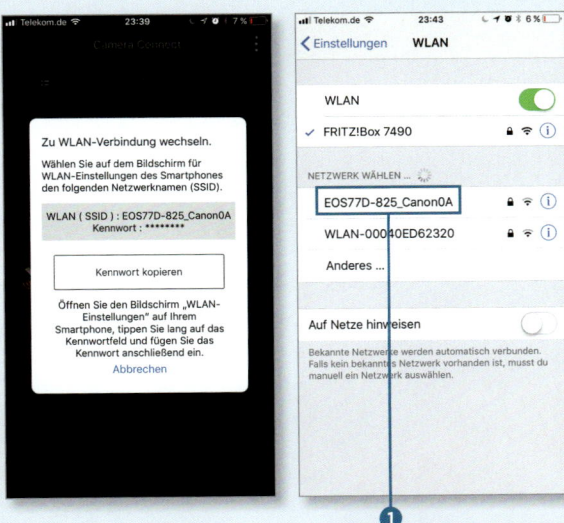

6 Zurück in die App

Gehen Sie zurück zur App Canon Camera Connect. Sie können nun unter **Bilder auf der Kamera** auf die Speicherkarte der 77D zugreifen und diese auf ein Tablet oder Smartphone übertragen. Das erleichtert das schnelle Teilen per E-Mail oder über die einschlägigen Plattformen. Ein Klick auf **Remote Live View-Aufnahme** im Hauptmenü der App zeigt Ihnen nun das Kamerabild.

7 Die Kamera fernsteuern

Mit dem Finger auf dem Monitor steuern Sie die Position des Autofokusmessfelds ❷. Je nachdem, welches Programm an der Kamera eingestellt wurde, können Sie die Aufnahmeparameter verstellen ❹. Am flexibelsten sind Sie dabei im **M**-Programm. Mit dem Auslöser ❸ starten Sie die Fernaufnahme. Die fertigen Bilder können Sie auch auf dem Smartphone genau betrachten.

Kapitel 11
Nah- und Makrofotos aufnehmen

Diese Technik brauchen Sie	266
Das i-Tüpfelchen: Bildgestaltung im Makrobereich	277
EXKURS: Überzeugende Produktfotos erstellen	282

Diese Technik brauchen Sie

Mit Makro- und Nahaufnahmen ermöglichen Sie dem Betrachter eine nicht alltägliche Sicht auf kleine Gegenstände, Pflanzen und Tiere. Erst diese Art der Fotografie offenbart so schöne Details wie die feinen Strukturen einer Pflanze oder die Facettenaugen eines Insekts. Interessante Motive finden sich in Hülle und Fülle vor der eigenen Haustür. Schon der heimische Garten oder ein kleiner Park bieten Ihnen gehörig Spielraum für große Entdeckungen.

Um in die Welt der kleinen Dinge vorzudringen, müssen Sie vor allem eines: nah ran. Dem allerdings setzt das Objektiv eine Grenze. Beim *EF-S 18–55 mm f/4–5,6 IS STM* liegt diese zum Beispiel bei 25 Zentimetern, und beim *EF-S 18–135 mm f/3,5–5,6 IS USM* sind es 39 Zentimeter. Wenn Sie versuchen, noch näher an das Motiv heranzugehen, werden Sie feststellen, dass das Scharfstellen nicht mehr funktioniert. Diese Naheinstellgrenze ist auch am Objektiv aufgedruckt. Damit ist die geringste mögliche Entfernung zwischen dem Motiv und der Sensorebene gemeint. Deren Lage wiederum ist auf der Oberseite der EOS 77D mit dem Symbol ⊖ ❶ markiert.

^ Abbildung 11.1
Die kleine Markierung ❶ zeigt die Lage des Sensors in der EOS 77D.

Ebenso wichtig ist der sogenannte *Abbildungsmaßstab*: Ein Gegenstand in der Größe des Sensors der EOS 77D würde um diesen Faktor verkleinert abgebildet. Mit dem Objektiv *EF-S 18–55 mm f/4–5,6 IS STM* erreichen Sie einen Abbildungsmaßstab von 1:4 oder umgerechnet 0,25. Beim *EF-S 18–135 mm f/3,5–5,6 IS USM* ist er 1:3,5 oder 0,28. Mit diesen Spezifikationen sind die Kit-Objektive der EOS 77D grundsätzlich schon dafür geeignet, kleine Dinge ganz groß erscheinen zu lassen. Allerdings trägt ein Makroobjektiv seinen Namen eigentlich erst dann zu Recht, wenn sein Abbildungsmaßstab das Verhältnis 1:1 erreicht. Ein Motiv, dessen Abmessungen der Sensorgröße entspricht – im Fall der 77D also circa 15 × 22 mm –, kann dann das komplette Bild ausfüllen.

Abbildung 11.2 >
Die geringe Schärfentiefe ist zugleich Fluch und Segen der Makrofotografie. In diesem Fall erzeugt sie einen schönen Hintergrund.

[100 mm | f2,8 | 1/500 s | ISO 100]

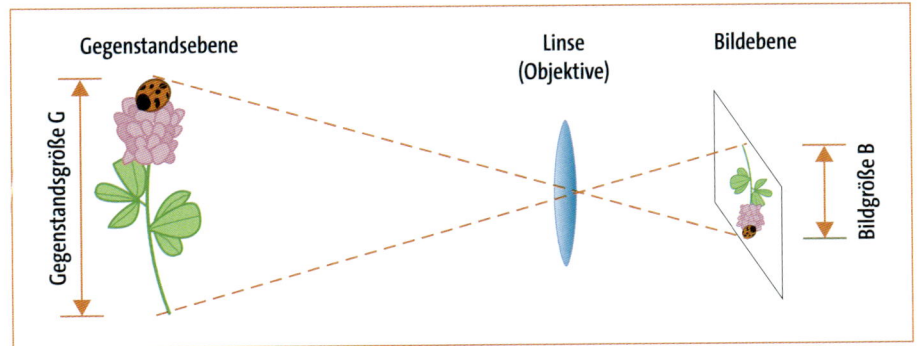

Abbildung 11.3
Die kleine Blume mit dem Marienkäfer kann in Lebensgröße (Abbildungsmaßstab 1:1) vom Sensor erfasst werden.

Ihr Einstieg in den Nahbereich: Makrozubehör

Im Abschnitt »Makroobjektive« ab Seite 198 wurden einige interessante Objektive für dieses Genre vorgestellt. Sie bieten einen komfortablen, wenn auch teuren Einstieg in die professionelle Makrofotografie. Preiswerter in den Nahbereich geht es mit Zwischenringen und Nahlinsen (sogenannte *Achromaten*). Mit diesen ist zwar kein Abbildungsmaßstab von 1:1 zu erreichen, die Naheinstellgrenze verringert sich jedoch um einige Zentimeter, die entscheidend sein können.

Wesentlich mühseliger in der Handhabung ist der Umkehrring: Dieser verbindet die Vorderseite des Objektivs mit der Kamera. Es wird also quasi verkehrt herum an die Kamera angesetzt. Bei einer Zoomeinstellung von 18 mm am Objektiv ist damit immerhin eine Vergrößerung um den Faktor 4 möglich. Dabei gibt es allerdings keine elektronische Verbindung, so dass Sie weder die Blende an der 77D einstellen noch auf den Autofokus zugreifen können.

Da STM-Objektive wie das *EF-S 18–55 mm f/3,5–5,6 IS STM* zum Fokussieren zwingend mit Strom versorgt werden müssen, funktioniert ein Umkehrring mit diesen Objektiven leider nur sehr eingeschränkt. Sie können lediglich versuchen, einen scharfen Bereich im Bild zu finden, indem Sie sukzessive die Entfernung zum Motiv verändern.

Abbildung 11.4
Schon recht dicht dran: Nahaufnahmen sind auch mit einem der Kit-Objektive der EOS 77D möglich.

[15 mm | f5,6 | 1/200 s | ISO 200]

Die Blende einstellen mit Umkehrringen
SCHRITT FÜR SCHRITT

1 Blendenwert einstellen

Bei modernen Objektiven wird die Blende über einen Motor verstellt, der seine Befehle über eine elektronische Verbindung mit der Kamera bekommt. Wenn das Objektiv verkehrt herum über einen Umkehrring an der EOS 77D hängt, fehlt dieser Informationsaustausch, und bei STM-Objektiven funktioniert noch nicht einmal das manuelle Fokussieren. Mit dem folgenden Trick können Sie zumindest eine einzige Blendeneinstellung fixieren. Wählen Sie an der EOS 77D im **Av**-Programm den gewünschten Blendenwert, und drücken Sie die Abblendtaste ❶. Die Blende schließt sich.

3 Belichtungszeit einstellen

Zum Fotografieren mit Umkehrring bleiben Sie am besten im **Av**-Programm der EOS 77D. Als Blende wird **F00** ❷ angezeigt, die Zeit gibt die Automatik weiterhin wie gewohnt vor. Alternativ können Sie im **M**-Modus die Verschlusszeit flexibel verstellen, Änderungen der Blende haben darauf keine Auswirkung. Dieser Wert ist schließlich fest am Objektiv eingestellt.

Umkehrring verwenden

Der Umkehrring sorgt für durchaus beeindruckende Ergebnisse. Die Arbeit mit dem Objektiv, das nun manuell fokussiert werden muss, ist allerdings nicht ganz einfach und erfordert jede Menge Geduld. Da die Blende konstant geschlossen ist, erscheint außerdem das Sucherbild recht dunkel. Mit einer kleinen Taschenlampe lässt es sich zumindest für die Zeit des Scharfstellens aufhellen.

2 Objektiv abnehmen

Nehmen Sie nun das Objektiv von der Kamera, ohne die Taste loszulassen. Die Blende verharrt beim eingestellten Wert.

Makrofotos mit Tele- und Weitwinkelobjektiven

Gut geeignet für beeindruckende Nahaufnahmen sind auch Teleobjektive, etwa das *Canon EF-S 55–250 mm f/4–5,6 IS STM*. Sie erfordern zwar einen großen Mindestabstand, ermöglichen aber dennoch ausreichende Abbildungsmaßstäbe.

Abbildung 11.5
Das Teleobjektiv ist für Nahaufnahmen gut geeignet, vor allem wenn man sich dem Motiv nicht nähern kann oder will.

Abbildung 11.6
Der weite Winkel bringt Blume und Himmel aufs Bild.

Auch Weitwinkel- und Ultraweitwinkelobjektive haben in der Nahfotografie ihre Berechtigung und ermöglichen interessante Perspektiven. Die recht niedrige Naheinstellgrenze dieser Objektive kann über kleinere Zwischenringe obendrein recht gut verkürzt werden. Durch den extrem weiten Bildwinkel ist es sehr gut möglich, Tiere und insbesondere Pflanzen in ihrer natürlichen Umgebung abzulichten.

Die schmale Schärfentiefe im Makrobereich meistern

Die große technische Herausforderung der Makrofotografie ist die Schärfentiefe. Im Abschnitt »Stellschraube 2: die Blende« auf Seite 67 haben Sie bereits erfahren, dass diese ausgesprochen gering ist, wenn sich das Motiv nur wenige Zentimeter von der Kamera entfernt befindet. Die Abbildung 11.7

▾ **Abbildung 11.7**
Die Ausdehnung der Schärfentiefe im Makrobereich

zeigt beispielhaft die Werte für die Blendenwerte 2,8 und 16 und einen Fokus auf den Schmetterlingskörper in 40 cm Entfernung mit einer Brennweite von 50 mm. Sie können verschiedene Werte in einen Schärfentieferechner wie den Dof-Master (*www.dofmaster.com*) einsetzen und die Ergebnisse vergleichen.

Die Schärfeebene erstreckt sich also gerade einmal über sechs Millimeter. Wäre das Motiv noch näher, wäre die vordere Grenze zugleich auch die hintere, und damit würde die Schärfeebene durch eine parallel zum Sensor stehende Fläche gebildet.

Angesichts einer solch geringen Schärfentiefe müssen Sie Kompromisse eingehen. Der scharf abgebildete Bereich reicht zum Beispiel gerade einmal dafür, die Augen eines Insekts oder den Stempel einer Blüte zu erfassen. Der Rest löst sich in Unschärfe auf. Gerade der dadurch entstehende Bildeindruck macht jedoch den Reiz vieler Makrofotografien aus.

Doch auch solche Aufnahmen sind schwer genug: Eine kleine Bewegung während des Auslösens reicht bereits, und die Kamera bewegt sich so weit, dass die Schärfe an der falschen Stelle sitzt. Durch das Schließen der Blende lässt sich die Schärfentiefe erhöhen. Im **Av**-Programm einen Wert von 16 einzustellen würde im vorangegangenen Beispiel zu folgenden Ergebnissen führen:

Vorgaben	Ergebnis
Fokus auf 40 cm Blende 16	vordere Grenze der Schärfentiefe: 38,4 cm
	hintere Grenze der Schärfentiefe: 41,8 cm

▴ **Tabelle 11.1**
Die geänderte Ausdehnung der Schärfentiefe bei Blende 16

Immerhin hätte sich die Schärfentiefe nahezu versechsfacht. Sie beträgt nun circa 3,4 Zentimeter. Bei der Fotografie kleiner Blüten oder Insekten ist das eine ganze Menge. Auch in diesem Fall ist allerdings das Risiko, die Kamera zu weit zu bewegen, noch immer recht hoch. Zudem hat sich von Blende 2,8 auf Blende 16 die Lichtmenge um fünf Blendenstufen verringert. Damit aber muss die Belichtungszeit entsprechend steigen. Ohne Stativ wird das Bild verwackelt. Zudem lassen sich flinke Insekten oder im Wind schaukelnde Blüten bei langen Belichtungszeiten kaum scharf abbilden.

< Abbildung 11.8
Links: Die Schärfeebene liegt auf dem Kopf der Raupe, der Rest ist verschwommen. Das zeigt, wie schnell die Schärfeebene in der Makrofotografie verlassen ist. Rechts: Bei diesem Bild landete der Fokus zu weit hinten.

Das ideale Kreativprogramm für die Makrofotografie unbewegter Objekte ist **Av**. Hier haben Sie die volle Kontrolle über die Blende und können so die Schärfentiefe effizient steuern. Mit ein wenig Übung ist es sogar möglich, über die Abblendtaste schon vor dem Auslösen die scharfen und unscharfen Bereiche ungefähr abzuschätzen.

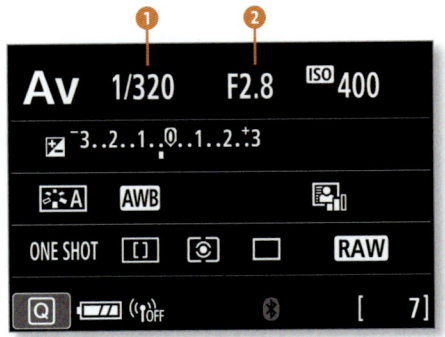
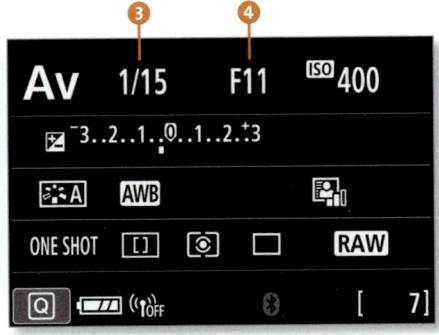

^ Abbildung 11.9
Mit weit offener Blende ❷ erzielen Sie kurze Belichtungszeiten ❶. Bei einer weiter geschlossenen Blende ❹ steigt zwar die Schärfentiefe, dafür verlängert sich die Belichtungszeit ❸, so dass es ohne Stativ nicht geht.

Auf den richtigen Fokus kommt es an

Der Autofokus kommt gerade bei filigranen Strukturen von Pflanzen und Insektenkörpern schnell an seine Grenzen. Leider ist dann der falsche Teil des Motivs scharfgestellt. Außerdem ist besonders in der Makrofotografie die Wahrscheinlichkeit hoch, dass sich gerade der Bildbereich, auf den es ankommt, nicht im Gebiet eines Autofokussensors befindet. Und ein Scharfstellen und anschließendes Schwenken der Kamera, um den Bildausschnitt zu verbessern, funktioniert hier nicht. Damit wäre die ausgesprochen kleine Schärfeebene schnell verlassen.

▲ Abbildung 11.10
Bei der Makrofotografie muss der Autofokus haargenau auf dem bildwichtigen Motivteil sitzen. Hier hilft es sehr, das passende Autofokusmessfeld manuell auszuwählen.

Auch aus diesem Grund ist der Livebild-Modus für Makroaufnahmen optimal geeignet. Dort können Sie den Fokus frei positionieren. Alternativ nutzen Sie die manuelle Messfeldwahl und wählen eines der 45 Autofokusfelder. Falls dies aus Gründen der Bildkomposition nicht klappt, ist das Zuschneiden am Computer oft die bessere Wahl. Dazu legen Sie den bildwichtigen Teil ganz bewusst unter ein Autofokusmessfeld und bringen das Werk mit der Bildbearbeitungssoftware in die gewünschte Form.

Den Focus Limiter richtig nutzen

Viele Makroobjektive haben einen sogenannten *Focus Limiter* ❶. Anstatt das komplette Fokusspektrum von der Naheinstellgrenze bis zur Unendlichkeitseinstellung abzufahren, sucht die Automatik damit nur im momentanen Aufnahmegebiet nach der richtigen Schärfeeinstellung. Mit der Einstellung **0,3 m–0,5 m** beim *Canon EF 100 mm f/2,8 L MAKRO IS USM* können Makromotive schneller erfasst werden, während sich die Vorgabe **0,5 m–∞** (unendlich) für den Einsatz des Objektivs in der Porträtfotografie eignet.

▼ Abbildung 11.11
Ein Einstellschlitten vereinfacht das Fokussieren bei Nahaufnahmen (Bild: Novoflex).

Häufig ziehen Makrofotografen den Einsatz des manuellen Fokus dem Autofokus vor. Dabei gibt es im Prinzip gleich zwei Einstellungsmöglichkeiten. Zum einen können Sie wie gewohnt am Fokusring des Objektivs drehen. Zum anderen ist es möglich, über ein Vor- und Zurückbewegen der Kamera die Bildschärfe zu verändern. Besonders komfortabel geht dies über einen Einstellschlitten.

Dieser wird auf den Stativkopf geschraubt und nimmt die Kamera auf. Über das Drehen an einer Einstellschraube sind dann auch sehr kleine, wohldosierte Kamerafahrten möglich. Entsprechende Modelle wie der Einstellschlitten *454* von *Manfrotto* kosten rund 100 Euro. Viele Makrofotografen schätzen auch die Modelle von *Novoflex*, die ab etwa 130 Euro erhältlich sind.

< Abbildung 11.12
Manuell scharfgestellt. Der Autofokus hätte hier zu unbefriedigenden Ergebnissen geführt.

So gelingen verwacklungsfreie Nahaufnahmen

Bei Makroaufnahmen ist für scharfe Bilder in vielen Situationen das Stativ unverzichtbar. Dabei können Sie die Möglichkeiten des Livebild-Modus ausnutzen und sind nicht auf die Lage der Autofokusmessfelder angewiesen. So ist es im Modus **Live-Einzelfeld-AF** AF ☐ möglich, den Fokuspunkt mit dem Finger oder den Pfeiltasten auf eine beliebige Stelle zu setzen.

< Abbildung 11.13
Im Livebild-Modus können Sie die Schärfe gezielt auf den gewünschten Punkt legen.

Eine weitere gute Idee ist der Einsatz einer einfachen Kabelfernbedienung für etwa 10 Euro. Das damit berührungslose Drücken des Auslösers ist ein weiterer Weg, Ihre EOS 77D in einem ruhigen Zustand zu halten. Wie stark sie tatsächlich schon bei kleinsten Berührungen ins Schwanken kommt, lässt sich übrigens leicht in der zehnfachen Vergrößerung des Livebild-Modus erkennen. Eine – obwohl auf Dauer recht nervige – Alternative ist die Verwendung des Selbstauslösers. Oft reicht die 2-Sekunden-Version dieser Funktion nicht aus, da in diesem Zeitraum die Verwacklungen durch Drücken des Auslösers noch nicht wieder zum Stoppen gekommen sind. Bei zehn Sekunden wiederum ist die Wartezeit recht lang – selbst bei der entschleunigten Makrofotografie ein störender Faktor.

 Das geeignete Stativ für Makrofotografen
Eine große Hilfe für Makrofotografen sind Stative mit weit abspreizbaren Stativbeinen und kurzer Mittelsäule. Das ermöglicht das komfortable Arbeiten in Bodennähe.

Greifen Sie ein: Beleuchten mit Blitz und Reflektor

Wenn das Licht nicht reicht, muss ein Blitz zum Einsatz kommen. Der große Nachteil des internen Blitzes ist allerdings dessen direkte Nähe zum Objektiv. Mehr dazu finden Sie unter »Die Grenzen des internen Blitzes der EOS 77D« auf Seite 172. Mit einem externen Blitz auf der Kamera wiederum ist es in der freien Natur nicht unbedingt leicht, das Licht gezielt zum Motiv zu bringen. Hier schlägt die große Stunde der Lichtquelle neben der Kamera, wie es im Abschnitt »Die Königsklasse: entfesselt blitzen« auf Seite 174 beschrieben wird. Wenn der Blitz nicht direkt auf der EOS 77D sitzt, kann er zum Beispiel das seitlich einfallende Sonnenlicht simulieren. Empfehlenswert für eine weiche Ausleuchtung ohne Schlagschatten ist auch hier der Einsatz eines kleinen Diffusors, der vor den Blitz gesteckt wird.

Einige Makrofotografen setzen einen sogenannten *Ringblitz* ein. Bei diesem wird eine ringförmige Blitzröhre am Filtergewinde des Makroobjektivs befestigt und mit einem Generator, der auf den Blitzschuh geschoben wird, verbunden. Einfache Modelle sind jedoch nur mit einer einzigen, durchgehenden Leuchte ausgestattet und eignen sich damit eher zur Fotografie von Briefmarken, Münzen und anderen kleinen Objekten. Eine plastische, gestalterisch sinnvolle Ausleuchtung ermöglichen nur die Geräte, bei denen gleich

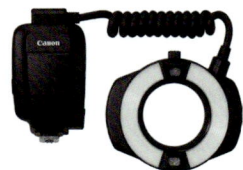
∧ **Abbildung 11.14**
Ein Blitzgerät für ambitionierte Makrofotografen, das MR-14EX II (Bild: Canon)

zwei getrennt ansteuerbare Blitzröhren einen Ring formen. Bislang waren diese recht teuer. So kostet etwa der Canon-Ringblitz *MR-14EX II* rund 550 Euro. Ein preiswerter Nachbau, der *Yongnuo YN-14EX*, ist für etwa 100 Euro erhältlich. Allerdings bietet dieses Gerät keine Highspeed-Synchronisation.

Beim nach der Einführung der EOS 77D vorgestellten Makroobjektiv *EF-S 35 mm f/2,8 Macro IS STM* ist die Ringbeleuchtung gleich im Objektiv eingebaut. Es kostet rund 430 Euro und ist das erste Objektiv dieser Art. Die Ausleuchtung der Ringleuchte lässt sich für links und rechts in jeweils zwei Helligkeitsstufen getrennt regeln.

Abbildung 11.15
Das EF-S 35 mm f/2,8 Macro IS STM von vorn. Es bietet sich für Dokumentationen aus nächster Nähe an.

Es muss jedoch nicht immer ausschließlich künstliches Licht sein: Ein sehr sinnvolles Zubehör bei der Nah- und Makrofotografie ist ein Reflektor. Selbst mit kleinen Modellen lassen sich störende Schatten sehr gut beseitigen oder interessante Motivteile zusätzlich aufhellen. Zur Not leistet sogar ein weißes Blatt Papier gute Dienste.

Überhaupt ist es eine gute Idee, einige transportable Hintergründe im Fotogepäck dabeizuhaben. Von Kartons in verschiedenen Farben bis hin zu Ihrer eigenen Jacke eignet sich vieles, um etwa störende Bildelemente in der Ferne auszublenden oder aber eine einzelne Blüte besonders hervorzuheben. Falls kein Helfer zum Halten zur Verfügung steht, muss mit dem Stativ und der Fernbedienung gearbeitet werden. Ansonsten gibt es auch Klemmsysteme, mit denen sich Hintergründe und Reflektoren fixieren lassen. Solche Vorrichtungen eignen sich auch gut dafür, störende Äste kurzfristig außerhalb des Bildes zu halten und Pflanzen im Wind zu stabilisieren. Schon bei einer leichten Brise und längeren Belichtungszeiten ist es nämlich recht schwer, Blumen verwacklungsfrei abzulichten.

Abbildung 11.16 >
Die Blüte harmoniert farblich gut mit dem Hintergrund.

Kein Kinderspiel: Makromotive in Bewegung

Um Insekten im Flug abzulichten, sollten Sie in das **Tv**-Programm wechseln und dort eine möglichst kurze Belichtungszeit einstellen. Werte um 1/500 s sind dafür gut geeignet. Der Autofokus hat gerade mit kleinen Tieren oft Probleme. Schnell lässt er sich durch Äste oder andere kontrastreiche Bildelemente ablenken, und schon ist der richtige Augenblick verflogen.

[100 mm | f5,6 | 1/30 s | ISO 800 | Stativ]

▲ **Abbildung 11.17**
Insekten lassen sich nur mit kurzen Belichtungszeiten einfangen. 1/30 s wie hier ist schon zu lang.

In der Praxis bewährt hat sich das Vorfokussieren. Dabei suchen Sie sich einen Punkt, an dem sich das Insekt voraussichtlich bald befinden wird, und stellen auf diesen manuell scharf. Anschließend schalten Sie den Autofokus wieder ein und müssen nur noch den Auslöser drücken, sobald sich das Tier tatsächlich im Bereich des Autofokusmessfelds befindet. Ist das Motiv erst einmal fest erfasst, funktioniert die automatische Fokusnachführung recht gut. Dazu ist es allerdings nötig, den Autofokusbetrieb auf **AI Servo** oder **AI Focus** zu stellen. Am besten wählen Sie nur ein einzelnes Autofokusmessfeld vor. Damit sinkt die Wahrscheinlichkeit für versehentlich falsch anvisierte Ziele. Leider schränkt dies die Möglichkeiten der Bildgestaltung ein. Wenn Sie einen großzügigen Ausschnitt wählen, können Sie nachträglich am Computer einen Beschnitt nach Wunsch vornehmen.

 Besser zu viel als zu wenig

Das Fokussieren auf den richtigen Punkt ist bei Makroaufnahmen schwierig. Gerade beim Fotografieren ohne Stativ ist die Wahrscheinlichkeit eines an den entscheidenden Stellen unscharfen Bildes recht hoch. Machen Sie daher nach dem Motto »Viel hilft viel« gleich eine ganze Reihe von Fotos, und kalkulieren Sie von vornherein einen hohen Anteil an Ausschuss mit ein.

Das i-Tüpfelchen: Bildgestaltung im Makrobereich

Die Faszination der Makrofotografie liegt darin, kleine Dinge ganz groß darzustellen. Dadurch allein werden viele Bilder aus diesem Bereich zum echten Hingucker. Es ist deshalb gerade bei der Nah- und Makrofotografie relativ leicht, Erfolgserlebnisse zu haben. Dennoch gibt es auch in diesem fotografischen Genre einige Gestaltungsmittel, die zu deutlich besseren Fotos führen.

Das Motiv richtig positionieren

Wie immer bei der Aufnahme eines Bildes sollte eine der ersten Fragen lauten, was genau Sie eigentlich zeigen möchten. Wenn es um die möglichst genaue Dokumentation einer Pflanze oder eines Tieres geht, ist eine komplette Abbildung des Motivs unumgänglich.

Steht hingegen die künstlerische Darstellung im Vordergrund, ist gerade die Reduktion eines der interessantesten Stilmittel. Für den Betrachter ist es schließlich oft reizvoll, die fehlenden Elemente in Gedanken zu ergänzen. Dabei kommt es allerdings sehr auf das rechte Maß an: Bei einem abgeschnittenen Bein wird man Ihnen womöglich Flüchtigkeit beim Blick durch den Sucher unterstellen, bei einem geschickt halbierten Körper jedoch Ihr gestalterisches Talent loben.

Letztlich kann es auch einfach nur das Zusammenspiel aus Formen, Farben und dem Licht sein, das Sie in Ihrem Bild einfangen möchten. Dadurch bekommt die Aufnahme vielleicht schon einen völlig abstrakten Charakter, der bis hin zur Unkenntlichkeit des eigentlichen Motivs reichen kann. Gerade Pflanzen bieten jede Menge Strukturen, die es durch genaues Hinsehen zu entdecken und einzufangen gilt. Solche Fotos sind formal natürlich denkbar weit von den streng dokumentarischen Werken entfernt, die sich zur Tier- oder Pflanzenbestimmung eignen würden. Stattdessen steht hier die kreative Auseinandersetzung mit dem Motiv klar im Vordergrund.

Abbildung 11.18
Durch den Anschnitt des Schmetterlings werden interessante Details sichtbar.

[100 mm | f4 | 1/160 s | ISO 800 | Stativ]

Abbildung 11.19 >
Die Blüte wurde angeschnitten. Auch hier bietet die Drittelregel Orientierung.

[100 mm | f6,3 | 1/200 s | ISO 200 | Stativ]

v Abbildung 11.20
Es muss nicht immer gerade sein: Dieses Bild erhält Dynamik durch die schräge Position des Schmetterlings.

[100 mm | f55 | 1/125 s | ISO 1600]

Viel Raum für künstlerische Experimente lässt die Makrofotografie auch in puncto Positionierung des Motivs im Bild. Die Drittelregel funktioniert auch hier, ansonsten sind Linien, die den Betrachter in das Bild hineinführen, symmetrische Elemente und Rahmen (so wie auch in anderen fotografischen Genres) gut geeignete Mittel, um den Zuschauer zu fesseln. Feine Details des Hauptmotivs selbst können zudem gerade in diesem Bereich gut kleinere gestalterische Mängel kaschieren. Der Weg zu vorzeigbaren Fotos ist auch deshalb in der Makrofotografie recht kurz.

Motive in Aktion

Suchen Sie gezielt nach Tieren in Aktion. Dann erzählt das Bild auch gleich eine kleine Geschichte. Der Schmetterling, der gerade eine Blüte bestäubt, zieht garantiert die Blicke auf sich.

Das A & O: den Hintergrund gestalten

Wie bei allen Arten der Fotografie spielt auch in der Makrofotografie der Hintergrund eine wichtige Rolle. Gerade weil Nahaufnahmen einen genauen Blick auf die Details ermöglichen, wird jede Ablenkung als großer Störfaktor wahrgenommen. Möglichst einfache, ruhige Hintergründe sind deshalb besonders wichtig. Bei Pflanzen irritieren zudem verwelkte Blätter, abstehende Stängel und Zweige, der eigentliche Blickfang kommt nicht mehr richtig zur Geltung.

Solche Probleme lassen sich meist umgehen, indem Sie einen anderen Ausschnitt oder eine andere Aufnahmeposition wählen. Außerdem können Sie eine offene Blende einstellen, um den Hintergrund diffus darzustellen. Auch dabei entstehen jedoch leicht einzelne Farbkleckse, die vom Motiv ablenken. Oft, aber nicht immer können solche gleichförmigen Unregelmäßigkeiten zumindest am Computer noch entfernt werden.

▲ Abbildung 11.21
Hier war nichts mehr zu machen: ein schöner Schmetterling mit offener Blende fotografiert, aber vor einem unruhigen, störenden Hintergrund.

▲ Abbildung 11.22
Schön freigestellt: Die verschiedenen Farbtöne des Hintergrunds irritieren nicht, weil sie ineinanderfließen.

Sie können den Hintergrund auch nutzen, um gezielte Farbkontraste zu erzeugen. Besonders schön kommen Komplementärfarben zur Geltung. Orangefarbene Blüten wirken besonders vor einem grünen Hintergrund gut, während rote Pflanzen vor dem Blau des Himmels hervorstechen. Während diese Tricks mit Pflanzen recht gut funktionieren, ist das Hervorheben von Insekten schon schwieriger. Gerade die kleineren unter ihnen zeichnen sich oft wenig vom Hintergrund ab, und das Foto wird zum Suchbild. Hier hilft es, eine günstigere Perspektive zu wählen.

Abbildung 11.23 ▶
Die orangefarbene Ranunkelblüte ist ein farbiger Hingucker vor dem grünen Hintergrund.

[100 mm | f3,5 | 1/30 s | ISO 100]

Das Licht entscheidet

Eine ganz besondere Rolle für die Bildwirkung spielt natürlich das Licht. Und wie immer stören auch hier die gleißenden Strahlen der Mittagssonne. Sie sorgen für harte Schatten und lassen subtile Farbabstufungen unschön verschwinden. Ein bedeckter Himmel, bei dem Wolken das Licht in alle Richtungen streuen, ist für den Makrofotografen deshalb ein guter Grund, zur Kamera zu greifen. Ansonsten hilft Ihnen ein kleiner Diffusor, den Sie zwischen Sonne und Motiv positionieren, um das gewünschte weiche Licht zu erzeugen. Zum Aufhellen von Schatten wiederum eignet sich ein kleiner Reflektor. Auch die Morgen- und Abendstunden bieten ideale Bedingungen. Das dann flach einstrahlende Licht bringt die filigranen Oberflächenstrukturen von Pflanzen und Tieren sehr schön zur Geltung.

Experimentieren Sie einmal mit den verschiedenen Richtungen und Arten des Lichts, um auf diese Weise zum optimalen Bild zu kommen. Dazu können Sie entweder auf besseres Licht warten oder die Position von Diffusor, Reflektor, Blitz oder Kamera ändern.

Abbildung 11.24 >
Ahornblätter im Licht der Dämmerung ergeben auf diesem Bild eine schöne Komposition aus Licht und Schatten.

Früh unterwegs zu sein lohnt sich!

Die frühen Morgenstunden sind übrigens nicht nur wegen des schönen Lichts für die Makrofotografie gut geeignet. Um diese Zeit sind viele Insekten noch steif, so dass es möglich ist, ihnen sehr nahezukommen, ohne dass sie sich bewegen. Auch der morgendliche Tau auf den Gräsern ist ein schönes Bildelement, das für die Mühen des frühen Aufstehens entschädigt. Nachhelfen kann man auch anders: Um Blumenbildern den letzten Pep zu geben, schwören viele Makrofotografen auf eine stets griffbereite Sprühflasche mit Wasser. Mit ihrer Hilfe können Sie Blüten effektvoll mit im Licht funkelnden Tropfen benetzen.

Überzeugende Produktfotos erstellen
EXKURS

Kleine Tiere und Pflanzen sind nicht die einzigen Motive der Nah- und Makrofotografie. Auch das Abbilden von Gegenständen fällt in diesen Bereich. Wenn es darum geht, kleine Dinge etwa für den Verkauf auf einer Internet-Plattform oder für einen Katalog zu fotografieren, kommt es häufig darauf an, sie von ihrem Hintergrund freizustellen. Die Objekte sollen quasi im Raum schweben, um den Betrachter durch rein gar nichts vom eigentlichen Motiv abzulenken. Dazu ist es theoretisch möglich, in einer Bildbearbeitungssoftware den Hintergrund auszuschneiden und durch eine rein weiße oder schwarze Variante zu ersetzen.

Einfacher geht es mit einer sogenannten *Hohlkehle*. Dabei handelt es sich um eine Fläche ohne Ecken, in denen es zur Bildung von Schatten kommen könnte. Im Prinzip bilden zum Beispiel der Boden und die Seitenwände einer Badewanne eine solche Konstruktion. Ganz ohne ungesunde Verrenkungen lassen sich Objekte allerdings besser mit einer selbst gebastelten Hohlkehle fotografieren.

Abbildung 11.25 >
Eine Do-it-yourself-Variante der Hohlkehle: Wenn Sie darüber noch eine Rolle rotes Geschenkpapier legen, erhalten Sie einen farbigen Hintergrund wie in Abbildung 11.26.

EXKURS

▲ Abbildung 11.26
So macht Verkaufen auf eBay Spaß: Diese Schmuckstücke wurden auf einer selbst gebastelten Hohlkehle mit rotem Geschenkpapier fotografiert. Mit einer Taschenlampe angestrahlt, ergibt sich zusätzliche Brillanz.

In der kleinsten Variante benötigen Sie dafür nicht mehr als ein größeres Buch, etwa einen Bildband, etwas Klebestreifen und ein großes Blatt Papier. Sie müssen dieses lediglich, wie in Abbildung 11.25 gezeigt, fixieren. Je nach Hebel- und Kraftverhältnissen müssen Sie unter Umständen für weitere Stabilität sorgen, etwa mit einem Stapel weiterer Bücher. Alternativ können Sie auch einfach eine längere Papierrolle von einem Regal, einem Tisch oder einer ähnlich erhöhten Position aus herunterhängen lassen.

Die professionelle Alternative zu Selbstbaulösungen stellen sogenannte *Tabletop-Tische* oder Ministudios dar. Diese erhalten Sie ab etwa 80 Euro. Besonders interessant sind Varianten, die sich mit wenigen Handgriffen sehr klein zusammenklappen lassen.

Abbildung 11.27 ▶
Falls Sie richtig einsteigen wollen, kann sich die Anschaffung eines Ministudios lohnen (Bild: Dörr-Foto).

Kapitel 12
Die richtige Bearbeitung für bessere Bilder

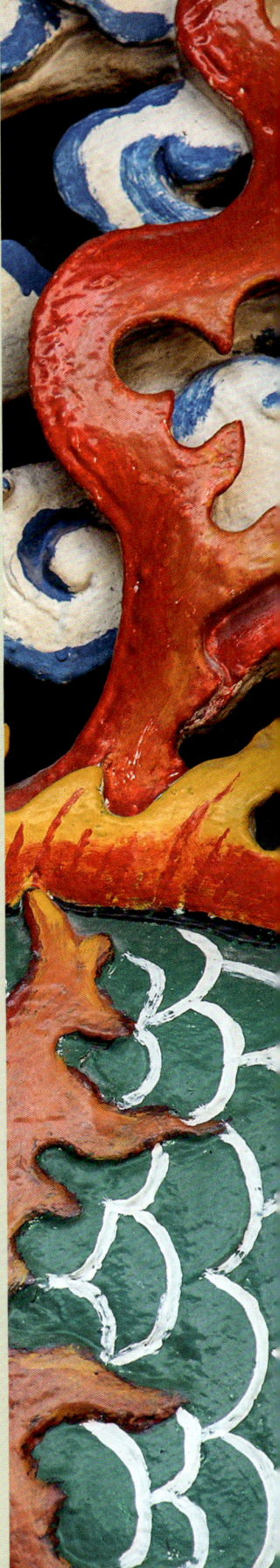

Die richtige Ausrüstung für die Bildbearbeitung 286

Bildbearbeitungsprogramme von Canon 288

Ordnung in die Bilderflut bringen 290

Erste Schritte in der Bildbearbeitung 292

EXKURS: Alternativen zur Canon-Software 302

Die richtige Ausrüstung für die Bildbearbeitung

Auch ohne weitere Bearbeitungsschritte am Computer liefert die EOS 77D gute Bilder, und sicherlich haben Sie mit Ihrer Kamera schon viele vorzeigbare Fotos geschossen. Das gewisse Etwas geben Sie Ihren Bildern mit einer Bearbeitung am Rechner.

Passen Gestaltung, Belichtung, Bildstil und Weißabgleich, brauchen Sie Ihren Rechner nur zum Auswählen, Vorzeigen und Drucken. Mit der Bildbearbeitung am PC verschönern Sie allerdings nicht nur Ihre gelungenen Werke, sondern können auch fehlerhafte Bilder wieder in Form bringen. Manch verloren geglaubtes Bild zeigt auf diese Weise ganz neue Seiten.

 Grafiktablett nutzen

Ein sinnvolles Zubehör – sofern Sie Ihre Bilder gerne ausführlich bearbeiten – ist ein Grafiktablett. Mit dem Stift in der Hand lassen sich Bildänderungen wesentlich schneller und präziser als mit der Maus durchführen. Marktführer *Wacom* bietet hier Modelle der professionellen Intuos-Reihe und die für Einsteiger und Amateure idealen Bamboo-Modelle. Letztere sind bereits ab etwa 60 Euro erhältlich.

(Bild: Wacom)

Computer, Speicherplatz und Monitor

Um die Bilder der EOS 77D am PC oder Mac zu archivieren, auszuwählen und zu bearbeiten, muss der Rechner nicht auf dem allerneuesten Stand sein. Einen i3-, i5- oder i7-Prozessor sollte der Computer allerdings schon haben, damit es einigermaßen zügig vorangeht. Gerade bei der Bearbeitung von RAW-Dateien bringt eine Speicherausstattung mit acht oder sogar 16 Gigabyte (GB) ein deutliches Plus an Geschwindigkeit. Auch eine SSD (*Solid State Drive*), die die Festplatte ersetzt, macht dem Rechner Beine.

Aktuelle Geräte erfüllen diese Anforderungen, ohne dass dafür horrende Preise zu zahlen sind. Wer gemeinsam mit der neuen Kamera auch gleich einen Computer kauft, kann darum getrost zu einem vergleichsweise preiswerten Modell greifen. Selbst Einsteiger-Laptops und Desktop-PCs für rund 500 Euro sind mehr als ausreichend dimensioniert. Ganz hervorragend für die Arbeit mit Fotos geeignet sind auch die aktuellen Modelle von Apple. Mit dem Programm *Fotos* gehört bei diesen Geräten eine leistungsstarke Software für einfache Bildbearbeitungen und die Verwaltung von Fotos bereits zum Lieferumfang.

Ein wichtiger Punkt – gerade wenn Sie sich für die Arbeit mit dem speicherhungrigen RAW-Format entscheiden – ist der Festplattenplatz. Eine JPEG-Datei der EOS 77D belegt im Durchschnitt rund neun Megabyte (MB), ihr RAW-Pendant etwa 30 MB. Bei 10.000 Bildern, wie sie schnell zusammenkommen, sind das immerhin rund 90 GB Speicherplatzbedarf bei der reinen JPEG-Fotografie und rund 300 GB für die RAW-Daten. Zum Glück gibt es jedoch externe Festplatten mit einer Kapazität von zwei Terabyte (TB), also 2048 GB, für rund 100 Euro. PC-Besitzer sollten dabei auf Geräte mit einer USB-3.0-Schnittstelle achten. Diese wird mittlerweile auch in den aktuellen Apple-Rechnern verwendet. Noch schneller arbeiten Geräte mit Thunderbolt-Anschluss, den alle ab 2011 neu eingeführten Apple-Computer unterstützen.

▲ Abbildung 12.1
Sparen Sie nicht an einem guten Monitor, wenn Sie öfter Bilder bearbeiten möchten (Bild: NEC).

Eine absolut sinnvolle Investition für jeden, der sich ernsthafter mit der Bildbearbeitung beschäftigt, ist ein guter Monitor. Die aktuellen Geräte mit 4 K- oder sogar 5 K-Auflösung sind wegen ihrer detailreichen Darstellung für Fotografen besonders interessant. Allerdings bieten derzeit nur die recht teuren Geräte auch eine entsprechend gute Farbwiedergabe.

Grundsätzlich ist es wichtig, dass im Monitor ein sogenanntes *IPS-Panel* oder zumindest *VA-Panel* verbaut ist. Geräte aus dem Elektromarkt sind aus Kostengründen meist nur mit einem *TN-Panel* ausgestattet. Dieses bietet nicht aus allen Blickrichtungen eine farb- und kontrastgetreue Wiedergabe. Einfache Modelle mit IPS-Panel gibt es bereits ab 300 Euro von Herstellern wie NEC, Dell, Samsung oder LG. Geräte, die einen noch größeren Farbraum und damit mehr Farben darstellen können, sind zum Beispiel von NEC und Eizo ab 1000 Euro erhältlich. Diese Geräte können fast den kompletten AdobeRGB-Farbraum darstellen.

Alle Displays von Apple sind übrigens IPS-Geräte. Allerdings gibt es die meisten von ihnen nur in der sogenannten *Glossy-Variante*, bei der der Bildschirm extrem spiegelt. Dadurch entsteht zwar ein insgesamt brillanterer Bildeindruck, die Reflexionen sind jedoch für die Augen recht anstrengend.

Den Monitor profilieren

Damit der Bildschirm die Farben richtig darstellt, empfiehlt sich eine Profilierung des Geräts. Ein *Kolorimeter*, ein Messgerät, wird dazu vor den Monitor gehängt und misst, wie die an das Gerät gesendeten Farben tatsächlich aussehen. Das Ergebnis wird als sogenanntes *Profil* gespeichert. In diesem sind quasi Korrekturdaten hinterlegt, die dafür sorgen sollen, dass ein Farbwert exakt so wiedergegeben wird, wie es den Spezifikationen entspricht. Das Betriebssystem beziehungsweise die Bildbearbeitungssoftware greift darauf zu und stellt die Farben dadurch farbverbindlich dar. Auf jedem anderen kalibrierten Monitor erscheinen sie exakt gleich – etwa auch auf dem Bildschirm eines Fachlabors, bei dem Sie Bilder bestellen.

Bildbearbeitungsprogramme von Canon

Für erste Schritte in der Bildbearbeitung und -verwaltung finden Sie auf der Webseite (*www.canon.de/support*) zur EOS 77D ein umfangreiches Softwarepaket. Mit *EOS Utility* lassen sich die Bilder auf den PC oder Mac übertragen. Die Software *Digital Photo Professional* (DPP) ist für die Optimierung, Auswahl und Ablage der Bilder im JPEG- und RAW-Format zuständig. Daneben findet sich im Ordner *Canon Utilities*, den das Installationsprogramm auf der Festplatte anlegt, noch eine ganze Reihe weiterer Programme. Zu den wichtigsten gehören der *Picture Style Editor* für das Anlegen eigener Bildstile und *PhotoStitch* für Panoramen. Das zentrale Werkzeug, damit die Bilder überhaupt erst einmal von der Kamera auf den Computer kommen, ist das Programm *EOS Utility*. Einmal installiert, meldet es sich am PC immer dann, wenn Sie die Kamera über ein USB-Kabel mit dem Rechner verbinden oder die Speicherkarte in ein Lesegerät einlegen.

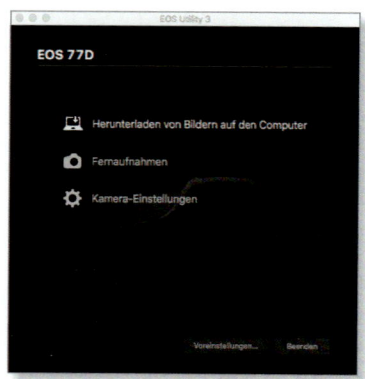

∧ Abbildung 12.2
Mit EOS Utility können Sie ganz bequem Ihre Fotos auf den Computer übertragen.

 Kartenleser

Falls Ihr Computer nicht ohnehin bereits mit einem SD-Kartenleser ausgestattet ist, bietet sich die Anschaffung eines zusätzlichen Lesegeräts an. Ein empfehlenswertes Modell ist der *FCR-HS4* von Kingston. Dieses Gerät kostet rund 25 Euro und liest über seinen USB-3.0-Anschluss gleich mehrere Kartentypen in hoher Geschwindigkeit.

Digital Photo Professional (DPP) ermöglicht eine ganze Reihe von Sortier-, Bewertungs- und Bearbeitungsschritten. Die Software ist in Sachen Bedienkomfort und Funktionsumfang allerdings nicht gerade führend. Nach dem Start des Programms sehen Sie auf der linken Seite die Ordnerstruktur Ihrer Festplatte ❶. Rechts daneben sind alle Bilder des angeklickten Ordners als Miniaturvorschau zu sehen. Im RAW-Format gespeicherte Fotos sind mit dem Eintrag **RAW** in der linken unteren Ecke markiert ❷. Abgesehen davon, erkennen Sie diese Rohdateien auch an der Dateiendung *.cr2* ❸.

▲ Abbildung 12.3
Die Startseite von DPP

Ein Doppelklick auf eines der Bilder öffnet die Werkzeugpalette sowie eine größere Darstellung des Bildes in einem Fenster. Dieses lässt sich wie jedes Windows- oder Mac-Fenster in der Größe verändern. Die Anzeige des Fotos wird dann jeweils daran angepasst. Möchten Sie stattdessen das Bild in seiner Originalgröße betrachten, führen Sie erneut einen Doppelklick auf das Bild aus. Mit einem Touchpad oder der Maus können Sie anschließend im Bild umherfahren. In der 100-Prozent-Ansicht entspricht ein Pixel des Monitors einem Pixel der Bilddatei. Da ein Bild aus der EOS 77D genau 24 Megapixel groß ist, der Bildschirm aber in der Regel nur zwei bis acht Megapixel darstellen kann, erscheint lediglich ein kleiner, aber vergrößerter Ausschnitt des Fotos. Diese Darstellung eignet sich hervorragend zur Beurteilung der Schärfe.

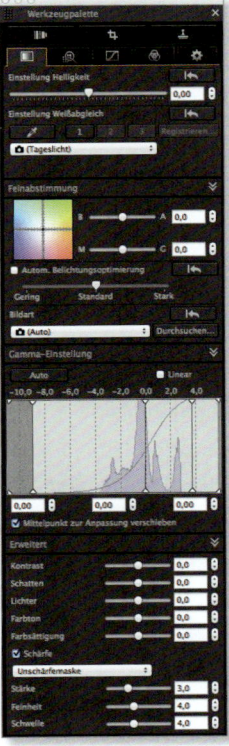

Abbildung 12.4 ▶
Nach einem Doppelklick auf ein Bild öffnet sich eine vergrößerte Ansicht. Hier wird auch die Bildbearbeitung vorgenommen.

Ordnung in die Bilderflut bringen

Grundsätzlich landen über *EOS Utility* alle Dateien nach Datum geordnet auf dem Rechner. Das Programm legt dafür automatisch entsprechende Verzeichnisse an. Möglicherweise ist es für Ihr persönliches Ablagesystem sinnvoller, die Bilder direkt nach dem Import umzubenennen – etwa sortiert nach dem Anlass des Fotoshootings oder nach Orten oder Motiven wie Blumen, Architektur und Porträts.

Eine wohldurchdachte Struktur hilft beim Wiederfinden von Bildern enorm. Wächst Ihre Fotosammlung stark an, lohnt sich der Kauf eines Programms mit umfangreichen Funktionen für die Katalogisierung von Bildern. Im Exkurs »Alternativen zur Canon-Software« auf Seite 302 lernen Sie diese kennen.

Bilder in DPP anzeigen und bewerten

In welcher Form die Miniaturen in der Übersicht erscheinen, legen Sie am unteren Rand fest. Dort lässt sich die Bildgröße mit einem Schieber ❶ verändern. Außerdem haben Sie die Wahl zwischen einer Darstellung ohne ❷ und einer mit ❹ Dateinamen. Ein Klick auf die Schaltfläche rechts daneben ❺ aktiviert eine Übersicht mit mehreren Aufnahmeparametern. Welche davon genau angezeigt werden, definieren Sie nach einem Klick auf den Pfeil ❻ an der rechten Seite. Außerdem lässt sich die JPEG-Variante gezielt ausblenden, sobald das Foto auch im RAW-Format vorhanden ist ❼. Zwei weitere Schaltflächen erlauben das Markieren sämtlicher Bilder in einem Verzeichnis ❽ beziehungsweise das Aufheben dieser Auswahl ❿. Schließlich können Sie die Sortierkriterien ⓭ in auf- oder absteigender Ordnung ⓮ bestimmen.

Abbildung 12.5 >
Bei DPP stehen Ihnen viele Anzeigeoptionen und zwei verschiedene Bewertungssysteme zur Verfügung: Häkchen und Sterne.

Um mit *DPP* für Ordnung in der Bildersammlung zu sorgen, können Sie Bilder mit einem bis fünf Sternen versehen. Schnell und effizient funktioniert die Einstufung, indem Sie ein Bild markieren und dieses über die Tasten [0] bis [5] bewerten. Alternativ können Sie auch auf die gewünschte Anzahl an Sternen klicken ❾. Das zweite von *DPP* genutzte Bewertungssystem ist eine Unterteilung nach Häkchen, die ebenfalls von **1** bis **5** nummeriert sind ❸. Auch die Bewertung einer ganzen Reihe von Bildern ist möglich. Mit gedrückter [⇧]-Taste lassen sich dazu Bilder nebeneinander auswählen. Mit der [Strg]/[cmd]-Taste können Sie nicht zusammenhängende Bilder per Mausklick markieren. Bewertungen, aber auch alle anderen Aktionen können dann für sämtliche ausgewählte Bilder ausgeführt werden.

Interessant in diesem Zusammenhang ist der **Filter** ⓫. Hier können Sie ganz genau auswählen, welche Bilder in der Übersicht erscheinen sollen. Sie schalten den Filter mit einem Klick auf die Schaltfläche ein und aus und können auch hier die Auswahl über den Pfeil an der rechten Seite ❿ näher definieren. Beim Wechseln in ein anderes Verzeichnis wird der Filter automatisch ausgeschaltet.

Schnellüberprüfung für die Bildauswahl nutzen

Um möglichst schnell eine erste Auswahl basierend auf Bewertungssternen treffen zu können, sollten Sie zunächst sämtliche Bilder auswählen ❽. Wählen Sie anschließend im Menü **Ansicht** den Eintrag **Schnellüberprüfungsfenster** aus.

Die Bilder erscheinen jeweils groß auf dem Bildschirm, und Sie können mit der Tastatur oder über die entsprechenden Schaltflächen ⓴ durch die Auswahl blättern und die Fotos mit Bewertungen ⓳ versehen. Zur genaueren Beurteilung der Bilder haben Sie die Wahl zwischen einer an das Fenster angepassten Darstellung ⓯, der 100-Prozent-Ansicht ⓱ oder einer anderen Vergrößerungsstufe ⓲, die Sie über den Pfeil genauer definieren können. Auch einen Vollbildmodus ⓰ gibt es.

Interessant ist zudem die Möglichkeit, mit einem Klick auf **AF-Felder** ㉑ das bei der Aufnahme verwendete Autofokusmessfeld beziehungsweise alle Felder, mit denen eine Scharfstellung erzielt wurde, einzublenden. Sie finden diese Option ebenfalls im **Vorschau**-Menü und können sie über [Strg]/[cmd]+[J] auch in anderen Darstellungsarten aktivieren.

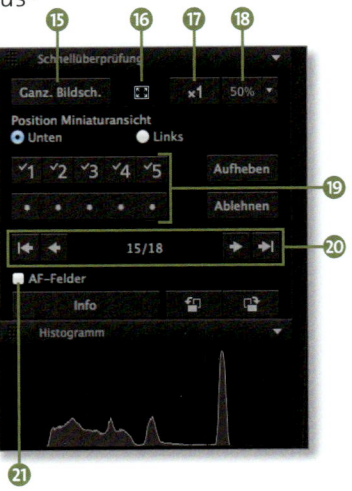

▽ **Abbildung 12.6**
Klicken Sie durch Ihre Bilder, und vergeben Sie Bewertungen.

Erste Schritte in der Bildbearbeitung

Mit *DPP* können Sie Ihre Fotos nicht nur sortieren und bewerten, sondern auch verschönern. Oft gelingt das schon mit wenigen Mausklicks. Besonders durch die Wahl eines neuen Bildausschnitts können Sie viele Bilder stark verbessern. So nimmt in Abbildung 12.7 das Buschwerk zu viel Raum ein. Dadurch geht das Nashorn unter. Nach einem radikalen Beschnitt entfaltet das Bild eine ganz neue Wirkung.

Abbildung 12.7 >
Das Nashornbild vorher und nachher

So schneiden Sie Ihre Bilder zu

Wählen Sie zunächst das Bild im Ordner aus, und führen Sie einen Doppelklick darauf aus. Rechts erscheint eine umfangreiche Werkzeugpalette. Klicken Sie nun auf den Reiter für einen neuen Bildausschnitt ❷. Mit gedrückter linker Maustaste können Sie frei einen Rahmen aufziehen ❶. Alternativ lässt sich im Menü ein festes Seitenverhältnis auswählen ❹. Möchten Sie das Bild später im Labor abziehen lassen, empfiehlt sich das klassische Kleinbildverhältnis von 3:2 beziehungsweise 2:3. Für schiefe Horizonte oder auch spielerische Effekte ist der **Winkel**-Regler ❺ interessant. Mit ihm können Sie die Aufnahme beliebig drehen. Das funktioniert mit der Maus auch direkt im Bild. Sobald Sie die Maus außerhalb des Rahmens bewegen, verwandelt sich der Mauszeiger in einen geknickten Pfeil, und das Bild lässt sich bei gedrückter Maustaste drehen. Hilfreich ist es, wenn Sie sich dabei das Raster ❻ einblenden lassen. Über **Kopieren** ❼ können Sie einen Beschnitt in die Zwischenablage kopieren und auf ein weiteres Bild mit **Einfügen** ❽ übertragen.

In der Bildübersicht erscheint übrigens weiterhin das Ausgangsbild, ergänzt um den ausgewählten Rahmen. So ist es auch nachträglich problemlos möglich, den Bildausschnitt anzupassen.

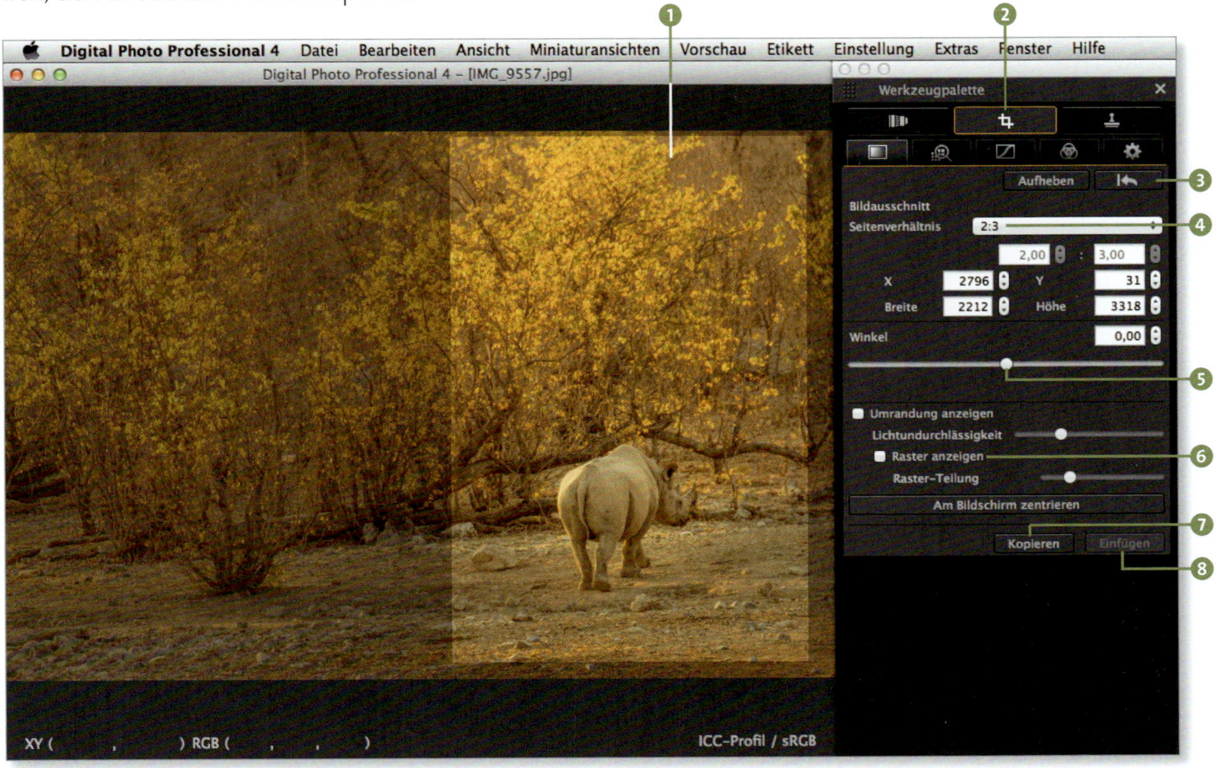

▲ Abbildung 12.8
Die Funktionen zur Bildbeschneidung. Mit dem Pfeilsymbol ❸ machen Sie überall in DPP Änderungen wieder rückgängig.

Bilder retten mit der Schere
Über das gezielte Beschneiden können Sie auch nachträglich noch Gestaltungstricks wie die Drittelregel ins Bild bringen. Auch bei vermeintlich missglückten Fotos lohnt sich in vielen Fällen das Experimentieren mit dieser Funktion.

So korrigieren Sie die Belichtung Ihrer Bilder

Das Programm *DPP* kann für seinen Funktionsumfang wahrlich keine Lorbeeren ernten. Recht gute Ergebnisse lassen sich damit allerdings bei der Bearbeitung von RAW-Daten erzielen. Die Geheimnisse des kameraspezifischen RAW-Formats kennt eben der Hersteller der Kamera selbst besser als jeder andere Anbieter von Software. Klicken Sie dazu auf den Reiter für die grundlegenden Bildeinstellungen.

Mit einem Schieberegler ❶ können Sie die Helligkeit des Bildes verändern. Das Histogramm ❹, wie Sie es bereits von der Kamera selbst kennen, wandert entsprechend den Einstellungen nach links oder rechts. Eine Änderung hier liefert gute Ergebnisse, wenn die Belichtungsautomatik der Kamera ein wenig danebenlag. Dem sind allerdings Grenzen gesetzt. Mehr als zwei Blendenstufen sind nicht drin.

Es ist außerdem möglich, mit der Maus auf die Begrenzung des Histogramms ❺ zu klicken und diese zu verschieben. Alle Helligkeitswerte, die links von der linken Begrenzung liegen, werden auf Schwarz gesetzt, alle Helligkeitswerte rechts von der rechten Begrenzung erscheinen als reines Weiß. Probieren Sie auch aus, was die Automatik nach einem Klick auf **Auto** ❸ vorschlägt. Bei Nichtgefallen klicken Sie einfach auf die **Zurücksetzen**-Schaltfläche ❷ neben **Bildart**.

Abbildung 12.9 >
Bereits mit wenigen Anpassungen können Sie eine Menge aus einem Bild herausholen.

Bei der Arbeit mit dem Histogramm ist die **Lichter-/Schattenwarnung** ❽ hilfreich, die sich durch einen Klick mit der rechten Maustaste auf das Bild im Kontextmenü aktivieren lässt. Teile des Bildes, in denen keine Informationen mehr vorhanden sind, erscheinen dann jeweils blau beziehungsweise rot ❼. Rot steht dabei für reines Weiß, Blau für ein absolut tiefes Schwarz. Man spricht in diesem Zusammenhang auch davon, dass dem Bild in den *Lichtern*, den hellen Bereichen, oder in den *Schatten*, den dunklen Bereichen, die Zeichnung fehlt. Mehr dazu finden Sie auch im Abschnitt »Das Histogramm verstehen und anwenden« auf Seite 114.

 Das Histogramm in DPP

Das Histogramm zeigt die Verteilung der Bildhelligkeit von ganz dunkel auf der linken Seite bis ganz hell auf der rechten Seite der unteren Achse. Weitere Informationen über das Kamerahistogramm finden Sie im Abschnitt »Das Histogramm verstehen und anwenden« auf Seite 114. Die Darstellung in *DPP* unterscheidet sich von diesem jedoch ein wenig: Die Grafik dort basiert auf einer logarithmischen Skala. Für die Bearbeitung nach Sicht macht das allerdings keinen Unterschied.

Unterhalb des Histogramms befinden sich mehrere Schieberegler ❻. Mit der Einstellung **Kontrast** verändern Sie die Abstufung zwischen hellen und dunklen Bereichen. Bei niedrigen Kontrasten sind zwar feinste Unterschiede zwischen Helligkeitsstufen im Bild erkennbar, dafür wirken solche Fotos recht flau. Wenn Sie den Kontrast erhöhen, lässt sich das ändern und zugleich auch der Schärfeeindruck steigern. Mit den beiden Schiebereglern für **Schatten** und **Lichter** können Sie die Helligkeit für beide Bereiche getrennt einstellen. Über diese beiden Regler lassen sich sehr gut unter- oder überbelichtete Fotos retten. Mit Änderungen in diesem Bereich kann auch in vermeintlich komplett weiße oder schwarze Bereiche noch ein wenig Zeichnung hineingebracht werden.

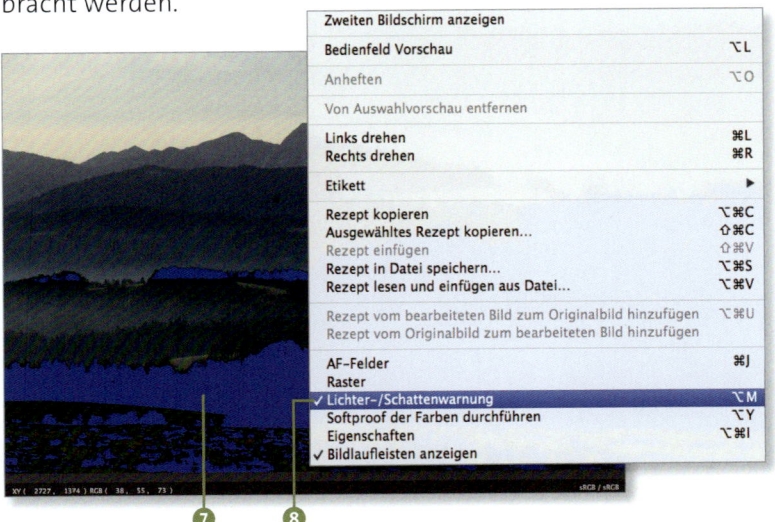

< Abbildung 12.10
In den blau dargestellten Bereichen sind keine Details in den Schatten mehr sichtbar.

Weitere Funktionen rund um Helligkeit und Kontrast zeigen sich mit einem Klick auf den Reiter für die Tonwertkurve ❶. Die Tonwertkurve zeigt entlang der horizontalen Achse die Helligkeitswerte von Schwarz bis Weiß, wie sie das Bild in seiner ursprünglichen Form liefert. Damit repräsentiert dies die Eingabe, den *Input*. Mit der Maus können Sie diese Kurve beliebig verbiegen. Auf der vertikalen Achse lassen sich dann diejenigen Helligkeitswerte von Schwarz (unten) bis Weiß (oben) ablesen, die als Ausgabe (*Output*) dabei herauskommen. Indem Sie die linke Seite der Kurve greifen und mit der Maus nach rechts verschieben, wird die Kurve steiler, und der Kontrast erhöht sich. Im Zuge dieser Bewegung wird mehr und mehr Tonwerten der Wert Schwarz zugewiesen. Alternativ erreichen Sie den gleichen Effekt, indem Sie den Wert unter **Eingangspegel** ❸ erhöhen. Der Wert am anderen Ende des Spektrums ❹ entspricht analog dem Zuweisen des Tonwertes Weiß für die helleren Tonwerte. Durch Greifen der linken Seite der Tonwertkurve und Verschieben nach oben wird das Bild heller. Alternativ ist der gleiche Effekt durch eine Erhöhung des **Ausgangspegels** ❺ zu erreichen. Sie können sich auch einen Punkt in der Mitte der Kurve greifen und damit die Mitteltöne in ihrer Helligkeit beeinflussen. Jeder einzelne Wert lässt sich darüber hinaus mit der Eingabe von **X**- und **Y**-Werten ❷ direkt verändern.

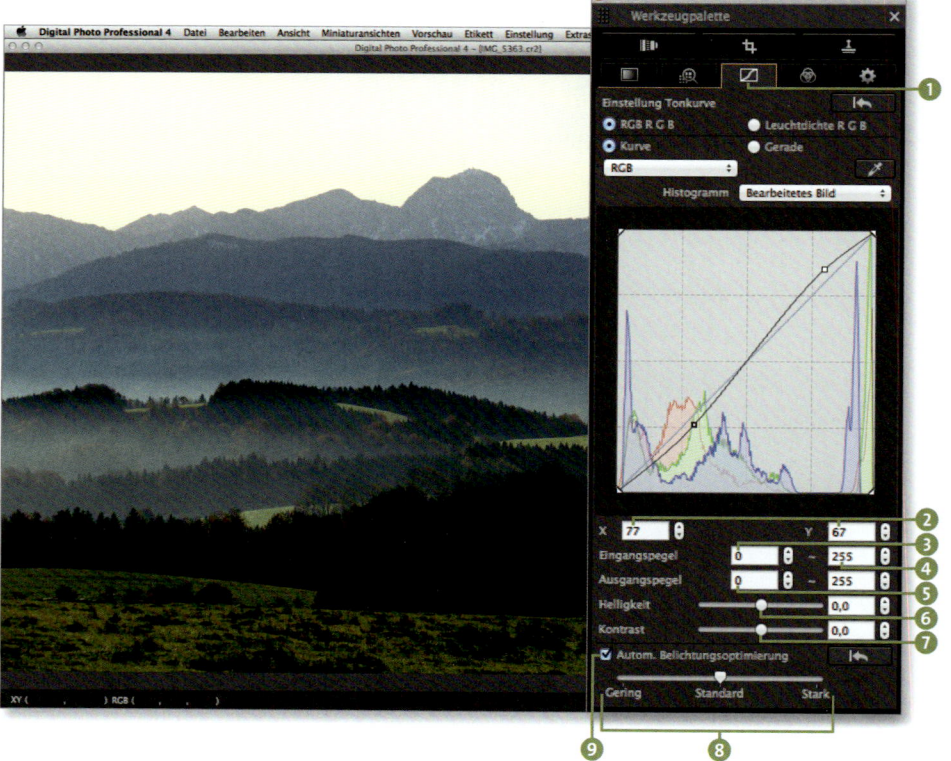

Abbildung 12.11 >
Die Tonwertkurve ist ein mächtiges Werkzeug für fortgeschrittene Benutzer.

Erste Schritte in der Bildbearbeitung

Viele Bilder können verbessert werden, indem Sie der Tonwertkurve eine leichte S-Form geben. Dunkle Bereiche werden dabei abgedunkelt, während helle Töne noch ein wenig heller werden. Auch so steigt der Kontrast. Die Regler **Helligkeit** ❻ und **Kontrast** ❼ bewirken verschiedene Kombinationen aus Kurvenverschiebungen.

Möglicherweise bringt ebenfalls die **Autom. Belichtungsoptimierung** ❾ verloren geglaubte Details wieder zum Vorschein. Diese Funktion lässt sich auch in der Kamera selbst aktivieren. Mehr dazu finden Sie im Kasten »Automatische Belichtungsoptimierung« auf Seite 103. Zur Wahl stehen wie im Kameramenü die drei Ausprägungen **Gering**, **Standard** und **Stark** ❽.

So ändern Sie die Farbgebung Ihrer Bilder

Neben der Helligkeit können Sie mit den Reglern der Werkzeugpalette auch die Farben ganz nach Belieben manipulieren. Eine häufig sehr wirkungsvolle Änderung lässt sich durch eine Anpassung des Weißabgleichs erzielen. Wie dies direkt an der Kamera funktioniert, haben Sie im Abschnitt »So stellen Sie den Weißabgleich richtig ein« auf Seite 121 kennengelernt. Genau wie an Ihrer EOS 77D können Sie auch hier nachträglich aus den verschiedenen Einstellungen wie etwa **Tageslicht**, **Schatten** oder **Kunstlicht** auswählen ⓫. Mit Hilfe der Option **Farbtemperatur** ⓬ ist es alternativ möglich, einen Wert festzulegen, der Ihnen gefällt. Ein Bild mit eher kühlen Farbtönen lässt sich so im Nu in eines mit warmen Farbnuancen verwandeln.

Alternativ können Sie die **Pipette** ❿ aktivieren und damit anschließend einen weißen Bereich des Bildes anklicken. Diese Methode funktioniert auch mit einem neutralen Punkt des Fotos. Neutral bedeutet in diesem Zusammenhang, dass die gewählte Stelle für die drei Farben Rot, Grün und Blau gleiche Werte hat. Dies ist bei einem Grauton ohne jede Verfärbung der Fall. Alternativ lässt sich der Weißabgleich zwischen Blau (**B**) und Bernsteinfarben

◂⬆ **Abbildung 12.12**
Die Farben dieser Gewürze stimmen nicht so recht und kommen daher nicht zur Geltung. Dem können Sie mit DPP entgegenwirken. Änderungen des Weißabgleichs bringen bereits einen ersten schnellen Erfolg.

297

Kapitel 12 • Die richtige Bearbeitung für bessere Bilder

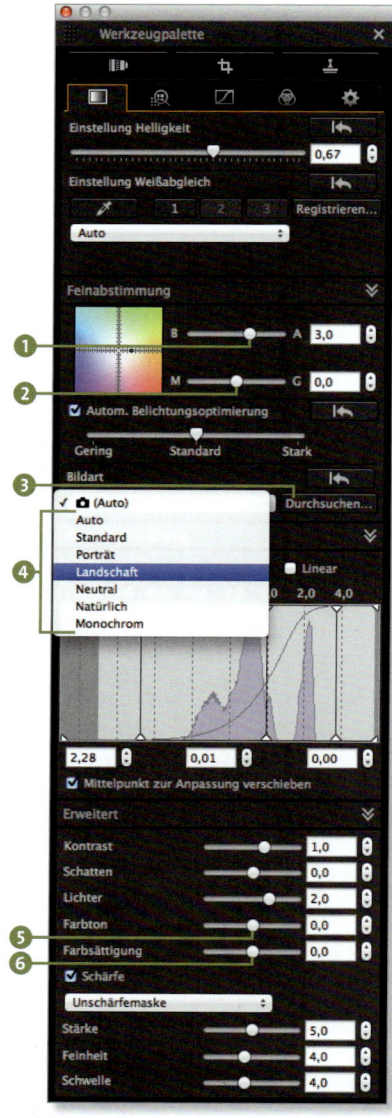

▲ Abbildung 12.13
Farbveränderungen über die Feinabstimmung und die Bildstile

(**A** = *Amber*, englisch für »Bernstein«) ❶ beziehungsweise Grün (**G**) und Magentarot (**M**) ❷ verschieben.

Unter dem Punkt **Bildart** finden Sie – etwas verwirrend bezeichnet – die Bildstile, etwa **Porträt**, **Landschaft** oder **Neutral** ❹. Über diese Funktion ist es möglich, einem Bild nachträglich einen Bildstil zuzuweisen. Mit Klick auf **Durchsuchen** ❸ lassen sich weitere Varianten von der Festplatte laden. Einige befinden sich bereits im Lieferumfang von *DPP*, weitere dieser in der englischen Übersetzung *Picture Styles* genannten Bildcharaktervorgaben sind auf der Website von Canon erhältlich. Auch Bildstile, die Sie selbst mit dem Programm *Picture Style Editor* entworfen haben, können über diese Methode ausgewählt werden. Es lohnt sich auf jeden Fall, die verschiedenen Varianten auszuprobieren: Möglicherweise wirkt ein Porträt im Bildstil **Landschaft** ausgesprochen gut, und eine Naturaufnahme kommt über die Einstellung **Porträt** erst richtig zur Geltung.

Eine weitere Möglichkeit bietet der **Farbton**-Regler ❺, mit dem Sie dem Bild eine Färbung zwischen Rot und Gelb geben können. Am auffälligsten zeigen sich diese Änderungen bei Hauttönen. Wer knallbunte Farben mag, wird den Regler für die **Farbsättigung** ❻ lieben. Mit einem Minimalwert von −4 ist es damit allerdings nicht möglich, ein Foto wirklich stark zu entsättigen.

Guter Start mit dem Weißabgleich

Starten Sie Bildbearbeitungsaktionen mit *DPP* ruhig mit dem Weißabgleich. Häufig lässt sich bereits so der gewünschte Look erzielen, und weitere Schritte erübrigen sich.

So helfen Sie bei der Bildschärfe nach und reduzieren das Rauschen

RAW-Bilder müssen zwangsläufig nachgeschärft werden. Wechseln Sie dazu am besten auf den Reiter für die Bilddetails ❼. Dort finden Sie eine vergrößerte Bilddarstellung. Nach einem Klick auf den kleinen Navigator an der rechten Seite ❽ lässt sich der Ausschnitt im Bild verschieben. Durch das Experimentieren mit den verschiedenen Einstellungen unter **Schärfe** ❿ können Sie den richtigen Wert herausfinden. Eine Überschärfung erkennen Sie vor allem an weißen Rändern, die sich in Bereichen mit starken Kontrasten bilden. Beim Regler **Stärke** steigt ab dem Wert 6 die Wahrscheinlichkeit für dieses Phänomen. Mit **Feinheit** lässt sich angeben, wie grob oder fein die Strukturen sein sollen, bei denen eine Schärfung vorgenommen wird. Mit **Schwelle** legen Sie fest, wie stark sich der Kontrast von dem umliegenden Bereich unterscheiden muss, bevor dort eine Kontrastverstärkung vorgenommen wird.

Was bedeutet eigentlich »scharf«? Je klarer die Konturen eines Objekts zu sehen sind, desto höher ist der Schärfeeindruck. Dabei kommt es auf den Kontrast an den Übergängen zwischen Hell und Dunkel an. Beim Schärfen wird dieser Kontrast deshalb jeweils lokal erhöht. Was dunkel ist, wird noch dunkler, was hell ist, noch heller eingestellt. Der größtmögliche Helligkeitsunterschied ist der zwischen Schwarz und Weiß. Die weißen Artefakte, die beim Überschärfen entstehen, rühren also daher, dass Pixel im Rahmen der Schärfung ihre Farbe gänzlich verloren haben. Deshalb sind dem Schärfen auch enge Grenzen gesetzt.

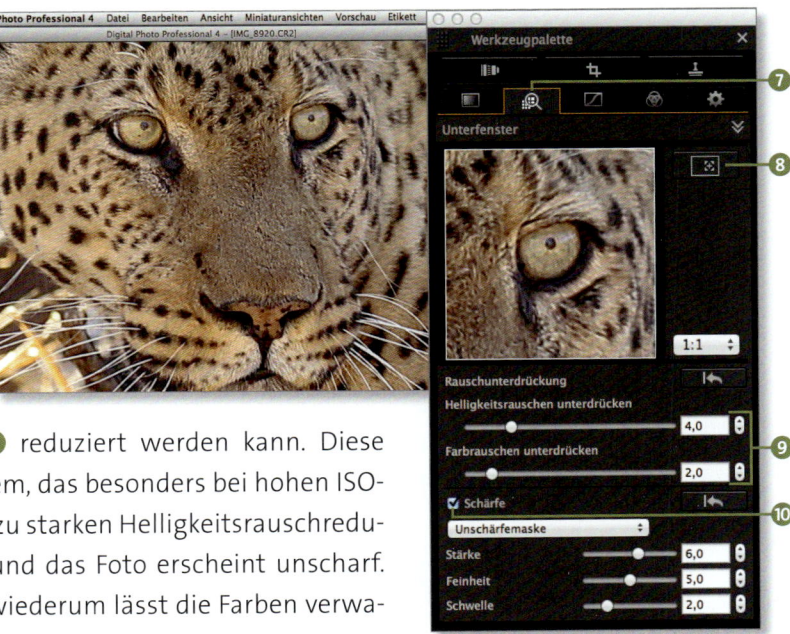

Wichtig sind auch die beiden Regler, mit denen das Helligkeits- und das Farbrauschen  reduziert werden kann. Diese beiden Rauscharten sind ein Problem, das besonders bei hohen ISO-Einstellungen auftritt. Unter einer zu starken Helligkeitsrauschreduzierung leidet die Bildauflösung, und das Foto erscheint unscharf. Zu viel Farbrauschunterdrückung wiederum lässt die Farben verwaschen erscheinen.

▲ **Abbildung 12.14**
Beim Schärfen empfiehlt sich die Kontrolle in der 100-Prozent-Ansicht.

Keine Wunder erwarten!

Die **Schärfen**-Funktion kann keine Wunder vollbringen. Ein unscharfes Bild jedenfalls lässt sich damit auf keinen Fall retten. Eine Belichtungszeit, die Verwackler verhindert, eine Blende, die für Schärfe an der richtigen Stelle sorgt, und eine Autofokuseinstellung, die auf den richtigen Punkt scharfstellt, sind die Faktoren, die schon bei der Aufnahme stimmen müssen. Das Nachschärfen in *DPP* oder einem anderen Programm gibt dem Bild dann lediglich den letzten Schliff.

Typische Objektivfehler korrigieren

Mit der Objektivfehlerkorrektur im Reiter ❶ können Sie eine Reihe von typischen optischen Fehlern beheben, mit denen Objektive in unterschiedlichem Ausmaß zu kämpfen haben. Eine Erklärung dazu finden Sie im Exkurs »Testberichte von Objektiven verstehen« auf Seite 211. Innerhalb eines gewissen Rahmens lassen sich Abbildungsfehler bereits in der Kamera korrigieren. Über die Software können Sie wesentlich detailliertere Einstellungen vornehmen. Sie müssen hier durch Ausprobieren ein Ergebnis finden, das Ihren Vorstellungen entspricht. Folgende Korrekturen stehen zur Verfügung:

- **Beugungsfehler**, also Unschärfe, die durch eine zu weit geschlossene Blende entsteht
- **Chromatische Aberration**, das heißt Farbsäume an den Randbereichen der Motive
- **Farbunschärfe**, gemeint sind hier sogenannte *Farblängsfehler*
- **Vignettierungen**, also dunkle Bildränder
- **Verzeichnungen**, also Geraden im Bild, die gebeugt dargestellt werden

Abbildung 12.15 ▸
Die Korrektur typischer Objektivfehler erledigen Sie über die Werkzeugpalette.

Ergebnisse sichern und weitergeben

Sind alle Änderungen am Bild abgeschlossen, sollten Sie das Ergebnis sichern. Dazu gehen Sie im Menü auf **Datei** > **Speichern**. *DPP* verändert übrigens die eigentliche RAW-Datei eines Bildes nicht. Die einzelnen Änderungsschritte werden lediglich als Zusatzinformationen in der Datei selbst hinterlegt und beim erneuten Öffnen mit *DPP* »abgespielt«. Laden Sie das Bild dagegen in ein anderes RAW-fähiges Programm, erscheint wieder das ursprüngliche Bild.

Geht es darum, das Bild unkompliziert weiterzuleiten oder im Internet zu präsentieren, sollten Sie es im JPEG-Format speichern. Dazu gehen Sie im **Datei**-Menü auf **Konvertieren und speichern** ❷ und wählen unter **Dateityp** ❸ die Option **Exif-JPEG**. Unter **Bildqualität** ❹ können Sie festlegen, wie hoch die Komprimierung erfolgen soll. Bei einer Einstellung von 1 ist sie am höchsten. Das Bild wird zwar klein, dafür aber auch in niedriger Qualität abgespeichert. Ein Wert von etwa 8 ist ein guter Kompromiss zwischen Dateigröße und Bildqualität. Das ebenfalls unter **Dateityp** wählbare **TIFF**-Format arbeitet dagegen ohne eine Komprimierung, bei der Bildinformationen verloren gehen. Um die in der RAW-Datei enthaltenen Informationen in voller Güte zu erhalten, sollten Sie das Bild als 16-Bit-TIFF speichern. Auch wenn die Unterschiede zu 8-Bit-TIFF-Bildern nicht auf den ersten Blick sichtbar sind, zeigen sich doch bei weiteren umfangreichen Änderungen unschöne Farbübergänge.

Sobald Sie beim Navigieren auf der linken Seite den ausgewählten Ordner ohne Speichern verlassen oder aber das Programm ganz schließen, erscheint eine Sicherheitsabfrage, die sich vergewissern möchte, ob Sie die Änderungen wirklich nicht speichern wollen.

Abbildung 12.16
So sichern Sie Ihre Bilder nach der Bearbeitung.

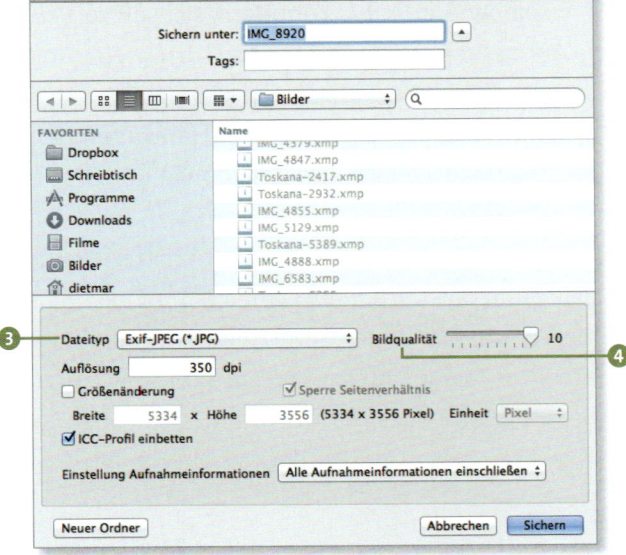

< Abbildung 12.17
Dateiformat auswählen

∨ Abbildung 12.18
Speichern oder verwerfen: Sie können hier jede Änderung einzeln ❽ oder aber sämtliche Arbeiten am Bild grundsätzlich ❼ bestätigen. Natürlich lassen sich auch einzelne Änderungen ignorieren ❻ oder aber sämtliche Bearbeitungsschritte verwerfen ❺.

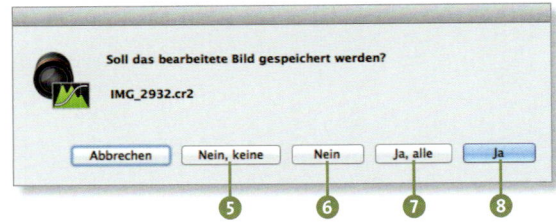

Alternativen zur Canon-Software
EXKURS

Digital Photo Professional bietet eine recht gute RAW-Konvertierung, ist jedoch nicht gerade einfach und intuitiv zu bedienen. Wesentlich mehr Komfort und auch umfangreichere Funktionen liefern die Programme einer Reihe anderer Hersteller.

Sehr interessant für Fotografen mit großen Bildersammlungen sind Programme, die sich am Arbeitsablauf, dem sogenannten *Workflow*, von Fotografen orientieren. Zu den bekanntesten gehört *Adobe Lightroom* für den PC und Mac. Es kostet einmalig 130 Euro, ist jedoch auch im Rahmen eines Abo-Lizenzmodells erhältlich. Sie können es als Teil der Creative Cloud für Fotografen zusammen mit Photoshop für rund 13 Euro pro Monat nutzen. Eine ebenso gute Alternative ist *Capture One Pro* von Phase One für etwa 230 Euro. Bei beiden Programmen spielen die Organisation, Verschlagwortung und Bewertung von Bildern eine wichtige Rolle. Trotzdem sind auch grundlegende Bearbeitungsfunktionen enthalten, die den Einsatz einer speziellen Bildbearbeitungssoftware – wie etwa *Adobe Photoshop* – in vielen Fällen überflüssig machen.

Deshalb bearbeiten mittlerweile viele Fotografen den Großteil ihrer Bilder komplett mit einer Software wie *Lightroom* oder *Capture One Pro*. Während *Photoshop* das Arbeiten auf Pixelebene erlaubt, kümmern sich diese Programme vorrangig um globale Anpassungen wie den Kontrast, die Steuerung von Tiefen und Lichtern und die Anpassung der Farben. Trotzdem gibt es auch bei dieser Software Werkzeuge wie Pinsel, mit denen gezielt Hautunreinheiten beseitigt werden, einzelne Stellen aufgehellt und abgedunkelt oder störende Elemente entfernt werden können.

Wenn es um sehr umfangreiche Retuschearbeiten geht, ist Photoshop für den professionellen Einsatz weiterhin das Mittel der Wahl. Auch mit kostenlosen Alternativen wie der Open-Source-Software GIMP (*www.gimp.org*) lassen sich Bilder sehr gut bearbeiten. Apple-Nutzer sollten alternativ einen Blick auf das etwa 15 Euro teure Programm *Pixelmator* werfen.

Drum prüfe, wer sich ewig bindet
Da es von allen hier vorgestellten Programmen kostenlose Testversionen gibt, können Sie vor dem Kauf problemlos herausfinden, welches Ihren Ansprüchen und Bedürfnissen am besten entspricht.

Gut angelegt sind auch die gut 70 Euro, für die Sie *Photoshop Elements* bekommen. Wie der Name schon andeutet, handelt es sich dabei um den um einige Funktionen reduzierten kleinen Bruder von Photoshop CC. Für rund 120 Euro ist Photoshop Elements auch im Paket mit Premiere Elements erhältlich. Mit dieser Software lassen sich die Videos der EOS 77D hervorragend schneiden.

Eine kleine Einführung in hilfreiche Funktionen von Photoshop Elements finden Sie unter *www.rheinwerk-verlag.de/4495*. Dort steht eine kostenlose PDF-Datei zum Abruf bereit. Darin werden einige grundlegende Bearbeitungsschritte demonstriert.

˄ Abbildung 12.19
Photoshop Elements ist ein umfangreiches Programm zur Verwaltung und Bearbeitung Ihrer Digitalfotos.

Kapitel 13
Filme drehen mit der EOS 77D

Die richtigen Einstellungen fürs Filmen 306

EXKURS: Filme vorbereiten und schneiden 316

Die richtigen Einstellungen fürs Filmen

Die EOS 77D schlägt sich auch als Filmkamera ausgesprochen gut. Die Filme unterscheiden sich dabei ganz erheblich von denen einer herkömmlichen Videokamera. Das liegt vor allem daran, dass der Sensor des Spiegelreflexmodells im Vergleich geradezu riesig ist. Dadurch ist es sehr gut möglich, eine geringe Schärfentiefe als stilistisches Mittel einzusetzen. Wie Sie es von Fotos gewohnt sind, kann die Aufmerksamkeit ganz gezielt auf bestimmte Bereiche gelegt werden. Der Rest bleibt unscharf. Die Möglichkeit, mit offener Blende zu arbeiten, schafft also einen Look, den Sie von Hollywood-Filmen her kennen.

Ein zweiter wichtiger Faktor ist, dass die EOS 77D die Filmaufnahme mit 25 Bildern pro Sekunde erlaubt. Kinofilme werden mit 24 Bildern pro Sekunde aufgenommen und wiedergegeben, was zu einer ähnlichen Bildwirkung führt. Kein Wunder, dass Filmemacher mit geringem Budget auf Spiegelreflexkameras zurückgreifen.

Abbildung 13.1
Der Hauptschalter führt zum Film-Modus ❶. Mit einem Druck auf die Livebild-Taste ❷ starten Sie die Aufnahme.

Wie Sie es vom Livebild-Betrieb her kennen, führt ein Druck auf die Taste [Q] zu weiteren Einstellungsmöglichkeiten. Dieser Weg in die Menüs funktioniert allerdings nur bei gestoppter Aufnahme. Es erscheinen viele alte Bekannte: Je nachdem, ob das Moduswahlrad auf einem der Kreativ- oder Motivprogramme steht, präsentiert sich das Menü umfangreicher oder etwas abgespeckt. Im **P**-Programm etwa sehen Sie Folgendes:

❸ Ermöglicht den Wechsel der **Autofokusbetriebsart**, wie Sie es vom Livebild-Betrieb kennen. Mehr dazu finden Sie im Abschnitt »Scharfstellen im Livebild-Modus« ab Seite 152.

❹ Der **Digitalzoom** lässt sich mit einem Vergrößerungsfaktor von 3 (verlustfrei) bis 10 aktivieren.

❺ Die elektronische Bildstabilisierung **Movie Digital-IS** gibt es in zwei unterschiedlich starken Varianten.

❻ Dient zur Einstellung des **Filmformats**.

❼ Bei der Einstellung **Video-Schnappschüsse** werden zwei, vier oder acht Sekunden lange Sequenzen kontinuierlich hintereinander aufgenommen.

❽ Führt aus dem Menü wieder heraus.

❾ Wie beim Fotografieren können Sie den **Weißabgleich** einstellen.

Die richtigen Einstellungen fürs Filmen

❿ Mit den **Bildstilen** geben Sie Ihren Filmen einen bestimmten Look.

⓫ Die **Automatische Belichtungsoptimierung** verhindert Verluste in der Detaildarstellung von sehr dunklen und hellen Bereichen im Film.

⓬ Sie können die **Kreativfilter** nicht nur bei Standbildern nutzen, sondern auch im Film.

▲ Abbildung 13.2
*Einstellungsmöglichkeiten über die **Q**-Taste*

So fokussieren Sie beim Filmen

Beim Filmen mit der EOS 77D ist der Autofokus die ganze Zeit über aktiviert, solange die Option **Servo AF** ⓭ eingeschaltet ist. Die Kamera versucht beständig, den scharf gewünschten Bereich herauszufinden und den Fokuspunkt darauf zu legen. Objektive wie das *EF-S 18–55 mm f/4–5,6 IS STM* oder das *EF-S 18–135 mm f/3,5–5,6 IS STM* leisten dabei besonders gute Dienste. Schließlich sind die STM-Objektive durch ihren Schrittmotor optimal für das Filmen geeignet. Geräuschlos und in einer sehr angenehmen Geschwindigkeit fahren sie ihr Ziel an. Trotzdem kann die Kameraelektronik im Prinzip nur raten, welches Bildelement Sie gerade hervorheben wollen. Schalten Sie **Servo AF** also im

◀ Abbildung 13.3
***Servo AF** ist hier aktiviert.*

Zweifelsfall eher aus, und nutzen Sie den Auslöser, um den Fokus manuell zu starten. Durch einen Fingertipp auf den Touchscreen ist es sogar möglich, zu definieren, worauf scharfgestellt werden soll. Manchmal ist auch das komplett manuelle Scharfstellen die beste Wahl. Stellen Sie dazu einfach den Fokussierschalter am Objektiv ⓮ auf **MF**.

Sehr hilfreich ist die Möglichkeit, mit der Funktion **Digitalzoom** einen drei- bis zehnfachen Zoom zu erreichen. Dabei kommt es zumindest bis zu einer rund 3,5-fachen Vergrößerung nicht zu einem Qualitätsverlust. Darin unterscheidet sich dieser digitale Zoom von dem der Smartphones und Kompaktkameras. Denn die Automatik muss das Bild nicht künstlich vergrößern, sondern es werden einfach mehr Zeilen mit Bildinformationen vom Sensor ausgelesen. Der Digitalzoom funktioniert nicht bei allen Aufnahmeformaten. Im nächsten Abschnitt erfahren Sie dazu mehr.

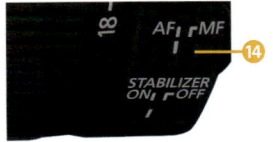

▲ Abbildung 13.4
Beim Filmen oft die beste Wahl: manuelles Scharfstellen ⓮

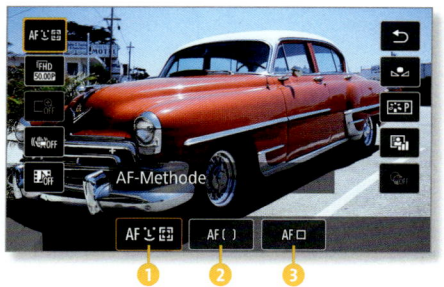

▲ Abbildung 13.5
Autofokusbetriebs-
arten beim Filmen

Bei den Autofokusbetriebsarten stehen Ihnen drei Fokusmethoden zur Auswahl, die Sie bereits vom Livebild-Betrieb kennen: **Gesichtserkennung** ❶, **Smooth Zone AF** ❷ und **Live-Einzelfeld-AF** ❸. Dabei wird über die Signale des Sensors eine kontrastreiche und damit scharfe Stelle gesucht und der Autofokusmotor des Objektivs hin und her bewegt, bis der Fokus sitzt.

> **Sanfte Zooms mit Spezialhardware**
>
> Am *EF-S 18–135 mm f/3,5–5,6 IS USM* können Sie den »Powerzoom-Adapter« *PZ-E1* montieren. Mit diesem Gerät für 149 Euro zoomen Sie sanft über einen Schalter wie bei einer klassischen Videokamera. Das funktioniert sogar aus der Ferne über die WLAN-Steuerung.

Verwacklungsfreie Bilder per Stabilisator

Mit der Einstellung **Movie Digital-IS** aktivieren Sie eine digitale Bildstabilisierung. Kleine Wackelbewegungen bei der Aufnahme werden dann durch eine »elektronische Gegenbewegung« kompensiert. Diese Verschiebung des Bildes nach oben, unten, rechts und links hat einen Beschnitt des Bildes zur Folge. Das dadurch kleinere Bild wird anschließend wieder auf das ursprüngliche Format vergrößert. Sie sehen diesen Effekt beim Aktivieren der Funktion auf dem Display. Er fällt bei der Bildstabilisierung mit **Erweitert** noch etwas stärker aus. Durch die stärkere Vergrößerung ist auch der Verlust der Bildqualität größer. Das fällt jedoch im Film nicht unbedingt auf. Die Stabilisierung ist noch etwas stärker. **Movie Digital-IS** bezieht die Arbeit des Bildstabilisators im Objektiv in seine Arbeit ein. Die Funktion arbeitet deshalb nur, wenn dieser auch aktiviert ist.

Der Nachteil der elektronischen Bildstabilisierung ist, dass bewusst ausgeführte Schwenks womöglich als Fehler interpretiert werden. Durch die Korrekturversuche der Kamera kommen dann Ruckler ins Bild. Unter Umständen ist es deshalb besser, ohne aktiviertes **Movie Digital-IS** zu filmen.

An der Frage, ob der Bildstabilisator im Objektiv angeschaltet sein sollte oder nicht, scheiden sich die Geister: Bei älteren Objektiven verschlechtern die Korrekturversuche des Stabilisators bei Kameraschwenks das Ergebnis.

Dafür bringen neuere Modelle eindeutig mehr Ruhe ins Bild. Der Preis dafür ist allerdings bei einigen von ihnen ein lautes Surren, das sich störend auf der Tonspur ausbreitet. Am meisten Stabilität bringt eindeutig ein solides Stativ mit einem Videoneiger für saubere Schwenks.

 Bildstabilisierung am PC

Sofern Sie Zeit und Lust auf die Nachbearbeitung am Computer haben, sollten Sie der Schnittsoftware die Bildstabilisierung überlassen. Angesichts der größeren Rechenkraft ist deren Ergebnis meist etwas besser.

Beim Filmen die Belichtung korrigieren

Normalerweise leistet die Belichtungsautomatik der EOS 77D beim Filmen gute Dienste. Dennoch kann eine Korrektur notwenidg werden. Über die Belichtungskorrektur können Sie auch beim Filmen im **P**-, **Tv**- oder **Av**-Modus das Bild ein wenig abdunkeln oder aufhellen. Drehen Sie dazu am Schnellwahlrad. Es erscheint, wie von der Foto-Belichtungskorrektur gewohnt, eine Anzeige ❹, an der Sie das Ausmaß der Über- oder Unterbelichtung ablesen können.

∧ Abbildung 13.6
Hier wurde eine Überbelichtung um zwei Drittel-Blendenstufen eingestellt.

Eine Frage des Formats

Mit der EOS 77D können Sie in unterschiedlichen Formaten filmen. Diese unterscheiden sich durch ihre Auflösung, durch die aufgenommenen Bilder pro Sekunde und den Kompressionsfaktor.

Sie wechseln zwischen den verschiedenen Aufnahmearten, indem Sie im Film-Modus, den Sie über den Hauptschalter eingestellt haben, **Q** drücken und mit dem Finger oder den Pfeiltasten auf den Eintrag für **Format** ❺ wechseln.

< Abbildung 13.7
*Unter **Movie-Aufn.größe** ❺ haben Sie verschiedene Qualitätsstufen zur Auswahl.*

▲ Abbildung 13.8
Durch schnell hintereinander gezeigte Einzelbilder entsteht der Eindruck einer Bewegung.

Anzeige	Format	Bilder pro Sekunde
FHD 50.00 P/25.00 P	1920 × 1080	50 oder 25
HD 50.00 P/25.00 P	1280 × 720	50 oder 25
VGA 25.00 P	640 × 480	25

▲ Tabelle 13.1
*Bildformat-Einstellungen im **PAL**-Modus*

Das 1920 × 1080-Format wird auch als *Full HD* (FHD) bezeichnet. HD steht für *High Definition*, englisch für »hohe Auflösung«. Es bietet die höchste Qualitätsstufe, die derzeit im Heimkino-Bereich verbreitet ist. Beim einfachen HD-Format mit 1280 × 720 Pixeln handelt es sich zwar um eine niedrigere Auflösung, in der Praxis jedoch ist der Unterschied zwischen HD und Full HD erst auf Fernsehern ab einer Größe von rund 40 Zoll Bildschirmdiagonale, also etwa 100 Zentimetern, zu sehen.

Die Filme landen im MP4-Format auf der Speicherkarte. Dabei werden die Bilder nach dem MPEG-4-Standard komprimiert, der von nahezu jedem Gerät zur Bildwiedergabe unterstützt wird. Als zusätzliches Format steht bei einigen Auflösungen die Variante **Light** zur Verfügung. Diese erkennen Sie im Displaymenü am Piktogramm. Bei ihr werden die Bilder wesentlich stärker komprimiert. Dadurch sinkt zwar die Dateigröße, aber auch die Bildqualität.

Die Full-HD-Variante in höchster Qualität benötigt etwa 220 Megabyte Speicherkapazität pro Minute Aufnahme. Entsprechend hoch ist die Arbeitsbelastung des Computers. Mit einem aktuellen Computer können Sie diese Daten jedoch recht flüssig schneiden und bearbeiten. Empfehlenswert sind Geräte mit einem Intel-i5- oder -i7-Prozessor, die mit acht Gigabyte Speicher ausgestattet sind.

Mit der Wahl einer Auflösungseinstellung entscheiden Sie sich zugleich für eine bestimmte Bildrate, die Zahl der Bilder pro Sekunde. Diese wird auch in *frames per second*, kurz *fps*, angegeben. In der Welt des analogen Films wird diese dadurch bestimmt, wie schnell die Filmrolle bei der Aufnahme durch die Kamera und bei der Wiedergabe durch den Projektor läuft. In den 1920er-Jahren etablierte sich eine Bildrate von 24 Bildern pro Sekunde für Kinoproduktionen. Höhere Bildraten wie 50 oder 60 fps ermöglichen es, feinere Zwischenschritte bei

Bewegungen zu erfassen und diese flüssiger darzustellen. Davon profitieren insbesondere Sportaufnahmen. Durch die in fast hundert Jahren trainierten Sehgewohnheiten fühlen sich bei diesen Bildern allerdings viele Zuschauer eher an ein preiswert gedrehtes Heimvideo als an eine aufwendige Filmproduktion erinnert.

Genau genommen steht Ihnen noch eine Reihe weiterer Aufnahmeformate zur Verfügung. Wenn Sie die Kamera auf das amerikanische NTSC-Format umstellen, arbeitet sie mit etwas anderen Einstellungen für die Bildraten. Um das Aufnahmesystem umzustellen, drücken Sie die **MENU**-Taste und rufen Sie die **Funktionseinstellungen 3** auf. Ändern Sie dort unter **Videosystem** die Einstellung von **Für PAL** auf **Für NTSC**. Wenn Sie jetzt in das Aufnahmeformat-Menü schauen, stehen dort die Einträge zur Verfügung, die Sie in Tabelle 13.2 sehen.

◄ Abbildung 13.9
Im **NTSC**-Modus stehen Ihnen andere Bildraten zur Verfügung.

Anzeige	Format	Bilder pro Sekunde
FHD 59.94 P/30.00 P	1920 × 1080	60 oder 30
HD 59.94 P/30.00 P	1280 × 720	60 oder 30
VGA 30.00 P	640 × 480	30

◄ Tabelle 13.2
Bildformat-Einstellungen im **NTSC**-Modus

Gegenüber der **PAL**-Einstellung haben sich die Bildraten von 25 auf 30 und von 50 auf 59,94, also rund 60 erhöht. Wenn Sie Bilder mit einer Rate von 50 oder 60 Bildern in der Sekunde aufnehmen und am Computer eine 50-Prozent-Zeitlupe einstellen, wird einfach jedes zweite Bild verworfen. Dadurch ist eine sehr saubere Zeitlupe möglich.

In Zeiten der Digitaltechnik ist die Klassifizierung in PAL und NTSC ohnehin hinfällig. So werden YouTube-Videos mit »amerikanischen« 30 oder 60 fps abgespielt. In anderen Formaten dort hochgeladenes Material wird automatisch konvertiert. Gerade bei Aufnahmen mit Kunstlicht sollten Sie in Europa jedoch beim PAL-Format bleiben: Das Stromnetz bringt Lampen mit 50 Hertz Wechselspannung für den Menschen unsichtbar zum Flackern. Falls die Kameraeinstellung dazu nicht passt, ist dies bei einigen Leuchtenarten im Film zu sehen.

Der Weißabgleich

Wie beim Fotografieren gibt es auch beim Filmen einen automatischen oder angepassten Weißabgleich der Kamera. Viele Fotografen ignorieren die Weißabgleichseinstellungen der Kamera, weil sich im RAW-Format die passende Wahl auch nachträglich vornehmen lässt. Beim Filmen ist dagegen Umdenken angesagt. Ein mit falschen Kelvin-Werten abgedrehter Film kann am Computer nur mit erheblichen Qualitätsverlusten auf andere Farbeinstellungen getrimmt werden.

Abbildung 13.10
Weißabgleichseinstellungen beim Filmen

Die Einstellungen für den Weißabgleich erreichen Sie über **Q** und die **AWB**-Funktion. Dort finden Sie die Menüoptionen für die Anpassung an unterschiedliche Lichtsituationen. Eventuell führt nur ein manueller Weißabgleich zu korrekten Farben. Mehr dazu finden Sie auf Seite 121 im Abschnitt »So stellen Sie den Weißabgleich richtig ein«.

Der gute Ton

Abbildung 13.11
Hinter der Beschriftung **MIC** ❶ *verbirgt sich der Anschluss für ein externes Mikrofon.*

Ebenso wichtig wie ein gutes Bild ist beim Film der ansprechende Ton. Dieser Aspekt wird leider oft vernachlässigt. Der Filmton wird bei der EOS 77D über zwei Mikrofone an der Vorderseite der Kamera in Stereoqualität aufgenommen. Dabei landen leider auch Zoomgeräusche des Objektivs mit auf der Aufnahme. Eine wesentliche Qualitätsverbesserung bringt hier ein externes Mikrofon, das Sie in die Buchse ❶ an der Seite einstecken können.

Empfehlenswerte Mikrofone für das Filmen mit der EOS 77D sind das *Sennheiser MKE 400* (rund 160 Euro), das *Røde VideoMic Pro* (etwa 170 Euro) und das *Røde VideoMic* (rund 100 Euro). Diese Modelle sind recht kompakt und lassen sich über einen Adapter auf dem Blitzschuh befestigen.

Wer mit Audioaufnahmen ein wenig Erfahrung hat, kann den Ton der Kamera sogar selbst aussteuern. Die entsprechenden Optionen finden Sie im Film-Modus im Menü **Aufnahmeeinstellungen 1** unter dem Eintrag **Tonaufnahme**. Nach der Umstellung der Tonaufnahme auf **Manuell** können Sie den Ton über den Regler **Aufnahmepegel** ❷ selbstständig einpegeln. Der **Windfilter** ist standardmäßig aktiviert und leistet recht ordentliche Dienste. Unter Umständen filtert die Automatik jedoch auch solche Frequenzen aus dem Audiospektrum, die gar nicht auf den Wind zurückzuführen sind. Es lohnt sich also, diese Funktion versuchsweise auszuschalten. Die **Dämpfung** setzt den Pegel automatisch bei lauten Tönen herunter, die plötzlich auftreten.

Diese Funktion kann Sie vor einem übersteuerten Ton schützen, sie birgt allerdings auch die Gefahr starker Schwankungen in der Lautstärke.

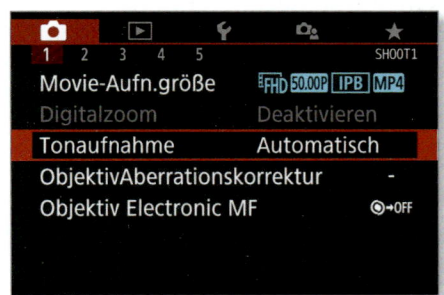
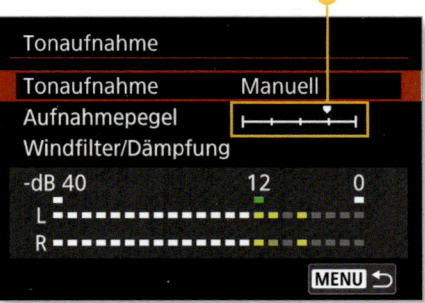

< Abbildung 13.12
Einstellungen zum Ton im Film-Modus im Menü **Aufnahmeeinstellungen 1**

Blende und Belichtungszeit manuell kontrollieren

In den Standardeinstellungen werden beim Filmen mit der EOS 77D Blende und Belichtungszeit automatisch eingestellt. Um mit niedriger Schärfentiefe gezielt arbeiten zu können, brauchen Sie die Möglichkeit, die Blende manuell einzustellen. Dieses Ziel erreichen Sie, indem Sie das Moduswahlrad auf die Einstellung **M** drehen.

Das Einstellen von Blende und Belichtungszeit funktioniert nun genau wie beim Fotografieren im **M**-Kreativprogramm. Mit dem Hauptwahlrad verändern Sie die Belichtungszeit ❸, und mit dem Schnellwahlrad stellen Sie die Blende ❹ ein. Eine Displayanzeige gibt an, ob der Film über- oder unterbelichtet ist ❺.

∧ Abbildung 13.13
Die Einstellungen von Blende, Belichtungszeit und Über-/Unterbelichtung erscheinen im Display der EOS 77D.

> **Geschlossene Blende bringt Sicherheit**
>
> Wie beim Fotografieren minimieren Sie durch eine weiter geschlossene Blende (große Blendenzahl) das Risiko, dass sich das Motiv außerhalb des Fokusbereichs befindet. Ein leichter Fehlfokus fällt bei bewegten Bildern allerdings weniger gravierend auf als bei einem Einzelbild.

Der zweite wichtige Faktor beim Filmen ist – wie beim Fotografieren auch – die Belichtungszeit. Verwechseln Sie diese nicht mit der Bildrate, den pro Sekunde aufgenommenen Bildern. Auch wenn die Bildrate auf 25 Bilder pro Sekunde eingestellt ist, kann jedes einzelne dieser Bilder mit Belichtungszeiten wie 1/50 s, 1/200 s oder 1/1000 s belichtet werden. Es handelt sich also um Zeiten, die wesentlich kürzer als 1/25 s sind. Nur längere Werte sind natürlich nicht möglich. Stellen Sie sich das Filmen als analoge Aufnahme auf einer langen Rolle vor, steht jedes einzelne Bild nur 1/25 s vor dem Verschluss. So lang kann es also maximal belichtet werden. Beim Belichten der einzelnen Bilder kommt nicht mehr, wie beim normalen Fotografieren und beim Livebild-Betrieb, der Verschluss der Kamera zum Einsatz. Der Sensor wird stattdessen elektronisch ausgelesen.

Es empfiehlt sich, beim Filmen eine Belichtungszeit einzustellen, die dem doppelten (Kehr-)Wert der Framerate entspricht. Beim Filmen mit einer Bildrate von 25 Bildern pro Sekunde stellen Sie die Verschlusszeit also am besten auf einen Wert von 1/50 s. Es ist nämlich gerade die Bewegungsunschärfe, die beim Filmen mit längeren Belichtungszeiten den Eindruck einer kontinuierlichen Bewegung erzeugt. Bei kürzeren Belichtungszeiten sind die Bilder zwar insgesamt weniger verwaschen, dafür entsteht jedoch sehr schnell ein störendes Flimmern, der sogenannte *Stroboskopeffekt*.

Offene Blende dank ND-Filter

Wenn Sie mit offener Blende und geringer Schärfentiefe filmen, gelangt womöglich so viel Licht auf den Sensor, dass es zu einer Überbelichtung kommt. Schließlich ist das Verringern der Verschlusszeit aus den oben genannten Gründen unerwünscht. In diesem Fall hilft ein Neutraldichtefilter (Graufilter), der vor das Objektiv geschraubt wird. Er lässt weniger Licht durch, ohne die Farben oder den Kontrast zu verändern. Dadurch können Sie zum Beispiel auch bei strahlendem Sonnenschein mit Blende 1,8 arbeiten.

⌄ Abbildung 13.14
Mit den **Kreativfiltern** erzielen Sie interessante Effekte.

Mehr Pep mit den Kreativfiltern und HDR

Im Abschnitt »Bilder mit den Kreativfiltern aufpeppen« auf Seite 54 haben Sie einige **Kreativfilter** kennengelernt. Auch im Film-Modus stehen ein paar dieser Tricks zur Verfügung – allerdings nur, wenn Sie eine Bildrate von 25 oder 30 Bildern pro Sekunde wählen. Sie finden die **Kreativfilter** über das entsprechende Displaymenü . Im Modus **Traum** etwa erscheint an den Bildrändern eine sogenannte *Vignette*. Der Bildinhalt wird dort aufgehellt. Bei der Einstellung **Alter Spielfilm** laufen gelegentlich Streifen durch das Bild, und das Seitenverhältnis verändert sich in

Richtung Cinemascope. Die Einstellung **Erinnerung** ist quasi das Gegenstück zu **Traum**: Hier ist der Rand dunkler. Auch die Option **Klassisches Schwarzweiß** wertet einige Filme auf. All diese Kreativeffekte können Sie durch einen Fingertipp auf **INFO** in drei unterschiedlichen Stärken anwenden.

Interessante Ergebnisse liefert auch der **Miniatureffekt**. Dabei wird der Film mit einem Zeitraffereffekt versehen, der die Zeitabläufe um den Faktor 5, 10 oder 20 beschleunigt. Damit eignet sich ein Miniaturfilm besonders für Aufnahmen von Menschen in Bewegung. Diese erscheinen im fertigen Film wie kleine Figuren, die sich durch eine Spielzeuglandschaft bewegen. Dass der Effekt nicht in normaler Geschwindigkeit zur Verfügung steht, liegt wohl auch daran, dass der Prozessor der Kamera ihn nicht in Echtzeit über die Bilder legen kann.

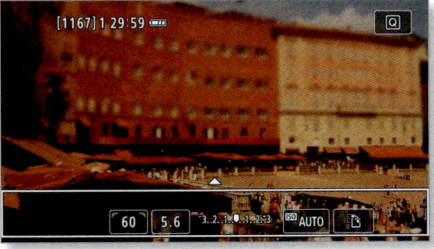

Abbildung 13.15
Mit dem **Miniatureffekt** lassen sich lustige Filme drehen.

Indem Sie das Moduswahlrad auf **SCN** drehen, können Sie außerdem HDR-Filme aufnehmen. Da dabei mehrere Einzelbilder zu einem Bild zusammengerechnet werden, ist ein Stativ beid er Aufnahme sehr empfehlenswert.

Zeitrafferaufnahmen im Film-Modus

Sehr interessant ist auch die Möglichkeit, Zeitrafferaufnahmen anzulegen. Wie dies über die Intervallfunktion der Kamera funktioniert, können Sie im Abschnitt »Mit dem Intervallometer arbeiten« auf Seite 245 nachlesen. Im Film-Modus lässt sich diese Aufgabe allerdings mit ein wenig mehr Komfort meistern. Sie aktivieren die Funktion im Menü **Aufnahmeeinstellungen 5** unter **Zeitraffer-Movie**. Unter **Intervall** geben Sie nun an, in welchem Abstand die EOS 77D jeweils auslösen soll, und unter **Anzahl Aufn.** legen Sie fest, wie häufig dies geschehen soll. Die Automatik rechnet sofort aus, wie lang die Kamera dafür benötigt ❷ und wie lang der finale Film sein wird ❸.

Abbildung 13.16
Die Zeitrafferfunktion liefert automatisch die finale Filmlänge.

EXKURS

Filme vorbereiten und schneiden
EXKURS

Es gibt sehr viele Programme, mit denen sich Filme am Computer schneiden und bearbeiten lassen. Eines davon ist Premiere Elements, das im Paket mit Photoshop Elements recht preiswert verkauft wird und auf PCs wie auch auf dem Mac gleichermaßen läuft. Bei allen Apple-Computern befindet sich mit iMovie ein ähnlich leistungsstarkes Schnittprogramm wie Premiere Elements im Lieferumfang. Alle Schnittprogramme jedoch sind einigermaßen komplex, so dass Sie in jedem Fall ein gewisses Maß an Einarbeitung benötigen, um sie zielführend bedienen zu können.

^ **Abbildung 13.17**
Ohne Einarbeitung läuft im Filmschnitt nichts. Auch andere Programme sind ähnlich komplex aufgebaut wie das hier gezeigte Premiere Elements.

Um Ihren Filmen eine bestimmte Farbstimmung zu geben, können Sie entweder in der Filmbearbeitung mit Farbänderungen arbeiten oder schon beim Dreh die Bildstile der EOS 77D nutzen. Diese verhelfen dem Film zum Beispiel zu entsättigten Farben und hohen Kontrasten oder einer blau-orangefarbenen Tönung, wie sie derzeit bei Hollywoodproduktionen beliebt ist. Sie können diese Bildstile an der Kamera selbst erstellen oder über die Software *Picture Style Editor* umfangreichere Änderungen daran vornehmen. Wer bei der Nachbearbeitung flexibel bleiben und erst am Computer seinem Werk den letzten Schliff geben möchte, braucht möglichst neutrales Ausgangsmaterial. Viele Spiegelreflex-Filmer setzen deshalb auf den Bildstil **Neutral**, der ohnehin für die weitere Bearbeitung am PC gedacht ist.

Noch bessere Ergebnisse liefert ein von der Firma Technicolor entwickelter Bildstil namens CineStyle, den es auf der Homepage des Unternehmens kostenlos zum Herunterladen gibt (*www.technicolor.com/en/solutions-services/cinestyle*). Dieser Bildstil ist speziell auf die Anforderungen von Videofilmern zugeschnitten. Die damit gemachten Filme sehen unbearbeitet sehr entsättigt und fad aus. Für die Nachbearbeitung jedoch ist dieses Ausgangsmaterial ideal geeignet. Wie Sie einen Bildstil in die Kamera importieren, erfahren Sie im Exkurs »Bildstile von Canon nutzen« auf Seite 132.

Ohne Frage bietet ein mit einem ordentlichen Schnittprogramm ausgestatteter Computer die besten Möglichkeiten, einen interessanten Film zu erstellen – auch mit mehreren Sequenzen. In vielen Fällen ist ein schneller Schnitt einer Einzelszene direkt in der Kamera aber vorteilhaft. Gut, dass die EOS 77D eine solche Funktion an Bord hat.

1 Sequenz auswählen

Am Computer lässt sich ein Film sehr effizient und präzise schneiden. Manchmal ist es jedoch sinnvoll, bereits in der Kamera erste kleine Schnitte vorzunehmen, etwa wenn der Speicherplatz auf der Speicherkarte zur Neige geht. Wählen Sie im Wiedergabemodus den gewünschten Film aus, und wählen Sie **SET**. Gehen Sie nun auf das Schnittsymbol ❶.

2 Schnittmarken setzen

Wählen Sie **Schnittanfang** ❸, drücken Sie **SET**, und wählen Sie dann mit dem Finger oder dem Multi-Controller die Startposition ❷. Verfahren Sie analog mit dem **Schnittende** ❹.

3 Sequenz prüfen und speichern

Mit der Funktion **Wiedergabe** ❺ können Sie sich die geschnittene Fassung anschauen. Über die Schaltfläche **Neue Datei** ❻ lässt sich die geschnittene Fassung vom Original getrennt abspeichern oder aber die ursprüngliche Fassung mit der Schnittversion überschreiben.

Anhang
Die Menüeinstellungen im Überblick

Das Menü »Aufnahmeeinstellungen« 320

Das Menü »Wiedergabeeinstellungen« 326

Das Menü »Funktionseinstellungen« 328

Die Individualfunktionen C.Fn 332

Das Menü »Anzeigeprofil-Einstellungen« 337

EXKURS: Die Firmware aktualisieren 340

Das Kameramenü enthält viele Konfigurationsmöglichkeiten, von denen einige die Arbeit enorm erleichtern, während andere eher als nette Spielerei zu betrachten sind. Auf jeden Fall können Sie die EOS 77D damit ganz individuell an Ihre Bedürfnisse anpassen. Auf den folgenden Seiten finden Sie eine komplette Darstellung der Funktionen, die Sie über die **MENU**-Taste in den Kreativprogrammen aufrufen können.

Das Menü »Aufnahmeeinstellungen«

Aufnahmeeinstellungen 1

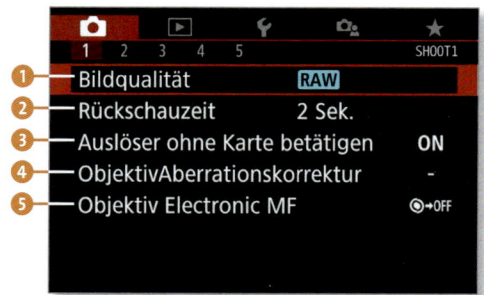

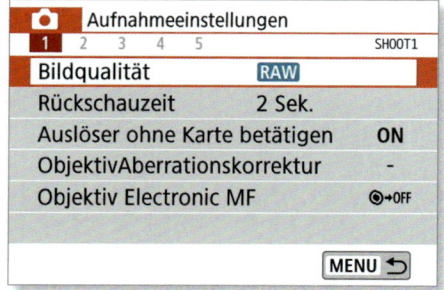

∧ Abbildung 1
Wie das Menü genau aussieht, können Sie im Menü **Anzeigeprofil-Einstellungen** ❶ *bestimmen. Bei der Darstellungsart* **Standard** *haben Sie zusätzlich Zugriff auf das* **MyMenu** ❷*, in dem Sie sich die Menübefehle nach eigenen Vorstellungen ablegen können.*

> **Achtung**
> In den Motivprogrammen stehen Ihnen nicht alle Menüeinträge zur Verfügung. Die hier aufgeführten Optionen sehen Sie nur in den Modi **P**, **Tv**, **Av** und **M**.

❶ Wie viele Bilder auf die SD-Karte passen, hängt von der hier eingestellten Bildqualität ab. Abgesehen von akutem, nicht zu behebendem Speichermangel gibt es eigentlich keinen Grund, hier einen kleineren Wert als **L** anzugeben. Sollen Bilder verkleinert werden – etwa für den Versand per E-Mail – ist das am Computer immer noch möglich. Über diesen Dialog können Sie jedoch auch festlegen, dass die Bilder im RAW-Format oder gleich doppelt, als JPEG- und als RAW-Datei, gespeichert werden. Letztere Option erspart Ihnen das Konvertieren von Bildern, an denen Sie ohnehin keine Änderungen mehr vornehmen möchten, kostet jedoch auch den meisten Speicherplatz.

❷ Nach der Aufnahme erscheint das Bild standardmäßig zwei Sekunden lang auf dem Display. Hier können Sie die Anzeigedauer erhöhen. Mit der Einstellung **Halten** bleibt das Bild so lange sichtbar, bis Sie eine weitere Taste drücken. Die Einstellung **4 Sek.** oder **8 Sek.** sollte ausreichen, damit Sie das Ergebnis kurz überprüfen können.

❸ Dies ist eine nützliche Funktion, die Sie davor bewahrt, ohne Speicherkarte eine Menge Fotos zu schießen – die dann alle verloren wären. Wenn Sie **Deaktivieren** wählen, löst die EOS 77D erst gar nicht aus, wenn die Speicherkarte fehlt.

❹ Im Exkurs »Testberichte von Objektiven verstehen« auf Seite 211 haben Sie verschiedene Abbildungsfehler kennengelernt. Diese lassen sich bereits in der Kamera beheben. Für die Bildkorrektur greift die EOS 77D auf die gespeicherten Abbildungsparameter einer Reihe von Objektiven zurück. Bei der Vignettierung handelt es sich um abgedunkelte Bilddecken, die je nach Objektivqualität mehr oder weniger stark auftreten. Mit der aktivierten Option **Vignettierungskorr.** wird dieser Effekt bereits in der Kamera korrigiert. Mit der **Farbfehlerkorrektur** beseitigt die Kameraelektronik sogenannte *chromatische Aberrationen*. Aktivieren Sie die **Verzeichnungskorr.**, wird auch dieser Abbildungsfehler korrigiert. Das geht allerdings zulasten der Bildauflösung, die dabei minimal reduziert wird. Zugleich sinkt die Zahl der hintereinander aufnehmbaren Reihenaufnahmen. Schließlich wird der Prozessor bei diesen Berechnungen etwas stärker beansprucht. Während Sie die übrigen Korrekturen in diesem Menü bedenkenlos aktivieren können, ist es in diesem Fall möglicherweise besser, die Bildbearbeitung am Computer zu nutzen. Bei der **Beugungskorrektur** wird der Auflösungsverlust korrigiert, der durch den Tiefpassfilter vor dem Sensor verursacht wird. Besonders bei weit geschlossener Blende ist das von Vorteil. Von sämtlichen unter diesem Menüpunkt angebotenen Anpassungen profitieren nur JPEG-Aufnahmen. RAW-Dateien bleiben unangetastet.

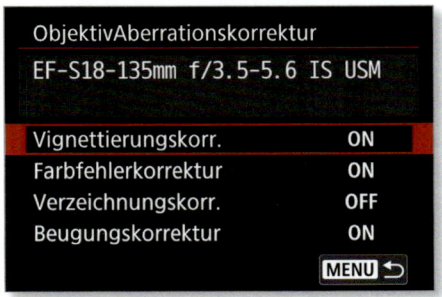

❺ Die STM-Objektive, aber auch einige alte USM-Teleobjektive wie das *Canon EF 85 1:1,2 L II USM*, verfügen über einen rein elektrisch betriebenen Entfernungsring. Wie dieser verwendet werden kann, lässt sich unter **Objektiv Electronic MF** festlegen. Mit der Einstellung **Aktiv. nach One-Shot AF** ist es möglich, nach erfolgter Fokussierung die Schärfe mit dem Fokusring nachzujustieren, solange Sie den Auslöser halb gedrückt halten. Bei **Deaktiv. nach One-Shot AF** ist ein Eingriff nur vor der Fokussierung, nicht aber danach möglich.

Aufnahmeeinstellungen 2

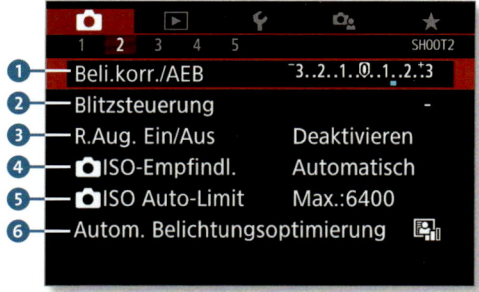

1 Wie in der Schritt-für-Schritt-Anleitung »Eine Belichtungskorrektur einstellen« auf Seite 99 dargestellt, können Sie hier Belichtungsreihen einstellen und Belichtungskorrekturen vornehmen.

2 Die Möglichkeiten der Blitzsteuerung werden im Abschnitt »Blitzen in den Kreativprogrammen« ab Seite 166 ausführlich vorgestellt. In diesem Menü steuern Sie auch, was beim externen Blitzen passieren soll.

3 Ist diese Funktion aktiviert, leuchtet bei Blitzbetrieb ein kleines, recht helles orangefarbenes Licht auf, sobald Sie den Auslöser halb herunterdrücken. Dadurch sollen sich die Pupillen der porträtierten Person schließen. Die von Blitzfotos bekannten roten Augen treten dann nicht auf oder zumindest nicht so stark. Besonders wenn Sie keine Zeit oder Lust zu einer Nachbearbeitung am Computer haben, ist diese Funktion sehr hilfreich.

4 Hier lässt sich der ISO-Wert verstellen. Das geht über die **ISO**-Taste allerdings schneller und bequemer.

5 In diesem Menü können Sie eine Grenze für den ISO-Wert festlegen, die bei der ISO-Einstellung auf **Auto** nicht überschritten werden darf. Dadurch lässt sich die ISO-Automatik der Kamera gut nutzen, ohne stark verrauschte Bilder in Kauf nehmen zu müssen. Je nachdem, wie stark Sie das Rauschen stört, sind Sie mit Werten zwischen 800 und 3200 auf der sicheren Seite. Schließlich ermöglicht Ihnen ein hoher ISO-Wert unverwackelte Fotos mit längeren Belichtungszeiten. Einen Vergleich des Bildrauschens bei den unterschiedlichen Einstellungen sehen Sie in Abbildung 3.13 auf Seite 71.

6 Hier lässt sich die automatische Belichtungsoptimierung in drei Stufen ein- oder ausschalten. Nähere Informationen dazu finden Sie im Exkurs »Problemzonen der Belichtung meistern« auf Seite 116.

Aufnahmeeinstellungen 3

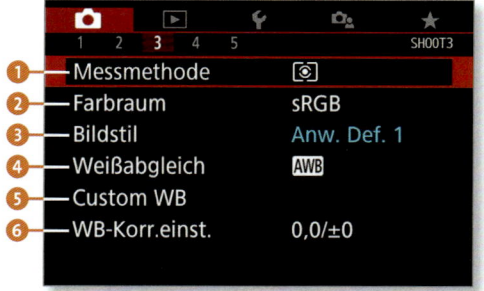

1 Dieses Menü bietet die Möglichkeit, die Belichtungsmessmethode zwischen **Mehrfeldmessung**, **Selektivmessung**, **Spotmessung** und **Mittenbetonter Messung** umzuschalten. Im Abschnitt »Die Belichtungsmessmethoden der EOS 77D« auf Seite 108 erfahren Sie mehr dazu.

2 Die Zahl der darstellbaren Farben wird durch den Farbraum bestimmt. Wenn Sie sich nicht unbedingt mit der recht komplexen The-

matik des Farbmanagements beschäftigen wollen, wählen Sie hier am besten **sRGB** (für *Standard-RGB*; RGB = Rot, Grün, Blau). Die Einstellungen beziehen sich nur auf die JPEG-Bilder der Kamera.

❸ Durch die Wahl eines Bildstils können Sie die Farben eines Bildes schon in der Kamera weitgehend definieren. Die verschiedenen Bildstil-Parameter lassen sich dabei einzeln anpassen. Weitere Informationen dazu finden Sie im Abschnitt »Farben nach Wunsch: Bildstile einsetzen« auf Seite 124.

❹ An dieser Stelle können Sie den Weißabgleich verändern. Schneller führt Sie die **WB**-Taste in das gleiche Menü. Im Abschnitt »So stellen Sie den Weißabgleich richtig ein« auf Seite 121 finden Sie dazu mehr.

❺ Nach dem Aktivieren dieser Funktion können Sie das Bild eines weißen Gegenstands auswählen. Mit **SET** werden die dort gemessenen Werte für den Weißabgleich genutzt. Schauen Sie sich dazu die Schritt-für-Schritt-Anleitung »So nehmen Sie einen manuellen Weißabgleich vor« auf Seite 123 an.

❻ Fortgeschrittene Benutzer können hier eine Korrektur des Weißabgleichs durchführen, also den Weißabgleich in die Richtungen Blau (**B**), Bernsteinfarben (**A** = *Amber*, englisch für *Bernstein*), Grün (**G**) und Magentarot (**M**) verschieben. Über das Schnellwahlrad lassen sich sogar Reihenaufnahmen einstellen ❼. Die Kamera speichert eine Aufnahme dann in gleich drei verschiedenen Weißabgleichsversionen auf der SD-Karte. Bei der Arbeit mit RAW-Dateien können Sie den Weißabgleich jedoch in einer Software

wie *Digital Photo Professional* (DPP) von Canon weitaus komfortabler variieren.

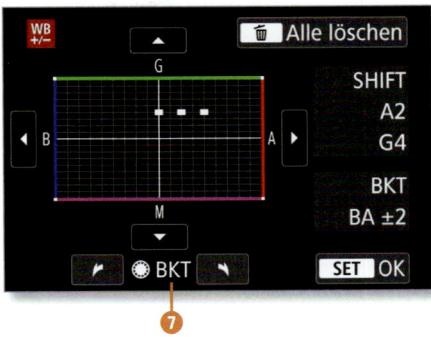

❼

Aufnahmeeinstellungen 4

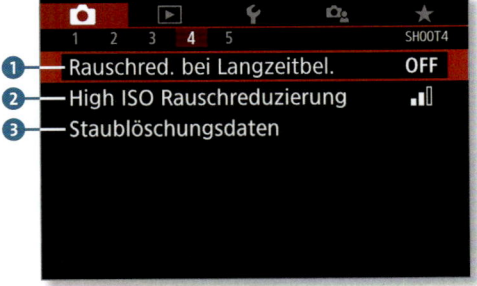

❶ Rauschred. bei Langzeitbel.
❷ High ISO Rauschreduzierung
❸ Staublöschungsdaten

❶ Das Bildrauschen hängt nicht nur vom eingestellten ISO-Wert ab, sondern auch von der Temperatur des Sensors. Diese steigt, je länger er in Betrieb ist, also einer Belichtung ausgesetzt ist. Mit der hier konfigurierbaren Funktion macht die Kamera bei sehr langen Belichtungszeiten eine sogenannte *Dunkelbelichtung*: Nach dem eigentlichen Bild wird automatisch ein zweites angefertigt, das jedoch nur die schwarze Fläche des Verschlusses und das Bildrauschen enthält. Zu sehen bekommen Sie dieses Foto nicht, es wird mit der ersten Aufnahme so verrechnet, dass aus dieser das Sensorrauschen teilweise entfernt wird. Mit der Einstellung **AUTO** führt die EOS

77D ab einer Belichtungszeit von einer Sekunde diese automatische Bildverrechnung durch, sofern die Automatik Bildrauschen feststellt. In der Praxis funktioniert diese Einstellung am besten. Bei der Einstellung **ON** findet dieses Verfahren generell ab einer Belichtungszeit von einer Sekunde statt, unabhängig vom tatsächlichen Rauschen.

❷ Besonders bei hohen ISO-Werten ist das Rauschen stark. Diese Funktion greift mit verschiedener Stärke ein und reduziert das Rauschen. Mit der Standardeinstellung lassen sich meist gute Ergebnisse erzielen. Die Einstellungen hier gelten nicht für RAW-Dateien, es sei denn, die Bearbeitung erfolgt innerhalb von *Digital Photo Professional* (DPP). Ist die Option **NR** ❹ aktiviert, schießt die Kamera vier Bilder hintereinander und berechnet daraus ein rauscharmes Bild. Das funktioniert allerdings nur mit JPEGs.

❸ Das Prinzip der Staublöschungsdaten ist clever: Auf einem weißen Foto ist auf dem Sensor festsitzender Staub deutlich zu erkennen. Die Informationen aus diesem Testbild kann die Software *Digital Photo Professional* (DPP) nutzen, um ihn aus Bildern wieder herauszurechnen. Nach dem Aufrufen der Funktion und Bestätigen mit **OK** nimmt die Kamera eine Sensorreinigung vor und weist Sie dann an, den Auslöser durchzudrücken. Jetzt müssen Sie eine weiße Fläche, etwa ein Blatt Papier, fotografieren. Diese Aufnahme wird als sehr kleine Datei in die Bilddatei eingebettet und kann in DPP für die Staubentfernung genutzt werden. Hat sich erst einmal so viel Staub abgesetzt, dass er deutlich sichtbar ist, führt eine fachgerecht durchgeführte Sensorreinigung allerdings viel einfacher zum gewünschten Ergebnis.

Aufnahmeeinstellungen 5

❶ Bei aktiviertem **Intervall-Timer** löst die Kamera in einstellbaren Abständen aus. Das ist für die Dokumentation und das Erstellen von Zeitrafferaufnahmen hilfreich. Wenn Sie die Anzahl der Aufnahmen auf **0** stellen, läuft der Prozess so lange, bis Sie die Kamera ausstellen oder den Timer deaktivieren. Wie Sie den Intervall-Timer in der Praxis einsetzen, lesen Sie ab Seite 245 im Abschnitt »Mit dem Intervallometer arbeiten«.

❷ Diese Option ist nur in der **BULB**-Einstellung im **M**-Modus verfügbar. Sie müssen den Auslöser für eine Langzeitaufnahme nicht gedrückt halten, sondern können eine lange Belichtungszeit angeben. Weitere Informationen dazu finden Sie auf Seite 85 im Abschnitt »Der manuelle Modus M: die maximale Freiheit«.

❸ Die Anti-Flacker-Funktion der EOS 77D kümmert sich bei Serienbildaufnahmen darum, dass die einzelnen Bilder erst dann geschossen werden, wenn sich die Lichtquelle in ihrer hellsten Phase befindet. Weitere Informationen dazu erhalten Sie im Abschnitt »Nützlicher Helfer: die Anti-Flacker-Funktion« ab Seite 106. Die Option an dieser Stelle aktiviert nur die Korrektur. Unabhängig davon können Sie über die Funktion **Sucheranzeige** (❻ auf Seite 330) im Menü **Funktionseinstellungen 2** die Warnung vor Flackern aktivieren.

❹ Das klassische Bildformat einer Spiegelreflexkamera beträgt 3:2. Damit ist das Verhältnis von Breite zu Höhe gemeint. In diesem Menü können Sie das typische Seitenverhältnis einer Kompaktkamera (4:3), eines aktuellen Fernsehers (16:9) oder ein quadratisches Format (1:1) einstellen. Beim Livebild-Betrieb sehen Sie direkt den späteren Beschnitt. Diese Einstellungen gelten allerdings nur für das JPEG-Format, RAW-Dateien behalten weiterhin die komplette Bildinformation. Belassen Sie diese Einstellung am besten in der Standardeinstellung von 3:2. Damit haben Sie am Computer ein größeres Potenzial für Zuschnitte jeder Art.

❺ Standardmäßig ist die Funktion **Livebild-Aufnahme** auf **Aktivieren** eingestellt. Mit einem Druck auf die Livebild-Taste ◻ können Sie den Livebild-Modus jederzeit aktivieren. Hier lässt sich der Modus komplett deaktivieren. Dazu gibt es jedoch kaum einen Grund.

Aufnahmeeinstellungen 6 (beim Livebild-Betrieb)

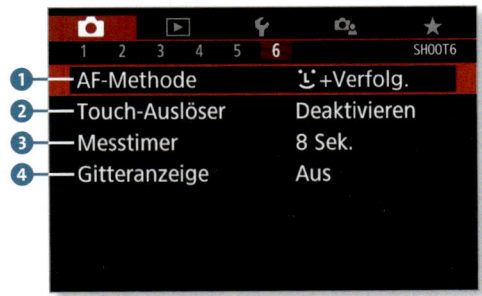

❶ Die verschiedenen Betriebsarten des Autofokus beim Livebild-Betrieb können Sie hier auswählen. Schneller geht es über den Touchscreen. Die Modi **+Verfolgung** AF, **Smooth Zone AF** AF( ) und **Live-Einzelfeld-AF** AF ◻ werden im Abschnitt »Scharfstellen im Livebild-Modus« ab Seite 152 vorgestellt.

❷ Ist der **Touch-Auslöser** aktiviert, können Sie mit einem einzigen Fingertipp auch das Display scharfstellen und sofort auslösen. Diese Funktion lässt sich auch auf dem Touchscreen unten links komfortabel ein- und ausschalten.

❸ Der hier eingestellte **Messtimer** gibt an, wie lange die Werte von Blende und Belichtungszeit im Livebild-Betrieb eingeblendet werden, wenn der Auslöser losgelassen wird. Die Voreinstellung von **8 Sek.** dürfte in den meisten Fällen passen.

❹ Auf Wunsch erscheint über dem Livebild eine Gitteranzeige. Mit der grobmaschigeren Variante lassen sich Bilder leicht nach der Drittelregel komponieren.

Das Menü »Wiedergabeeinstellungen«

Wiedergabeeinstellungen 1

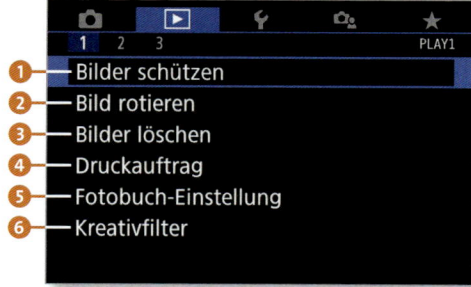

① Bilder schützen
② Bild rotieren
③ Bilder löschen
④ Druckauftrag
⑤ Fotobuch-Einstellung
⑥ Kreativfilter

① Dank dieser Funktion können Sie einzelne Bilder, ganze Ordner oder sämtliche Fotos auf der Speicherkarte vor dem versehentlichen Löschen schützen.

> **Achtung**
> Die hier vorgenommenen Einstellungen verhindern nicht, dass der Inhalt der Speicherkarte beim Formatieren verlorengeht!

② Der eingebaute Lagesensor der EOS 77D sorgt dafür, dass Bilder in der richtigen Richtung, also im Hoch- oder Querformat, angezeigt werden. Falls er doch einmal versagt, lässt sich mit dieser Funktion bereits in der Kamera die Ausrichtung ändern. Nach der Auswahl können Sie wie gewohnt durch die Bilder blättern und diese mit **SET** drehen.

③ Diese Funktion ermöglicht das Löschen einzelner Fotos. Davon verschont bleiben lediglich mit **Bilder schützen** verriegelte Fotos. Der Weg über die Löschtaste ist bei Einzel-

bildern um einiges schneller. Allerdings lässt sich gleich ein ganzer Bereich von Fotos effizient löschen.

④ Sie können die Kamera mit einem Drucker, der den PictBridge-Standard unterstützt, direkt verbinden und einzelne Bilder ausdrucken. In diesem Menü finden Sie dazu eine ganze Reihe an Funktionen und Einstellungsmöglichkeiten. Am Computer geht es wesentlich bequemer.

⑤ Diese Funktion ermöglicht es, Bilder beim Import über die Canon-Software *EOS Utility* direkt in einen bestimmten Ordner zu kopieren. Nach Ansicht von Canon ist das für die Fotobuch-Erstellung hilfreich. Wesentlich unkomplizierter ist allerdings wohl die Auswahl am Computer.

⑥ Mit den Kreativfiltern können Sie bereits in der Kamera Bilder bearbeiten und mit interessanten Effekten versehen. Detaillierte Informationen dazu finden Sie im Abschnitt »Bilder mit den Kreativfiltern aufpeppen« ab Seite 54.

Wiedergabeeinstellungen 2

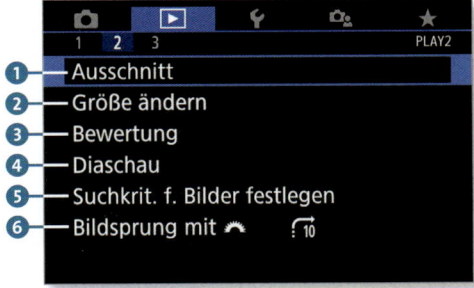

❶ An dieser Stelle ist es möglich, ein Bild bereits in der Kamera zu beschneiden. Dies funktioniert allerdings nur mit JPEG-Dateien und lässt sich am Computer wesentlich schneller und bequemer erledigen.

❷ Diese Funktion bietet die Möglichkeit, bereits in der Kamera die Bildgröße zu ändern. Das so veränderte Foto landet dann als neue Datei zusätzlich auf der Speicherkarte.

❸ Mit dieser Funktion können Sie relativ schnell eine erste Bewertung der Bilder vornehmen. Mit dem Touchscreen oder den Pfeiltasten nach oben und unten vergeben Sie bis zu fünf Sterne. Auch die Bewertung eines ganzen Blocks von Bildern ist möglich. Die Angaben werden in *Digital Photo Professional* (DPP) und andere Programme wie Lightroom übernommen.

❹ Um auch ohne Computerunterstützung die Bilder unkompliziert auf dem Fernseher anzeigen zu können, ist die **Diaschau**-Funktion hilfreich. Dazu müssen Sie die EOS 77D lediglich über ein HDMI-Kabel mit Ihrem Fernseher verbinden. Unter **Einstellung** lassen sich die Anzeigedauer und die Art und Weise definieren, wie die Bilder hintereinander erscheinen.

❺ Sie können ganz gezielt nach bestimmten Bildern auf der Speicherkarte suchen. Dabei lassen sich die Kriterien Bewertung, Datum, Ordner, Schutzstatus und Dateityp (Fotos, Videos, RAW- oder JPEG-Dateien) nutzen.

❻ Bei der Anzeige von Bildern können Sie mit einer Drehung am Hauptwahlrad in der Standardeinstellung zehn Bilder weiter vor- beziehungsweise zurückblättern. Hier können Sie dieses Verhalten ändern. Sie haben die Wahl zwischen dem Sprung um ein Bild, zehn oder eine frei einstellbare Zahl von Aufnahmen. Darüber hinaus können Sie einen Wechsel zum jeweils nächsten Aufnahmedatum oder zwischen den verschiedenen Ordnern einstellen. Außerdem gibt es noch die Möglichkeit, zu Filmen oder Fotos zu springen. Weitere Optionen bestehen darin, gezielt Bilder auszuwählen, die geschützt sind oder eine bestimmte Bewertung haben. Mit der Einstellung **Off** finden Sie bei dieser Wahl noch unbewertete Fotos.

Wiedergabeeinstellungen 3

1. Ist die **AF-Feldanzeige** aktiviert, sehen Sie, auf welchen Punkt oder welche Punkte die Kamera fokussiert hat. Das ist bei der Beurteilung der Schärfe hilfreich.
2. Fortgeschrittene Anwender können hier einstellen, dass beim Betrachten des Bildes und mit einem Druck auf die **INFO**-Taste zuerst das RGB-Histogramm erscheint – standardmäßig ist das Helligkeitshistogramm voreingestellt.
3. Steuerung über HDMI: Sie können mit der Fernbedienung Ihres Fernsehers die Bildwiedergabe der EOS 77D steuern, falls das Gerät mit dem HDMI-CEC-Standard arbeitet.

Das Menü »Funktionseinstellungen«

Funktionseinstellungen 1

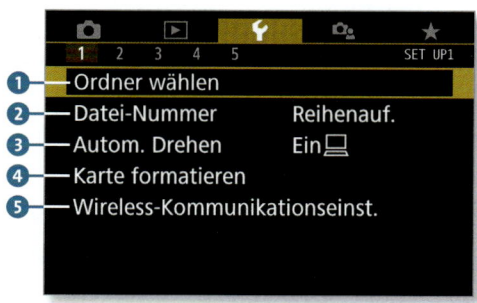

1. Die EOS 77D speichert die Bilder normalerweise automatisch in einen Ordner wie »100CANON«, »101CANON« oder »102CANON«. Über diese Funktion können Sie ihn gezielt auswählen oder mit **Ordner erstellen** einen neuen anlegen. Dies kann hilfreich sein, um beim späteren Kopieren auf den Computer den Überblick zu bewahren.
2. Hier legen Sie fest, nach welchen Regeln die EOS 77D die Bilder auf der Karte nummeriert. Grundsätzlich werden diese fortlaufend von 100–0001 benannt, nach 100–9999 folgt 101–0001 etc. Bei der Einstellung **Reihenauf.** erfolgt die Nummerierung auf diese Weise, selbst wenn die Karte ausgewechselt oder ein neuer Ordner ❶ erstellt wird. Die Einstellung **Auto reset** hingegen bewirkt, dass die Nummerierung bei jedem Kartenwechsel oder auch bei einem neuen Ordner wieder bei 100–0001 startet. Mit **Man. reset** können Sie die Nummerierung auf 100–0001 zurücksetzen. Welche Einstellung am besten für Sie geeignet ist, hängt auch davon ab, ob Sie Ihre

Bilder beim Import auf den Computer automatisch umbenennen lassen oder nicht.

❸ Aufnahmen im Hochformat werden in der Standardeinstellung automatisch gedreht. Mit der Wahl des Eintrags **Ein** 🖥 erfolgt diese Drehung ausschließlich später bei der Darstellung am Computer. Sie müssen bei dieser Option zwar die Kamera beim Betrachten der Bilder drehen, verschenken aber andererseits keinen Platz auf dem Display.

❹ Der schnelle Weg zur leeren Speicherkarte: Ein Druck auf die Löschtaste 🗑 ermöglicht das Formatieren auf niedriger Stufe. Diese Methode ist theoretisch etwas gründlicher, dafür wird die Karte dabei stärker abgenutzt.

⌗ Verlorene Daten

Bilder auf einer versehentlich formatierten Karte lassen sich mit Rettungsprogrammen wie dem für Mac und PC kostenlos erhältlichen *PhotoRec* wiederherstellen. Die Karte darf zuvor allerdings nicht mit neuen Fotos überschrieben worden sein.

❺ Hier aktivieren Sie den Bluetooth-, WLAN- und NFC-Betrieb. Beim ersten Aufruf dieser Funktion müssen Sie der Kamera einen Namen geben, über den sie via Bluetooth beziehungsweise im WLAN- oder NFC-Netz zu finden ist. Ausführliche Informationen dazu finden Sie in der Spezialanleitung, die von der Canon-Seite (*www.canon.de/support*) heruntergeladen werden kann. Das Fotografieren mit dem Smartphone wird im Abschnitt »Spaß mit der WLAN-Verbindung« ab Seite 261 vorgestellt.

Funktionseinstellungen 2

❶ Um Strom zu sparen, schaltet sich die EOS 77D nach einer Weile ohne Benutzereingabe von selbst ab. Hier können Sie die Dauer dieses Intervalls angeben. Bei der Einstellung **10 Sek./30 Sek.** schaltet sich die Kamera nach zehn Sekunden ab, aber wartet bei Livebild- und Filmaufnahmen 30 Sekunden lang.

❷ Belassen Sie den Wert für die Helligkeit des Displays am besten auf der mittleren Standardeinstellung ❼. Ansonsten erschweren Sie sich die Beurteilung der Belichtung am Display der Kamera, wobei Sie hier zur Sicherheit auch immer das Histogramm zurate ziehen sollten. Im Abschnitt »Das Histogramm verstehen und anwenden« auf Seite 114 finden Sie dazu weitere Informationen.

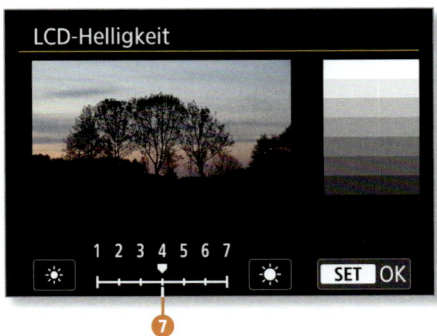

❸ Unterhalb des Blitzschuhs der EOS 77D befindet sich ein Näherungssensor. Sobald Sie durch den Sucher schauen, schaltet sich der Monitor ab. Dieses Verhalten können Sie hier deaktivieren.

❹ Hier können Sie Datum, Uhrzeit, Zeitzone und die Sommerzeit einstellen. Für Kontinentaleuropa finden Sie hier die Einstellung **Paris**. Besonders wenn Sie mit mehreren Kameras arbeiten, kommt es auf eine genaue Zeiteinstellung an. Nur dann können Sie die verschiedenen Aufnahmen am PC in der korrekten Reihenfolge betrachten. Mit Hilfe der Software *EOS Utility* können Sie auch die sehr genaue Computerzeit auf die Kamera übertragen.

❺ Ihre EOS 77D kann mit Ihnen in einer ganzen Reihe verschiedener Sprachen kommunizieren. Nach einem versehentlichen Verstellen der Sprache finden Sie diesen Menüpunkt leicht über das Sprechblasensymbol 🗨 wieder.

❻ Es ist möglich, eine sehr kleine Wasserwaage oder Gitterlinien im Sucher der EOS 77D einzublenden. Das erleichtert die Ausrichtung der Kamera. Außerdem können Sie an dieser Stelle die **Flicker-Erkennung** aktivieren. Um die Korrektur bei der Aufnahme mit flackernden Lichtquellen zu aktivieren, müssen Sie allerdings im Menü **Aufnahmeeinstellungen 5** die Option **Anti-Flacker-Aufn.** aktivieren.

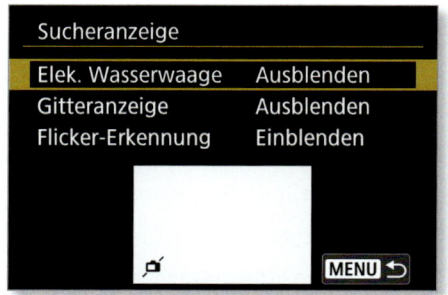

Funktionseinstellungen 3

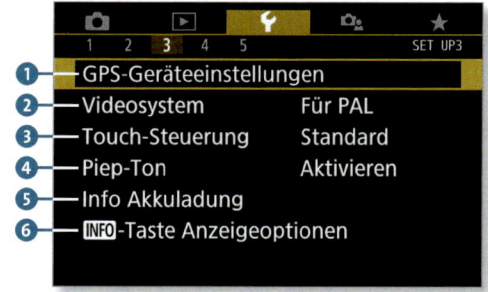

❶ Die EOS 77D kann mit dem GPS-Empfänger *GP-E2* von Canon verbunden werden. Das Gerät für etwa 240 Euro erfasst Breiten-, Längen-, Höhen- und Richtungsangaben und fügt diese in die Exif-Daten der Bilder ein. Über dieses Menü können Sie dazu bequem alle Einstellungen vornehmen.

❷ Unter dem Eintrag **Videosystem** haben Sie zwei Auswahlmöglichkeiten. Das europäische PAL-System ist in vielen Fällen eine gute Wahl. Weitere Informationen über die Bedeutung dieser Einstellung für die Videofunktion finden Sie im Abschnitt »Eine Frage des Formats« auf Seite 309.

❸ Bei der **Touch-Steuerung** haben Sie die Wahl zwischen zwei Empfindlichkeitsstufen: **Standard** und **Empfindlich**. Die Unterschiede sind minimal. Vielleicht möchten Sie das Display aber auch vor Fettfingern schützen. Bei deaktivierter Touch-Steuerung können Sie die Kamera ausschließlich über die Tasten bedienen, und einzelne Menüeinträge verändern sich entsprechend.

❹ Bei jedem Autofokusvorgang ertönt ein Piep-Ton. Hier können Sie ihn unter der gleichnamigen Option abschalten. Auch der Quittungston für jeden Fingertipp auf den Touchscreen kann stummgeschaltet werden.

❺ An dieser Stelle sehen Sie nicht nur den Ladestand des Akkus, sondern auch wie es allgemein um seine Leistungsfähigkeit steht.

❻ Ein wiederholter Druck auf die **INFO**-Taste bringt die elektronische Wasserwaage und anschließend den Schnelleinstellungsbildschirm auf den Monitor. Hier können Sie eine oder beide Darstellungen deaktivieren.

Funktionseinstellungen 4

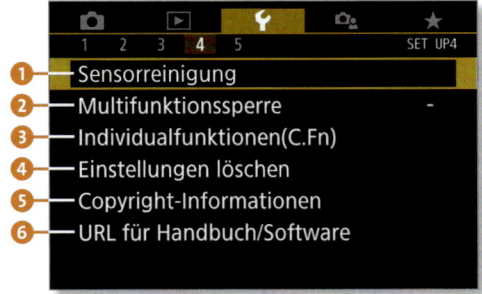

❶ Die Sensorreinigung können Sie hier auch ohne Ein- oder Ausschalten der Kamera mittels der Option **Jetzt reinigen** manuell auslösen. Der Eintrag **Manuelle Reinigung** ermöglicht Servicetechnikern den Zugang zum Sensor. Dafür wird der Spiegel nach oben geklappt und bleibt bis zum Ausschalten in dieser Position. Die automatische Sensorreinigung, die die EOS 77D bei jedem Ein- und Ausschalten durchführt, können Sie unter dem Menüpunkt **Autom.Reinigung** deaktivieren. Davon ist jedoch abzuraten!

> **Besser vom Profi!**
> Überlassen Sie die manuelle Sensorreinigung am besten erfahrenen Fachleuten. Weitere Informationen dazu finden Sie im Abschnitt »Den Sensor und die Objektive reinigen« auf Seite 209.

❷ Mit der **Multifunktionssperre** können Sie nicht nur das Schnellwahlrad, sondern auch das Hauptwahlrad verriegeln sowie die Touch-Steuerung unterbinden.

❸ Über die Individualfunktionen lassen sich sehr grundlegende Kameraeinstellungen festlegen. Diese gelten allerdings nur für die Kreativprogramme. Das Menü dafür unterscheidet sich ein wenig von den übrigen Einstellungsmöglichkeiten. Am unteren Rand sehen Sie die 15 verschiedenen Individualfunktionen und ihre Einstellung als Zahlenwert zwischen 0 und 6. Über die Touch-Bedienung oder mit den linken und rechten Pfeiltasten wechseln Sie zwischen ihnen hin und her. Mit einem Fingertipp oder der Taste **SET** und den Pfeiltasten können Sie dann wie gewohnt einen einzelnen Menüpunkt aufrufen und aktivieren. Eine genaue Beschreibung finden Sie im Abschnitt »Die Individualfunktionen C.Fn« auf der Seite 332.

❹ Über diese Funktion lassen sich sowohl alle Kameraeinstellungen als auch die bei den Individualfunktionen (C.Fn) geänderten Werte wieder in den Auslieferungszustand der EOS 77D zurücksetzen.

❺ Sie können hier Ihren Namen und einen Copyright-Text eingeben. Diese Informationen werden den Bilddaten hinzugefügt. Mit der Taste Q schalten Sie zwischen Tastatur und Textfeld um.

❻ Der anzeigte QR-Code führt zur Canon-Website mit dem Handbuch und der Software zur Kamera. Es geht allerdings schneller, *www.canon.de/support* einzugeben und auf die EOS 77D zu klicken.

Funktionseinstellungen 5

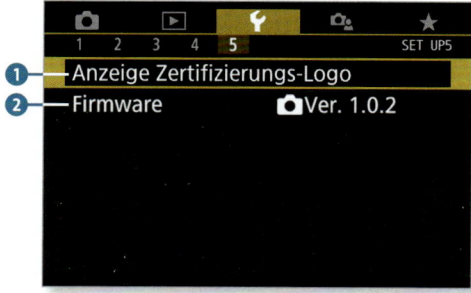

❶ Dieser Menüeintrag macht Bürokraten glücklich: Zertifizierungslogos, für die auf der Unterseite der EOS 77D kein Platz mehr war, sehen Sie hier.

❷ Die Anzeige der aktuellen Firmware, des Betriebssystems der EOS 77D, erreichen Sie unter diesem Menüpunkt. Weitere Informationen zur Firmware finden Sie im Exkurs »Die Firmware aktualisieren« am Ende dieses Kapitels auf Seite 340.

Die Individualfunktionen C.Fn

C.Fn I: Belichtung 1 – Einstellstufen

Die Blende und die Belichtungszeit lassen sich in Drittelstufen (**1/3-Stufe**) sehr fein dosiert einstellen. Falls Ihnen jeweils halbe Schritte lieber sind, lässt sich dies hier definieren. Eine Drehung am Hauptwahlrad im **Av**-Programm führt dann zum Beispiel von Blende 4,5 direkt zu 5,6 und 6,7 statt erst zu 5, 5,6 und 6,3.

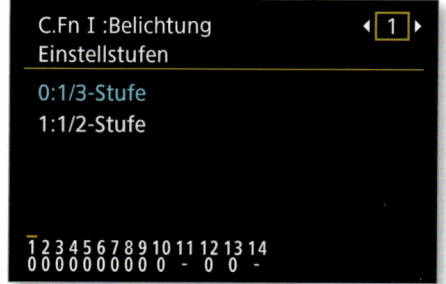

C.Fn I: Belichtung 2 – ISO-Erweiterung

Das Einschalten der ISO-Erweiterung führt dazu, dass bei den ISO-Werten der Eintrag **H** auftaucht. Dieser entspricht ISO 51200 und ist entsprechend stark verrauscht. Ist gleichzeitig die Individualfunktion **C.Fn II: Bild 4 – Tonwert Priorität** eingeschaltet, bleibt diese Einstellung ohne Auswirkungen.

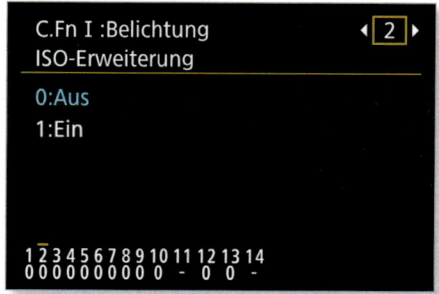

C.Fn I: Belichtung 3 – Belichtungskorrektur automatisch beenden

Wenn Sie eine Belichtungskorrektur eingestellt haben und die Kamera ausschalten, wird diese Einstellung vergessen. Diese Standardeinstellung bewahrt Sie möglicherweise davor, eine kleine Über- oder Unterbelichtungseinstellung zu übersehen und damit tagelang zu fotografieren.

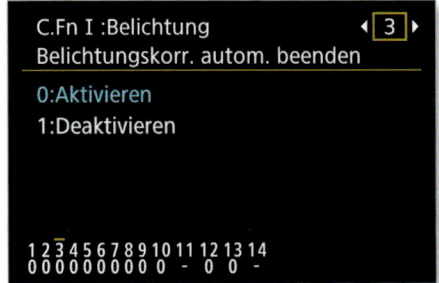

C.Fn II: Bild 4 – Tonwert Priorität

Das Einschalten der Tonwertpriorität soll in kritischen Belichtungssituationen die hellen Bildbereiche vor dem Ausbrennen schützen. Der Preis dieser Verbesserung ist ein höheres Rauschen in den dunklen Bildpartien. Bei aktivierter Tonwertpriorität wird die automatische Belichtungsoptimierung ausgeschaltet, und im Display erscheint unterhalb der ISO-Anzeige die Information **D+**. Der ISO-Wert 100 ist nicht mehr einschaltbar. Eine ausführliche Erklärung zur Tonwertpriorität finden Sie im Abschnitt »Umstrittener Helfer: die Tonwertpriorität« ab Seite 104.

C.Fn III: Autofokus/Transport 5 – AF-Hilfslicht Aussendung

Um automatisch fokussieren zu können, muss die Kamera Kontraste finden. Das funktioniert nur bei ausreichend Licht. Deshalb bringt sie beim Blitzbetrieb durch kleine Lichtimpulse Licht ins Dunkel. Mit der Option **Deaktivieren** können Sie dieses mitunter nervige Verhalten unterbinden. Der Preis dafür sind allerdings weniger oder keine Treffer des Autofokus. Über **Nur bei ext. Blitz aktiv.** verbieten Sie zumindest dem internen Blitz der EOS 77D das Flackern. Externe Blitze arbeiten meist mit einem roten Infrarot-Hilfslicht, das kaum stört. Die Option **Nur IR-AF-Hilfslicht** sorgt dafür, dass bei deren Einsatz ganz sicher nur diese Art des Hilfslichts genutzt wird.

C.Fn III: Autofokus/Transport 6 – Wahlmethode AF-Bereich

Der AF-Bereich lässt sich auf zwei verschiedene Arten auswählen, in beiden Fällen müssen Sie das Verstellen des AF-Bereichs zunächst mit einem Druck auf die Taste für die AF-Messfeldwahl ⊞ oder den AF-Bereich ⊡ freischalten. Drücken Sie dann die Taste ⊡ so oft hintereinander, bis der gewünschte AF-Bereich aktiv ist ❶. Oder aber Sie treffen Ihre Auswahl mit dem Hauptwahlrad ❷.

AF-Modus beachten

Beachten Sie bei dieser Individualfunktion, dass die Einstellungen nur für die Autofokusbetriebsart **One Shot** gelten. Beim kontinuierlich nachgeführten Fokus in den Modi **AI Focus** und **AI Servo** müsste der Blitz ansonsten ein Dauerfeuer abgeben, und die Batterie wäre im Nu entladen.

C.Fn III: Autofokus/Transport 7 – Auto-AF-Pktw.: Farbverfolgung

Die EOS 77D ist mit dem sogenannten EOS-iTR-Autofokus ausgestattet (siehe den Abschnitt »Die Belichtungsmessmethoden der EOS 77D« auf Seite 108). Bei diesem berücksichtigt die Autofokusautomatik Farbinformationen, die über einen speziellen Sensor ausgelesen werden. Dieses Verhalten lässt sich deaktivieren. Der iTR-Autofokus arbeitet allerdings nur, wenn die Autofokusmessfeldwahl auf **Automatisch** oder eine der beiden Zonenauswahlarten, also eine der neun kleinen Zonen ⊞ oder der drei großen Zonen ⊡, gestellt ist.

C.Fn III: Autofokus/Transport 8 – AF-Feld-Anzeige während Fokus

An dieser Stelle können Sie festlegen, unter welchen Bedingungen und wie das Autofokusfeld im Sucher zu sehen ist. Mit der Option **Ausgewählte (ständig)** wird das ausgewählte Messfeld beziehungsweise die Zone permanent angezeigt. Außerdem ist es möglich, alle Messfelder ständig zu sehen ❶, wobei das ausgewählte Feld hervorgehoben wird. Darüber hinaus können Sie das Messfeld nur vor ❷ oder während ❸ des Fokussierens anzeigen lassen. Alternativ können Sie auch die Anzeige komplett deaktivieren.

C.Fn III: Autofokus/Transport 9 – Beleuchtung Sucheranzeigen

Bei schwachem Umgebungslicht werden die AF-Messfelder und das Gitter im Sucher automatisch rot dargestellt, sobald eine Scharfstellung erreicht wurde. Nach der Wahl von **Aktivieren** erfolgt die Beleuchtung unabhängig von den Lichtverhältnissen, bei der Einstellung **Deaktivieren** bleibt sie permanent ausgeschaltet. Bei der Verwendung von **AI Servo** bleibt das Messfeld grundsätzlich dunkel.

C.Fn III: Autofokus/Transport 10 – Spiegelverriegelung

Die Vorteile der Spiegelvorauslösung – bei Canon **Spiegelverriegelung** genannt – haben Sie im Abschnitt »Mit Stativ und Fernauslöser zur maximalen Schärfe« auf Seite 153 kennengelernt. Mit dieser Funktion sorgen Sie dafür, dass mit dem Druck auf den Auslöser zunächst der Spiegel hochklappt. Beim zweiten Druck startet der Auslösevorgang. Auf diese Weise lässt sich beim Stativeinsatz die Verwacklungsunschärfe reduzieren.

C.Fn IV: Operation/Weiteres 11 – Warnungen im Sucher

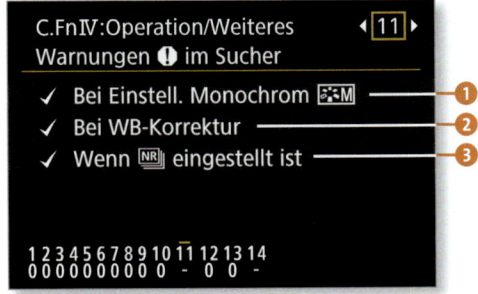

Bei bestimmten Kameraeinstellungen erscheint ein kleines Icon ❶ als Warnung im Sucher. So wissen Sie, dass möglicherweise nur Schwarz-weißbilder auf der Karte landen ❶, durch eine Weißabgleichskorrektur ein Farbstich erzeugt wird ❷ oder durch die High-ISO-Rauschreduzierung (siehe den Abschnitt »Aufnahmeeinstellungen 4«, Nr. ❷, auf Seite 324) mehrere Aufnahmen hintereinander erzeugt werden ❸.

C.Fn IV: Operation/Weiteres 12 – LCD-Display bei Kamera Ein

Bei der Einstellung **Vorheriger Display-Status** merkt sich die Kamera beim Ausschalten, ob Sie die Darstellung der Aufnahmeparameter über die **DISP**-Taste ausgeschaltet haben. So ist es möglich, die Kamera mit dunkler Anzeige zu starten, was die Batterie minimal entlastet.

C.Fn IV: Operation/Weiteres 13 – Objektiv bei Abschalten einziehen

Einige STM-Objektive wie das *EF 40 mm f2,8 STM* haben einen Tubus, der sich ohne Stromzufuhr nicht bewegen lässt. In der Grundeinstellung wird er deshalb vor dem Ausschalten der Kamera automatisch eingefahren. Dies können Sie hier deaktivieren.

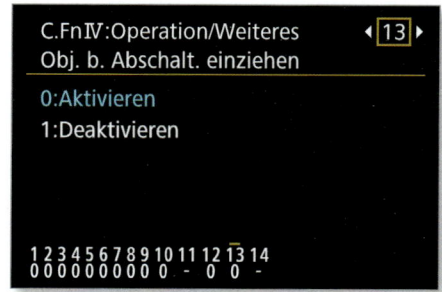

C.Fn IV: Operation/Weiteres 14 – Custom-Steuerung

Vier der Kameratasten lassen sich mit anderen oder zusätzlichen Funktionen belegen. Weitere Informationen dazu finden Sie im Abschnitt »Das Auslösen vom Fokussieren entkoppeln« ab Seite 144.

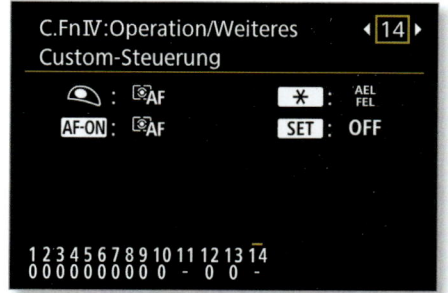

Das Menü »Anzeigeprofil-Einstellungen«

Wenn Sie am Moduswahlrad drehen oder auf einen Displaymenüeintrag tippen, erscheinen auf dem Display erläuternde Texte. Je vertrauter Sie mit der EOS 77D werden, desto überflüssiger sind diese Informationen. Hier können Sie sie ausschalten. In der Schritt-für-Schritt-Anleitung »Einstellungen für einen guten Start« auf Seite 30 geht es um die Vorteile eines ausführlicheren **Aufnahmebildschirms**. Der zusätzliche Informationsgehalt mit einer ausführlichen **Menüanzeige** hält sich allerdings in Grenzen. Auch die **Modus-Beschreibungen**, sobald Sie am Hauptwahlrad drehen, und die eingeblendeten **Erläuterungen** sind für die Eingewöhnung zwar hilfreich, aber später entbehrlich.

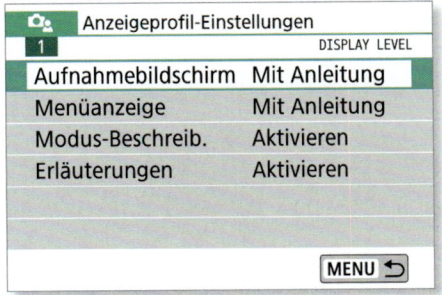

Das Menü »My Menu«
SCHRITT FÜR SCHRITT

Im **My Menu** können Sie Ihre Menüfavoriten ablegen – sofern Sie die vollständige Menüanzeige aktiviert haben. So haben Sie schnell und unkompliziert Zugriff auf alle häufig von Ihnen benutzten Funktionen. Es ist sogar möglich, bis zu fünf Register in diesem Menü anzulegen, um die Funktionen dort zu gruppieren. Für die bessere Übersicht lassen sich die Registerkarten individuell benennen. Die einzelnen Positionen im Menü können Sie außerdem sortieren oder einzeln sowie komplett löschen.

1 Neue Registerkarte anlegen
Starten Sie den Prozess durch die Wahl des Menüeintrags **Registerkarte My Menu hinzufügen** im **MY MENU: Set up** ❶. Bestätigen Sie das Hinzufügen der neuen Registerkarte mit **OK**.

2 Registerkarte umbenennen
Wählen Sie nun **Konfig.** und anschließend die Funktion **Registerkarte umbenennen** aus. Damit können Sie Ihren **My Menus** individuelle Namen geben, zum Beispiel »Schärfe« für alle von Ihnen häufiger benutzten Einstellungen rund um den Autofokus. Mit dem Finger kommen Sie in diesem Menü am schnellsten zum Ziel. Bestätigen Sie die Eingabe mit **MENU** und **OK**.

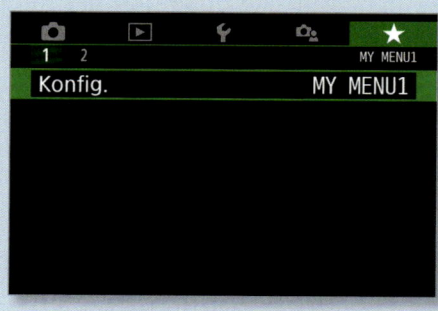

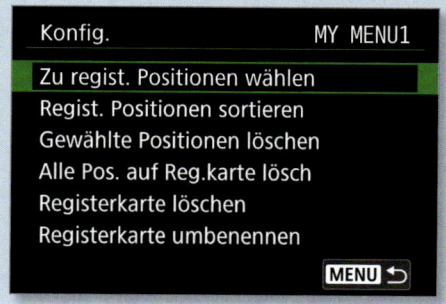

3 Registerkarte füllen

Nun geht es darum, die neu angelegte Registerkarte mit Funktionen zu füllen. Dazu steht der Menüpunkt **Zu regist. Positionen wählen** zur Verfügung. In einer langen Liste erhalten Sie viele Kameraoptionen, die Sie mit **SET** dem **My Menu** hinzufügen können.

4 Anpassungen vornehmen

Sie können insgesamt fünf Registerkarten anlegen. Die Reihenfolge der Einträge verändern Sie über **Regist. Positionen sortieren**. Außerdem können Sie die Einträge über **Gewählte Positionen löschen** aus dem **My Menu** entfernen. Schließlich ist es auch möglich, sämtliche Einträge der Karte oder eine ganze Karte zu löschen. Unter **MY MENU: Set up** können Sie darüber hinaus sämtliche Registerkarten oder aber alle Positionen von allen Karten löschen.

5 My Menu als Startpunkt festlegen

Wenn Sie bei **Menüanzeige** den Eintrag **Von Reg.karte My Menu anz.** auswählen, führt ein Druck auf die **MENU**-Taste immer zuerst in das **My Menu**. Auf diese Weise landen Sie noch schneller bei den häufig benutzten Funktionen. Bei der Wahl von **Nur Reg.karte My Menu anz.** erscheint sogar nur noch das **My Menu**. Ihr individualisiertes **My Menu** könnte zum Beispiel so aussehen wie auf dem unteren Screenshot.

Die Firmware aktualisieren
EXKURS

Sie kennen es sicher von Ihrem Computer: Von Zeit zu Zeit gibt es ein Update für das Betriebssystem. Ähnlich verhält es sich auch mit der Kamera. Bei ihr heißt die zentrale Steuersoftware *Firmware*, und auch diese wird manchmal aktualisiert. Meist werden nur kleine Fehler beseitigt, die im Alltag kaum auffallen. Dabei kann es sich um so Harmloses wie Rechtschreibfehler in den Menüeinträgen handeln, aber auch um neue oder geänderte Funktionen.

Mit welcher Firmware-Version Ihre EOS 77D läuft, können Sie ganz einfach herausfinden. Im Menü **Funktionseinstellungen 5** finden Sie den Eintrag **Firmware-Ver.**, direkt dahinter sehen Sie die aktuelle Versionsnummer ❶.

^ Abbildung 2
Die Info zur Firmware-Version der EOS 77D versteckt sich im Menü.

Ob es eine neue Firmware-Version für die EOS 77D gibt, sehen Sie auf der Canon-Webseite *www.canon.de/support* im Bereich für die EOS 77D. Um nun eine neue Software auf die Kamera zu laden, sind die im Folgenden beschriebenen Schritte nötig.

1 Firmware herunterladen
Laden Sie die Firmware aus dem Internet herunter. Ein Doppelklick auf die übertragene Datei startet sowohl auf einem Windows-Rechner als auch beim Mac einen Entpacken-Vorgang. Speichern Sie die Dateien in einem Verzeichnis auf Ihrer Festplatte.

2 Speicherkarte formatieren
Legen Sie eine SD-Karte in die Kamera ein, und formatieren Sie diese. Dabei werden alle Bilder gelöscht. Gehen Sie dazu im Menü **Funktionseinstellungen 1** auf den Befehl **Karte formatieren**, und bestätigen Sie mit **OK**.

3 EOS Utility aufrufen
Verbinden Sie die Kamera über ein USB-Kabel mit Ihrem Rechner. Starten Sie nun die Software *EOS Utility*. Klicken Sie auf **Kamera-Einstellungen** ❷.

4 Einstellung auswählen

Im nächsten Fenster wählen Sie den Eintrag **Firmware Update** ❸.

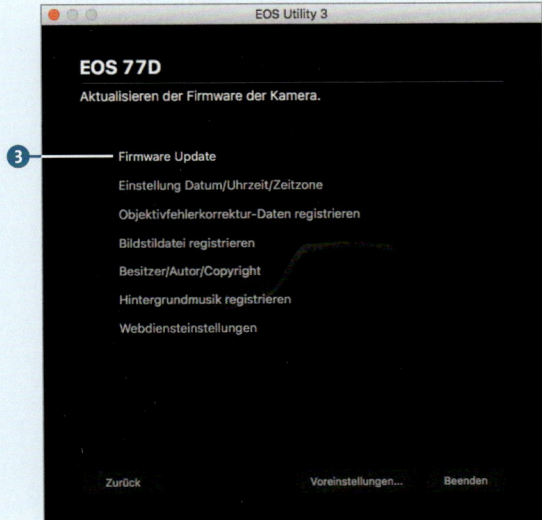

5 Firmware installieren

Sie werden durch die nächsten Schritte geführt und müssen angeben, wo Sie die Firmware-Datei auf Ihrer Festplatte zuvor abgelegt haben.

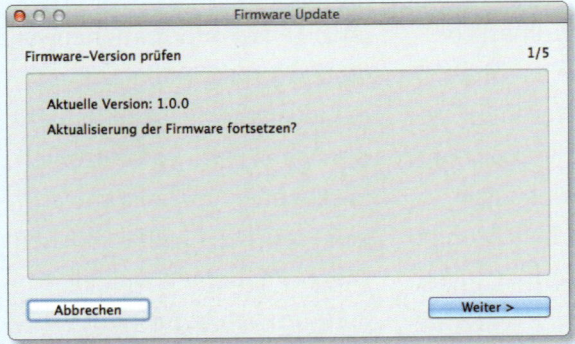

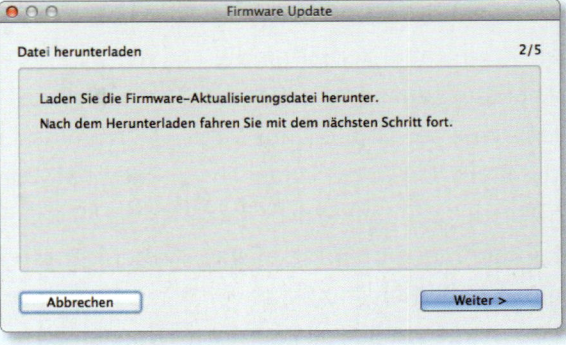

Nach einer Sicherheitsabfrage geht es an der Kamera weiter, und die Firmware wird dort installiert. Sie sehen eine Fortschrittsanzeige und anschließend eine Bestätigung über das abgeschlossene Update. Schalten Sie die Kamera aus und wieder ein, um den Vorgang abzuschließen.

Glossar

Abbildungsmaßstab
Der Abbildungsmaßstab gibt an, in welchem Verhältnis die Abbildung auf dem Sensor zur tatsächlichen Größe eines Motivs steht. Ein 20 cm langer Fisch, der auf dem Sensor der Kamera 1 cm einnimmt, hätte einen Abbildungsmaßstab von 1:20. Wird zum Beispiel ein 5 mm kleines Insekt auf 5 mm abgebildet, ist der Abbildungsmaßstab 1:1. Ein Objektiv, das einen solchen Abbildungsmaßstab ermöglicht, gilt als Makroobjektiv.

Abblenden
Um weniger Licht durch das Objektiv zu lassen, muss die Blende weiter geschlossen werden, indem zum Beispiel der Blendenwert von f3,5 auf f4 verändert wird. Oft verwenden Fotografen den Begriff *Abblenden* aber auch ganz allgemein als Synonym dafür, das Bild um eine Anzahl von Blendenstufen dunkler erscheinen lassen. Dieses Ziel können Sie über den Blendenwert erreichen, aber auch indem Sie die Belichtungszeit verkürzen oder den ISO-Wert verkleinern.

APS-C
APS-C steht eigentlich für *Advanced Photo System Classic*, ein analoges Filmformat, das sich niemals wirklich durchgesetzt hat. Dieses war in etwa so groß wie die heutigen Kamerasensoren der drei- und zweistelligen Kameramodelle von Canon sowie der EOS 7D Mark II. Deshalb hat sich für deren Sensoren die Klassifizierung als APS-C etabliert.

Av
Av steht für *Aperture Value*, also Blendenwert. In dieser Betriebsart geben Sie der Kamera eine Blende vor. Die Automatik wählt dann automatisch eine dazu passende Belichtungszeit aus.

Belichtungskorrektur
In einigen Situationen liefert die Belichtungsautomatik der Kamera Werte, die ein unter- oder überbelichtetes Bild ergeben würden. Hier lässt sich mit einer Überbelichtung beziehungsweise Unterbelichtung gezielt gegensteuern.

Belichtungszeit
Die beiden Verschlussvorhänge vor dem Sensor der Kamera öffnen sich während des Belichtungsvorgangs für eine gewisse Zeit. Diese wird als *Belichtungs-* oder *Verschlusszeit* bezeichnet und in Teilen einer Sekunde beziehungsweise in Sekunden angegeben. Bei einer Verdoppelung oder Halbierung der Belichtungszeit fällt jeweils doppelt so viel oder halb so viel Licht auf den Sensor.

Bildrauschen
Wenn wenig Licht auf den Sensor fällt, hilft eine Erhöhung der ISO-Zahl. Selbst bei schlechten Beleuchtungsverhältnissen lassen sich so noch ausreichend belichtete Bilder erzielen. Dies funktioniert allerdings nur, weil die schwachen Sensorinformationen verstärkt werden. Dabei kommt es zwangsläufig zu Bildfehlern, die sich in Form von einzelnen falschhellen und falschfarbigen Pixeln bemerkbar machen. Dieses Phänomen wird als *Bildrauschen* bezeichnet.

Bildstabilisator

Durch mehr oder weniger frei bewegbare Linsenelemente im Objektiv lassen sich Kameraverwacklungen bis zu einem gewissen Grad kompensieren. Dadurch ist es möglich, mit längeren Belichtungszeiten auch ohne Stativ zu fotografieren.

Blende

Die Blendenlamellen im Inneren des Objektivs können sich in verschiedenen Stellungen öffnen und schließen und dadurch unterschiedlich viel Licht in die Kamera lassen. Daraus ergeben sich unterschiedliche Blendenwerte, die bei kleinen Zahlen für eine große Öffnung und eine große Blende stehen. Große Zahlen wiederum deuten auf eine kleine Öffnung und damit kleine Blende hin. Bei Letzterer ist die Schärfentiefe größer als bei einer weit offenen Blende.

Blendenstufen

An der Kamera lässt sich die Blende in mehreren Stufen verstellen. Die verschiedenen Blendenschritte werden dabei durch Werte wie 4 • 5,6 • 8 • 11 • 16 • 22 dargestellt. Bei den hier genannten Zahlen handelt es sich um ganze Blendenstufen. Die Öffnung der Lamellen im Objektiv halbiert beziehungsweise verdoppelt sich jeweils, so dass halb so viel beziehungsweise doppelt so viel Licht auf den Sensor fällt. An der EOS 77D lässt sich die Blende auch in Drittelschritten, also kleineren Abstufungen, verstellen.

Brennweite

Vereinfacht dargestellt, ist die Brennweite die Entfernung einer Linse zu ihrem Brennpunkt. Dieser wiederum liegt dort, wo parallel auf die Linse einfallende Strahlen nach der Brechung wieder zusammentreffen. Die meisten Objektive bestehen aus mehreren Linsen, die sich in ihrer Wirkung verstärken. Deshalb kann aus der Objektivlänge keine direkte Schlussfolgerung auf die Brennweite erfolgen.

Chromatische Aberration

Trifft Licht auf eine Linse, wird es gebrochen. Dabei hängt das Ausmaß der Brechung von der Wellenlänge, also der Farbe des Lichts, ab. In der Folge treffen sich zum Beispiel rotes, grünes und blaues Licht nicht gemeinsam in einem einzigen Brennpunkt, sondern leicht versetzt voneinander. Dieser Effekt ist besonders an Hell-dunkel-Übergängen im Bild in Form von Farbsäumen zu sehen. Solche Farbfehler lassen sich allerdings bei der Konzeption eines Objektivs minimieren und treten bei hochwertigen Modellen kaum auf. Ansonsten bieten viele Bildbearbeitungsprogramme die Möglichkeit, Objektivfehler wie diesen abzumildern.

Cropfaktor

Ein 50-mm-Objektiv an der EOS 77D hat den gleichen Bildwinkel wie ein 80-mm-Objektiv an einer Kleinbildkamera, wie etwa einer analogen Spiegelreflex- oder einer Canon-Digitalkamera mit sogenanntem Vollformatsensor. Dieser Multiplikator von 1,6 (80/50) gibt den Größenunterschied der Sensoren und damit den Cropfaktor an.

dpi

dpi steht für *dots per inch* – Punkte pro Zoll (1 Zoll = 2,54 cm). Es handelt sich um eine Einheit, mit der die sogenannte Punktdichte beschrieben wird. Der dpi-Wert gibt an, wie viele Punkte des Bildes auf einer bestimmten Fläche untergebracht werden, also wie stark die Rasterung ist. Die Bilder der EOS 77D bestehen aus 4000 × 6000 Punkten, den Pixeln. Würde man nur vier Punkte pro Zoll drucken, könnte man damit eine gigantische, rund 25 × 38 Meter große Plakatfläche bedrucken. Trotz des äußerst groben Rasters wäre das Bild gut zu erkennen. Schließlich würde es wohl eher aus einer großen Entfernung betrachtet, so dass die einzelnen Punkte durch die Distanz kaum zu unterscheiden wären. Bei vielen Drucksachen werden die Bilder mit 300 dpi ausgegeben. Die maximal mit den Bildern der EOS 77D druckbare Größe beträgt in diesem Fall etwa 33 × 50 Zentimeter. Computermonitore wiederum zeigen Bilder in einer Auflösung von 72 bis 230 Punkten pro Zoll an. Anstelle von Punkten (dpi) wird hier häufig von Pixeln pro Zoll (ppi) gesprochen.

DSLR

DSLR steht für *Digital Single Lens Reflex*. Es handelt sich um die englische Bezeichnung für eine Spiegelreflexkamera, die sich teilweise auch im Deutschen eingebürgert hat. *Reflex* steht dabei für den Spiegel, der kurz vor der eigentlichen Aufnahme hochklappt. Die *Single Lens* (englisch für »einzelne Linse«) unterscheidet die Kameragattung zum Beispiel von Kompaktkameras mit Sucher. Bei diesen sieht der Betrachter das Bild nicht durch die Aufnahmelinse, sondern durch eine zweite, separate Optik.

Exif-Informationen

Exif steht für *Exchangeable Image File Format* (englisch für »austauschbares Bilddateiformat«). Dahinter verbirgt sich ein Standard, der sicherstellt, dass eine Reihe von Aufnahmeparametern in die Bilddatei geschrieben wird, die von vielen Programmen auslesbar sind. Dadurch ist zum Beispiel ersichtlich, mit welcher Belichtungszeit, Blende und welchem ISO-Wert die Aufnahme angefertigt wurde. Weitere Parameter sind zum Beispiel die Seriennummer der Kamera, das verwendete Objektiv und – sofern in der Kamera hinterlegt – der Name des Fotografen.

Farbraum

Ein- und Ausgabemedien wie Kameras, Monitore, Drucker und Papier können eine unterschiedlich große Anzahl an verschiedenen Farbtönen erfassen beziehungsweise darstellen. Diese lassen sich dreidimensional in Form von Farbräumen darstellen. Ein vergleichsweise kleiner gemeinsamer Nenner, mit dem sowohl die Kamera als auch viele Bildschirme gut klarkommen, ist der sRGB-Farbraum. Der AdobeRGB-Farbraum umfasst mehr Farben beziehungsweise Farbabstufungen, kann jedoch nur von sehr hochwertigen Monitoren überhaupt abgebildet werden. Die Einstellung für den Farbraum in der Kamera bezieht sich nur auf die JPEG-Version der Bilder. Im RAW-Format sind Farbinformationen enthalten, die sogar über den AdobeRGB-Farbraum hinausgehen. Bei der Entwicklung mit einem RAW-Konverter können Sie jedoch festlegen, dass die Farben in einen Farbraum wie AdobeRGB oder sRGB transferiert werden.

Fokussieren → *Scharfstellen*

Graufilter

Ein Graufilter (auch *ND-Filter für neutrale Dichte* genannt) reduziert wie eine Sonnenbrille die Menge des einfallenden Lichts. Ohne diese Verdunkelung kommt selbst bei der kleinstmöglichen Blendenöffnung noch zu viel Licht auf den Sensor, wenn eine sehr lange Belichtungszeit gewählt wird. Ein idealer Filter sorgt dabei dafür, dass das Bild keinen Farbstich erhält, er ist also neutral. Konkret bedeutet dies, dass die blauen, roten und grünen Bestandteile des Lichts in gleichem Umfang gedämpft werden.

Grauverlaufsfilter

Wie ein → *Graufilter* dunkelt ein Grauverlaufsfilter das Bild ab, allerdings nimmt der Grad der Abdunkelung, anders als beim Graufilter, über die Fläche des Filterglases hin ab. Damit lässt sich zum Beispiel ein sehr heller Himmel verdunkeln, während der Vordergrund von diesem Eingriff nicht betroffen ist.

Histogramm

Beim Histogramm handelt es sich um eine Darstellung sämtlicher Helligkeitswerte des Bildes. Die Position der einzelnen Balken gibt dabei an, welchen Helligkeitswert die einzelnen Pixel besitzen – von ganz dunklen auf der linken Seite bis zu sehr hellen auf der rechten Seite. Die Höhe der Balken zeigt, wie viele Anteile ein bestimmter Helligkeitswert am Gesamtbild hat.

ISO-Wert

Die Abkürzung ISO steht eigentlich nur für *International Standard Organization* (englisch für »Organisation für Internationale Standards«). In der Fotografie repräsentiert der ISO-Wert die eingestellte Lichtempfindlichkeit des Sensors. Bei hohen ISO-Werten muss weniger Licht auf diesen fallen, um ein korrekt belichtetes Bild zu erzeugen. Der Preis dafür ist ein höheres → *Bildrauschen*.

JPEG

JPEG ist die Abkürzung von *Joint Photographic Experts Group* (englisch für »gemeinsame Fotoexpertengruppe«). Das derart kryptisch abgekürzte Bildformat zeichnet sich durch seinen geringen Speicherbedarf und die universelle Verwendbarkeit aus. Internetbrowser, Mailprogramme und Betriebssysteme können nach diesem Standard gespeicherte Bilder problemlos anzeigen. Der Nachteil ist die Komprimierung, die mit jedem Speichervorgang automatisch angewandt wird und dabei Bildinformationen reduziert. Mit jedem Schritt sinkt also die Bildqualität. Beim TIFF-Format und auch bei RAW-Dateien tritt dieses Problem nicht auf.

Kehrwertregel

Die auch *Freihandregel* genannte Kehrwertregel gibt an, bis zu welcher Belichtungszeit ein von Hand geschossenes Foto noch verwacklungsfrei scharf werden kann. Sie lautet 1/Brennweite, multipliziert mit dem Cropfaktor von 1,6. Bei einer Brennweite von 50 mm ergibt sich daraus zum Beispiel eine Belichtungszeit von $1/50 \times 1{,}6 = 1/80$ s.

Kreativprogramme

Die halbautomatischen Programme heißen bei Canon *Kreativprogramme*. Steht das Moduswahlrad auf **P**, **Tv**, **Av** oder **M**, können Sie mindestens einen der Parameter Blende, Belichtungszeit und ISO-Wert nach Ihren eigenen Wünschen festlegen. In den → *Motivprogrammen* geht das nicht.

Lichter

Die hellen Bereiche eines Bildes werden auch als *Lichter* bezeichnet. Wenn von *ausgebrannten Lichtern* die Rede ist, bedeutet dies, dass hellen Bildteilen die → *Zeichnung* fehlt. Dort erscheint im extremsten Fall nur noch ein reines Weiß.

Lichtwert (LW)

Als *Lichtwert* werden Kombinationen aus Blende und Belichtungszeit bezeichnet, die in Sachen Helligkeit äquivalent sind. Zwei Bilder, von denen eines mit Blende 8 und 1/100 s und eines mit Blende 5,6 und 1/200 s belichtet wurde, sind gleich hell. Ein gezielt um einen Lichtwert überbelichtetes Bild ist eine → *Blendenstufe* heller.

Livebild

Im Livebild-Modus erscheint das Bild bereits vor der Aufnahme auf dem Display, so wie es bei Kompaktkameras üblich ist. Dadurch lässt sich gerade bei der Arbeit mit einem Stativ das Bild in Ruhe komponieren. Der Nachteil ist, dass der Autofokus nur sehr langsam arbeitet und der Stromverbrauch höher ist.

Megapixel (MP)

Die von der Kamera erzeugten Bilder bestehen aus sehr vielen einzelnen Pixeln. Eine Million davon werden als ein *Megapixel* bezeichnet. Die EOS 77D liefert Bilder mit einer Auflösung von 4000 × 6000 Pixeln. Das ergibt genau 24 Millionen Pixel, also 24 Megapixel.

Motivprogramme

Als Motivprogramme gelten die Programme **A⁺**, **Blitz aus**, **CA** **CA**, **Porträt**, **Landschaft**, **Makro** und **Sport** sowie die **SCN**-Programme. Sie können über das Moduswahlrad eingestellt werden und sind sehr gut auf die jeweiligen Aufnahmesituationen ausgerichtet. Allerdings lassen sie Ihnen kaum eine Wahl bei der Änderung von Aufnahmeparametern. Mehr Gestaltungsspielraum in dieser Hinsicht bieten die → *Kreativprogramme*.

Offenblende

Sind alle Blendenlamellen komplett geöffnet, begrenzt nur noch der Rand des Objektivs selbst den Lichteinfall. Das Objektiv arbeitet mit Offenblende, also der kleinstmöglichen Blendenzahl, die mit dem jeweiligen Modell eingestellt werden kann. Ein Objektiv mit einer großen Offenblende, also einer niedrigen Blendenzahl, ist damit zugleich sehr lichtstark.

Polarisationsfilter (Polfilter)

Ein Polfilter wird vor das Objektiv geschraubt und ist drehbar. Mit ihm lassen sich Reflexionen auf Wasser, Glas und anderen nichtmetallischen Oberflächen beseitigen. Zudem kann damit die Darstellung des Blaus des Himmels und des Grüns von Laub und Gräsern ein wenig intensiviert werden. Die Erklärung für dieses Phänomen: Licht bewegt sich – in der Vorstellung als Welle – in die unterschiedlichsten Richtungen. Der Polfilter sorgt dafür, dass nur noch solches Licht durch das Objektiv hindurchgelassen wird, das in die eingestellte Richtung schwingt.

RAW

RAW-Dateien erhalten im Prinzip sämtliche vom Sensor der Kamera gelieferten Informationen. Deren Umwandlung in ein sichtbares Bild erfolgt am Computer mit einem RAW-Konverter. Dabei sind umfangreiche Eingriffe möglich. So lässt sich der Weißabgleich nach Belieben frei wählen, und auch Bilddetails sind in größerem Umfang verfügbar als beim JPEG-Format. Das dabei entstandene Bild können Sie anschließend in einem beliebigen Format wie TIFF oder JPEG speichern. Die RAW-Datei selbst bleibt stets völlig unangetastet, so dass Sie dieses Negativ später noch einmal ganz anders »entwickeln« können. Der einzige Nachteil von RAW ist dessen hoher Speicherplatzbedarf. Das beim Fotografieren im RAW-Format in der Kamera angezeigte Bild ist übrigens nur eine kleine, in die RAW-Datei eingebettete JPEG-Vorschau. Diese wird automatisch erzeugt, damit Bilder am Gerät selbst schnell angezeigt und kontrolliert werden können.

Schärfentiefe

Die Schärfentiefe gibt an, in welchem Bereich um das anfokussierte Motiv herum ein Schärfeeindruck herrscht. Aktiv steuern lässt sich dies zum einen über die Blendenöffnung: Bei weit geöffneter Blende und niedrigen Blendenzahlen ist die Schärfentiefe eher niedrig, bei geschlossener Blende und hohen Blendenzahlen eher hoch. Das Bild ist dann von vorn bis hinten scharf. Ein zweiter wichtiger Faktor ist der Abstand vom Motiv. Bei der Makrofotografie zum Beispiel sind die abgebildeten Objekte oft nur wenige Zentimeter von der Frontlinse entfernt. Die Schärfentiefe ist dann so gering, dass nur einzelne Teile scharf abgebildet werden können.

Scharfstellen

Beim Scharfstellen (Fokussieren) stellt die Kamera automatisch (Autofokus) oder der Fotograf manuell das Objektiv auf eine bestimmte Entfernung ein. Die Motivteile, die sich in dieser Distanz befinden, erscheinen scharf. Ob auch Bildbereiche davor oder dahinter scharf zu sehen sind, hängt von der Blendenöffnung und damit der Schärfentiefe ab. Einige Objektive sind mit einer Entfernungsskala ausgestattet, auf der der eingestellte Fokuspunkt abgelesen werden kann.

Schatten → *Tiefen*

Sensor

Der Sensor liegt hinter dem Verschluss der Kamera, genau dort, wo sich in einer analogen Spiegelreflexkamera der Film befand. In ihm werden die einfallenden Lichtimpulse in elektrische Informationen umgewandelt, die sich wiederum durch die Kameraelektronik zu einem Bild zusammensetzen lassen. Im Prinzip handelt es sich beim Sensor um ein »farbenblindes« Bauteil. Über einen davorliegenden Farbfilter werden die Lichtinformationen in ihre roten, grünen und blauen Bestandteile zerlegt und getrennt erfasst. Durch Zusammensetzen lässt sich jedoch anschließend ein farbiges Bild rekonstruieren. Die eingestellte Lichtempfindlichkeit des Sensors definiert den → *ISO-Wert*.

Spiegelvorauslösung

Bei aktivierter Spiegelvorauslösung (Spiegelverriegelung) führt das erste Drücken des Auslösers dazu, dass der Spiegel hochklappt. Erst der zweite Druck öffnet den Verschluss, und die eigentliche Aufnahme entsteht. Durch die Trennung dieser ansonsten sehr schnell hintereinander ablaufenden Vorgänge entstehen im Inneren der Kamera weniger Schwingungen, und das Bild wird schärfer. Dieser Vorteil ergibt sich allerdings eher beim Stativeinsatz.

Telekonverter

Ein Telekonverter wird zwischen Kamera und Objektiv geschraubt und enthält zusätzliche Linsen, die die Brennweite verlängern. Dies geht auf Kosten der Qualität. Gerade bei sehr hochwertigen Objektiven, etwa aus Canons L-Serie, sind die Einbußen jedoch eher gering.

Tiefen

Tiefen oder *Schatten* sind zwei Bezeichnungen für dunkle Bildbereiche. Teile, die nur noch schwarz sind und keinerlei → *Zeichnung* mehr aufweisen, werden auch *abgesoffene Schatten* genannt.

TIFF

Dieses Format ist ein sogenanntes verlustfreies Bildformat, bei dessen Speicherung keinerlei Kompression stattfindet. Anders als beim JPEG-Format bleiben damit sämtliche Bildinformationen erhalten. Noch umfassendere Bearbeitungsmöglichkeiten bieten nur RAW-Dateien.

Tv

Tv steht für *Time Value*, also Verschlusszeit, die auch *Belichtungszeit* genannt wird. In der gleichnamigen Betriebsart der EOS 77D geben Sie der Kamera diesen Parameter vor. Dazu wird selbstständig der dazugehörige Blendenwert ermittelt.

UV-Filter

Ultraviolettes Licht ist für den Menschen unsichtbar, kann aber dennoch die Bildqualität negativ beeinflussen. Direkt vor dem Sensor befindet sich deshalb eine Schutzschicht, die Licht dieser Wellenlänge ausblendet. Es ist also eigentlich nicht nötig, einen speziellen UV-Filter vor das Objektiv zu schrauben. Viele Fotografen setzen diese – noch aus Zeiten der Analogfotografie stammenden – Filter allerdings zum Schutz der Frontlinse vor Staub und Kratzern ein.

Verschlusszeit

→ *Belichtungszeit*

Verzeichnung

Manche Objektive bilden gerade Linien in eine bestimmte Richtung verzogen ab. Dieser Darstellungsfehler heißt *Verzeichnung* und kann mit Bildbearbeitungssoftware wie DPP korrigiert werden. Gerade bei sehr kurzen Brennweiten, etwa denen eines Ultraweitwinkelobjektivs, lassen sich Verzeichnungen konstruktionsbedingt kaum vermeiden.

Vignettierung

Eine Verdunkelung der Ecken eines Bildes wird als *Vignettierung* bezeichnet. Dieser Effekt kann durch die Konstruktion des Objektivs entstehen und lässt sich mit Hilfe der Bildbearbeitungssoftware entfernen. Andererseits können Sie ihn damit auch gezielt herbeiführen: Als Stilmittel eingesetzt, führt eine Vignettierung den Blick des Betrachters auf das eigentliche Motiv.

Weißabgleich

Je nach Tageszeit oder Beleuchtungsart leuchtet das Licht mit einer anderen Farbtemperatur, die in Kelvin gemessen wird. Indem Sie die Kamera darauf einstellen, erscheinen die Farben natürlicher.

Zeichnung

Wenn in einem Bild noch unterschiedliche Farbabstufungen mit Bildinformationen zu erkennen sind, hat das Bild Zeichnung. Unterbelichtete Fotos haben keine Zeichnung in den → *Tiefen*, bei überbelichteten Fotos sind die → *Lichter* betroffen.

Zwischenring

Im Gegensatz zum → *Telekonverter* enthält der Zwischenring keine optischen Elemente, sondern vergrößert lediglich den Abstand zwischen Linse und Sensor. Dadurch sinkt der Aufnahmeabstand zu Motiven, diese können größer abgebildet werden. Echte Makrofähigkeiten, also eine 1:1-Darstellung kleiner Objekte, erreicht das Objektiv damit jedoch nicht. Hochwertige Zwischenringe verbinden Kamera und Objektiv nicht nur mechanisch, sondern leiten auch die elektronischen Steuerinformationen für Autofokus und Blende weiter.

Stichwortverzeichnis

18 Prozent Grau 100

A

Abbildungsmaßstab 266, 342
    Schärfentiefe 84
Abblenden 342
Abblendtaste 67, 268
AEB (Auto Exposure Bracketing) 102
AE-Lock-Taste 146
    Funktion ändern 146
AF-Bereich-Auswahltaste 17, 139
AF-Feldanzeige 32, 328
    während Fokus 334
AF-Hilfslicht
    Aussendung 333
    deaktivieren 163
AF-Messfeldwahl-Taste 18, 140, 148, 153
AF-Methode 325
AF-ON-Taste 18
    Funktion ändern 145
AF-Taste 18, 136
AI Focus 138
AI Servo 137
Akku 331
Anti-Flacker-Aufnahme 106, 324
Anzeigeprofil-Einstellungen 320
APS-C-Sensor 34, 342
Aquarell (Kreativfilter) 57
Aufhellblitz 163
Aufnahme → Bild
Aufnahmeeinstellungen 30
Aufnahmeeinstellungen (Menü) 320
Aufnahmestandort 60
Aufsteckblitz 173, 207
Auslieferungszustand 25
Auslösepriorität 139
Auslöser 17, 28
    Funktion ändern 145
    ohne Karte betätigen 31, 321
Ausschnitt 327
Auto-AF-Pktw./Farbverfolgung 334
Autofokus
    AF-Sensoren 156
    Bereich auswählen 139
    Funktionsweise 156
    Kreuzsensor 157
    Messfeld auswählen 272
    Phasen-AF 156
Autofokusbereich
    AF-Messfeldwahl in Zone 141
    Automatische AF-Feld-Wahl 142
    Einzelfeld AF 139
Autofokusmodus 136
    AI Focus 138
    AI Servo 137
    Filmen 308
    One Shot 136
Autofokusschalter 21
Auto-ISO 98
Automatische AF-Feld-Wahl 142
Automatische Belichtungs-
    optimierung 103, 322
Automatische Motiverkennung 22, 39
Automatischer Weißabgleich 121
Automatisches Abschalten 329
Automatisches Drehen 32, 329
Av-Programm 23, 79, 82, 342
    Blitzen 170

B

Bayer-Matrix 34
Bedienelemente 17
Bedienkonzept 23
Beleuchtung Sucheranzeigen 335

Stichwortverzeichnis

Belichtung
   beurteilen 114
   Bildbearbeitung 293
   Filmen 309
   messen 100
   Naturfotografie 241
   Problemzonen 116
   speichern 113
Belichtungskorrektur 96, 97, 322, 342
   automatisch beenden 333
   Blitz 165
   einstellen 99
Belichtungsmessmethode 108
Belichtungsoptimierung, auto-
      matische 103, 322
Belichtungsreihe 241, 322
   Automatik 101
   fotografieren 102
Belichtungszeit 65, 342
   Blende und ISO-Wert 73
   Bulb 86
   lange 67, 74, 151, 165
   Langzeitb.-Timer 87
Beli.korr./AEB 322
Betriebsart 39, 40
   Taste 18
   wechseln 39
Beugungskorrektur 215
Beugungsunschärfe 84, 239
Bewegung
   Blitz 181
   Makrofotografie 276
   Unschärfe 48
Bewertung 327
Bild 26
   automatisch drehen 32
   betrachten 26
   beurteilen 27
   einzeln löschen 27
   Format 250
   löschen 26, 326
   rotieren 326
   schützen 326
   sichern 300
   sichten 27
   Suchkriterien 327
Bildbearbeitung
   Ausstattung 286
   Belichtung korrigieren 293
   Bildauswahl 291
   Bilder bewerten 290
   Bilder sichern 300
   Bilder sortieren 290
   Bildstile 298
   Digital Photo Professional (DPP) 289
   Farbe ändern 297
   Grafiktablett 286
   Histogramm 295
   Lichterwarnung 294
   Monitor 286
   Monitor profilieren 288
   Objektivfehler korrigieren 300
   Schärfen 298
   Schattenwarnung 294
   Schnellüberprüfung 291
   Software 302
   Speicherplatz 286
   Weißabgleich 298
   Workflow 302
   Zuschneiden 292
Bildgestaltung 89
   Makrofotografie 277
   Naturfotografie 247
   Porträtfotografie 224
Bildlook 124
Bildqualität 30, 320
Bildrauschen 71, 342
Bildsprung 327
Bildstabilisator 78, 155, 343
   Filmen 308
   Kehrwertregel 78
   Schalter 17

Bildstil 124, 323
   anlegen 130
   anpassen 125
   aus dem Netz laden 132
   benutzerdefinierter 133
   Bildbearbeitung 298
   Canon 128
   Filmen 316
   Landschaft 247
   Parameter 128
   Picture Style Editor 126
   Porträt 223
   speichern 133
   Taste 18
Bildwinkel 35, 61
Billigstativ 206
Blasebalg 210
Blaue Stunde 252
Blende 46, 67, 101, 343
   Aussehen 68
   Belichtungszeit und ISO-Wert 73
   einstellen 80, 149
   Einstellstufen 332
   Filmen 313
Blendenautomatik (Tv) 76
Blendenflecken 190
Blendenöffnung 69, 74, 79
   Landschaft 239
Blendenreihe 85
Blendenschritt 75
Blendenstufe 75, 101, 343
Blendenvorwahl (Av) 79
Blendenzahl 69, 74, 79, 85
Blitzbelichtungskorrektur 162
Blitzbelichtung speichern 165
Blitzeinstellungen 175
Blitzen
   Aufhellblitz 163
   ausgewogen 164
   Automatik 160
   Av-Programm 170
   Blitz aus 22

Blitzleistung 160
   Distanz 161
   drahtlos 176
   entfesselt 174
   Funkübertragung 179
   indirekt 173
   Intensität 166
   interner Blitz 17
   ISO-Wert 172
   Kreativprogramm 166
   Leitzahl 174
   Makrofotografie 274
   M-Modus 171
   Motivprogramm 40
   P-Programm 168
   Tv-Programm 169
   zweiter Vorhang 181
Blitzschuh 17
Blitzsteuerung 171, 322
Blitzsynchronzeit 164
   bei Av 171
Blitztaste 17, 160
Bluetooth aktivieren 262
Bohnensack 206
Bokeh 190
Brennweite 19, 60, 343
   Bildwinkel 61
Bulb 86

C

CA (Kreativautomatik) 22, 41, 64
Canon Camera Connect 262
C.Fn I: Belichtung
   Belichtungskorrektur auto-
      matisch beenden 333
   Einstellstufen 332
   ISO-Erweiterung 332
C.Fn II: Bild
   Tonwertpriorität 333
C.Fn III: Autofokus/Transport
   AF-Feldanzeige während Fokus 334

AF-Hilfslicht Aussendung 333
Auto-AF-Pktw.: Farbverfolgung 334
Beleuchtung Sucheranzeigen 335
Spiegelverriegelung 335
Wahlmethode AF-Bereich 334
C.Fn IV: Operation/Weiteres
    Custom-Steuerung 144, 258, 336
    LCD-Display bei Kamera Ein 336
    Objektiv bei Abschalten
        einziehen 336
    SET-Taste zuordnen 336
    Warnungen im Sucher 335
Chromatische Aberration 214, 343
Copyright-Informationen 332
Cropfaktor 34, 77, 343
Custom-Steuerung 144, 258, 336
Custom WB 323

D

D+ 105
Datei-Nummer 328
Daten, verlorene 329
Datum einstellen 330
Diaschau 327
Diffraktive Optik (DO) 190
Digitales Negativ 88
Digital Photo Professional (DPP) 103, 129, 289
Digitalzoom 307
Dioptrien-Einstellung 18
Displayanzeige 38
    obere 17
dpi 343
Drahtlos blitzen 176
    Blitzoptionen 177
    manuell 179
Dreiwegeneiger 205
Drittelregel 89, 293
Druckauftrag 326
DSLR 344

E

EF-S-Objektiv 35
Einbeinstativ 206
Einfache Monitoranzeige 32, 65
Einstellschlitten 272
Einstellstufen 332
Einstellungen 30
    löschen 332
Einzelbild 40
Einzelfeld AF 139
Entfesselt blitzen 174
EOS Utility 133, 288, 340
Erläuterungen 337
Exif-Informationen 344

F

Farbraum 322, 344
Farbreflexion 173
Farbstich 120, 173
Farbtemperatur 120
Fernauslöser 153
Fernsteuerung 262
Festbrennweite 196
Filmen 306
    Belichtung 309
    Bildstabilisator 308
    Bildstile 316
    Digitalzoom 307
    Format 309
    Kreativfilter 314
    M-Modus 313
    Scharfstellen 307
    Schnitt 316
    Ton 312
    Vorbereitung 316
    Weißabgleich 312
    Wiedergabe 26
    Zeitrafferaufnahmen 315
Film-Modus 306

Filmschnitt
  in der Kamera 317
  Software 316
Filter
  Filmen 314
  Naturfotografie 241
Firmware
  aktualisieren 340
  Version 332
Fischaugeneffekt (Kreativfilter) 57
Flackererkennung 106
Focus Limiter 272
Fokusbegrenzer 272
Fokusring 17
Fokussieren → Scharfstellen
Fokussierschalter 17
Format
  Bildformat 250
  Filmen 309
  Full HD 310
  HD 310
  JPEG 88
  RAW 88
Formatieren 326, 329
Fotobuch-Einstellung 326
Freihandregel 345
Full HD 310
Funktionseinstellungen (Menü) 328

G

Gegenlichtblende → Streulichtblende
Gesichtserkennung 152, 308
Gestaltungsregeln 89
Gitteranzeige 31, 325
Goldener Schnitt 93
GPS-Geräteeinstellungen 330
Grafiktablett 286
Graufilter 201, 244, 314, 345
Grauverlaufsfilter 203, 242, 345
  einsetzen 243
Größe ändern 327

Gruppenbild 228
Gruppenfoto-Programm 22

H

Halbautomatik 64
Hauptschalter 17
Hauptwahlrad 17, 23, 76
  Multifunktionssperre 18
HD 310
HDR/Gegenlicht-Programm 22, 52
HDR (Kreativfilter) 58
Helligkeitsverteilung 114
High Dynamic Range (HDR) 52
High ISO Rauschreduzierung 324
Hintergrund
  Makrofotografie 279
  Schärfentiefe 81
  unscharfer 43, 45, 46, 69
Histogramm 114, 328, 345
  Belichtungswarnung 116
Hochformat 250
Hyperfokale Distanz 83, 150, 240

I

Image Stabilizer (IS) 188
Indirekt blitzen 173
Individualfunktionen C.Fn 331
  Menü 332
Info Akkuladung 331
INFO-Taste 18, 26, 114, 153
  Anzeigeoptionen 331
Interner Blitz 172
Intervall-Timer 245, 324
ISO Auto-Limit 72, 322
ISO-Empfindlichkeit 322
ISO-Erweiterung 332
ISO-Taste 17, 69
ISO-Wert 69, 345
  automatischer 98
  Belichtungszeit und Blende 73

Blitzen 172
M-Modus 86

J

JPEG-Format 88, 345

K

Kamera fernsteuern 262
Karte formatieren 329
Kartenleser 288
Kehrwertregel 77, 166, 345
    Bildstabilisator 78
Kelvin 120
Kerzenlicht-Programm 22
Kinder
    fotografieren 229
    Programm 22
Kit-Objektiv 19, 80
Kompaktkamera 33
Kontrastumfang 97, 242
Körnigkeit S/W (Kreativfilter) 56
Kreativautomatik (CA) 41, 64
Kreativfilter 22, 54, 326
    beim Filmen 314
    RAW 56
Kreativprogramm 23, 64, 345
    Blitz 166
    Naturfotografie 237
    Weißabgleich 121
Kreuzsensor 157
Kugelkopf 205

L

Lamelle (Blende) 68
Landschaft
    Bildstil 247
    fotografieren 241
    Programm 22, 47
Langzeitbelichtung 86
Langzeitbelichtungstimer 87
Langzeitb.-Timer 324
LCD Aus/Ein 330
LCD-Display bei Kamera Ein 336
LCD-Helligkeit 329
Leitzahl 174
Lens Flares → Blendenflecken
Lichter 346
    Warnung 294
Lichtwert (LW) 346
Linien 90
Livebild 29, 346
    Autofokus 152
    Makrofotografie 273
Livebild-Aufnahme 325
Livebild-Modus 28
Livebild-Taste 18, 28, 42, 306
Live-Einzelfeld-AF 153, 308
Löschen, Einstellungen 332
Löschtaste 18, 27
Lupentaste 148, 153
LW 346

M

Makrofotografie
    Beleuchtung 280
    Bildgestaltung 277
    Nahaufnahme-Programm 47
    Scharfstellen 272
    Zubehör 200, 267
Makroobjektiv 198
Manueller Modus (M) 85
Manueller Weißabgleich 123
Manuell scharfstellen 147
Megapixel (MP) 346
Mehrfeldmessung 109
Menü
    Anzeigeprofil-Einstellungen 337
    Aufnahmeeinstellungen 320
    Funktionseinstellungen 328
    Gruppen 30

　　　　Individualfunktionen C.Fn 332
　　　　My Menu 338
　　　　Wiedergabeeinstellungen 326
MENU-Taste 18, 25
Messmethode 108, 322
Messtimer 325
Miniatureffekt (Kreativfilter) 58
Ministudio 283
Mischlicht 121
Mittenbetonte Messung 110
Mitzieher 154
M-Modus 23, 85
　　Blitzen 171
　　Einstellungen 87
　　Filmen 313
Modell 233
Moduswahlrad 17, 21, 38
Monitor 28
　　einfache Anzeige 32, 65
Motiv
　　bewegtes 137
　　unbewegtes 136
Motivprogramm 22, 45, 346
　　Alternativen 54
　　Blitzen 160
　　Einsatz 39
　　Grenzen 53
　　Landschaft 47
　　Nahaufnahme 47
　　Porträt 45
　　Sport 48
　　Weißabgleich 121
Movie Digital-IS 308
Multifunktionssperre 18, 331
My Menu (Menü) 338

N

Nachtaufnahme-Programm 22
Nachtporträt-Programm 22
Nahaufnahme-Programm 22, 47
Naheinstellgrenze 266

Näherungssensor 18
ND-Filter 345

O

Obere Displayanzeige 17
　　Beleuchtung 17
Objektiv 184
　　Abbildungsfehler korrigieren 300
　　Aberrationskorrektur 321
　　Abkürzungen 185
　　Auflösungsvermögen 211
　　bei Abschalten einziehen 336
　　bildstabilisiert 188
　　Bildwinkel 35
　　Blendenflecken 190
　　Bokeh 190
　　Brennweite 19, 60
　　Canon 186
　　chromatische Aberration 214
　　DO 185
　　EF-S 35
　　Electronic MF 321
　　Entfernungsskala 148
　　Entriegelungstaste 17
　　Festbrennweite 196
　　für Porträts 218
　　Graufilter 201
　　Grauverlaufsfilter 203
　　Kit-Objektiv 19, 80
　　lichtstarkes 81
　　Makrofotografie 266, 269
　　Makroobjektiv 198
　　Naturfotografie 236
　　ObjektivAberrationskorrektur 213
　　Objektivarten 184
　　Polfilter 200
　　Porträtfotografie 219
　　reinigen 210
　　Schärfeleistung 238
　　Standard 191
　　STM 185, 189

Streulichtblende 195
Superzoom 195
Sweet Spot 238
Tele 191
Testberichte verstehen 211
USM 138, 189
UV-Filter 204
Verzeichnung 215
Vignettierung 212
Weitwinkel 195
Zoomobjektiv 196
Offenblende 346
One Shot 136
Optical Stabilizer (OS) 188
Ordner wählen 328

P

Pfeiltaste 24
Phasenautofokus 156
Photoshop Elements 303
Picture Style Editor 126
   Bildstil anlegen 130
   Bildstil anpassen 125
   Bildstil aus dem Netz laden 132
   mitgelieferte Bildstile 128
Piep-Ton 31, 331
Pixel 115
Polfilter 200, 244, 346
Porträt 218
   aufhellen 220
   Bildausschnitt 226
   Bildgestaltung 224
   Bildstil 223
   Einstellungen 223
   Ganzkörperaufnahme 227
   Gruppenbild 228
   Kinder 229
   Licht 224
   Perspektive 228
   Programm 22, 45
   Proportionen 218

Schärfentiefe 221
scharfstellen 220
Umfeld 229
Weißabgleich 222
P-Programm 23, 64
   Blitzen 168
Produktfotografie 282
Programmautomatik (P) → P-Programm
Programmverschiebung 74
Punkte 90

Q

Q-Taste 18
Querformat 250

R

Rahmen 93
R.Aug. Ein/Aus 172
Rauschen → Bildrauschen
Rauschreduzierung 298
   bei Langzeitbelichtung 323
RAW-Format 88, 117, 129, 242, 346
   Weißabgleich 120
Reflektor 208, 220, 274
   selbst machen 209
Reihenaufnahme 45, 50
   Autofokus 137
   langsam 40
   schnell 40
Ringblitz 274
Rote Augen Ein/Aus 322
Rückschauzeit 31, 320

S

Schärfe 151, 153
   Bildbearbeitung 298
   Naturfotografie 237
   Spiegelverriegelung 154
Schärfeebene 148

Stichwortverzeichnis

Schärfeleistung 238
Schärfentiefe 69, 79, 82, 150, 347
    Berechnung 82
    hyperfokale Distanz 83, 150
    Makrofotografie 269
    Porträt 221
Schärfentiefeprüfungstaste 67
Scharfstellen 136, 347
    Auslösepriorität 139
    Autofokusbereich 139
    Autofokusmodus 136
    Bildstabilisator 155
    Filmen 307
    Livebild-Betrieb 152
    Makrofotografie 272
    manuell 147
    Mitzieher 154
    Porträt 220
    Schärfeebene 148
    unscharfe Bilder 148
    vom Auslösen entkoppeln 144
Schattenwarnung 294
Schlitzverschluss 165
Schneiden in der Kamera 317
Schnellwahlrad 18
    Multifunktionssperre 18
Schnittmarken setzen 317
Schwarzweiß 131
SCN-Programm 39, 50
    Alternativen 54
    Grenzen 53
    HDR/Gegenlicht 52
    RAW-Format 53
SD-Karte 19
Seitenverhältnis 325
Selbstauslöser 40, 45, 154
Selektivmessung 110
Sensor 34, 347
    APS-C 34
    Grenzen 242
    Größe 34
    Reinigung 331

Sensorebene 17, 266
Sensorreinigung 209, 331
    Blasebalg 210
Servo AF 307
SET-Taste 18
    Funktion ändern 146
Smartphone, Kamera steuern 262
Smooth Zone AF 153, 308
Sonnenuntergang 255
Speicherkarte 19
    formatieren 326, 329
    Kapazität 19
    UHS-3-Karte 19
Speicherkartensteckplatz 18
Speisen-Programm 22
Spiegelreflexkamera 33
Spiegelverriegelung 154, 335, 347
Spiegelvorauslösung → Spiegel-
    verriegelung
Spielzeugkameraeffekt (Kreativfilter) 57
Sport-Programm 22, 48, 138
Spotmessung 111
Sprache einstellen 330
Standardobjektive 191
Stativ 153, 205
    Makrofotografie 274
Staublöschungsdaten 324
Sterntaste 18, 113, 258
    Funktion ändern 146
STM 189
Streulichtblende 195
Strg über HDMI 328
Stroboskopeffekt 314
Strukturen 90
Sucher 18, 29
    ISO-Anzeige 70
    Näherungssensor 18
    Sucheranzeige 20, 31, 107, 330
Suchkriterien für Bilder festlegen 327
Superzoomobjektiv 195
Sweet Spot 238
Systemblitz 173

T

Tastenbelegung
- AE-Lock-Taste 146
- AF-ON-Taste 145
- ändern 144, 145
- Auslöser 145
- SET-Taste 146
- Sterntaste 146
- zurücksetzen 145

Telebrennweite 19
Telekonverter 348
Teleobjektiv 191, 269
Tiefen 348
Tiere fotografieren 258
- Details 260

TIFF 348
Ton beim Filmen 312
Tonwertpriorität 104, 333
Touch-Auslöser 28, 325
Touch-Steuerung 331
TTL 160
Tv-Programm 23, 76, 82, 348
- Blitzen 169

U

Überbelichtung 66, 98
- Histogramm 115

Uhrzeit einstellen 330
UHS-3-Karte 19
Umgebungseffekte 42
Umkehrring 268
Unschärfe 148, 154
- Bokeh 190

Unscharf maskieren 126
Unterbelichtung 66
- Histogramm 115

URL für Handbuch/Software 332
USM 138, 189
UV-Filter 204, 348

V

Verlorene Daten 329
Verschlussvorhang 164
- zweiter 181

Verschlusszeit → Belichtungszeit
Verwackeln 76
Verzeichnung 215, 348
Vibration Control (VC) 188
Videofilmen 306
Video-Schnappschüsse 306
Videosystem 330
Vignettierung 212, 348
Vollautomatik 22
Vollformatkamera 35

W

Wahlmethode AF-Bereich 334
Warnungen im Sucher 335
WB-Korr. einst. 323
WB-Taste 18, 121
Weichzeichner (Kreativfilter) 56
Weißabgleich 323, 348
- Bildbearbeitung 298
- Bildlook 124
- Bildstil 124
- einstellen 121
- Filmen 312
- korrigieren 323
- manueller 123
- Porträt 222
- RAW 120

Weitwinkelobjektiv 19, 195, 269
Wetter 253
Wiedergabe
- AF-Messfeldanzeige 149
- Bildgröße ändern 26
- starten 26
- Taste 18, 26

Wiedergabeeinstellungen (Menü) 326
Wireless-Kommunikations-
- einstellung 329

Wischeffekt 155
WLAN
    Einstellung 329
    Taste 18
    Verbindung 261
    Verbindung zurücksetzen 262

X

X-Synchronzeit 164

Z

Zeichnung 349
Zeitautomatik (Av) 79
Zeit-Blende-Kombination 74
Zeitrafferaufnahme 324
Zeitrafferaufnahmen 245
Zeitraffer-Movie 315
Zeitvorwahl (Tv) 76
Zeitzone einstellen 330
Zoomobjektiv 196
Zoomring 17
Zugriffsleuchte 18
Zwischenring 349